2015年度安徽省高校自然科学研究重点项目（非参数贝叶斯和经验贝叶斯统计分析应用研究，项目编号：KJ2015A345）

2016年度滁州职业技术学院校级重点研究项目（Lomax分布和连续型单参数指数族参数的经验Bayes分析及应用，项目编号：YJZ-2016-01）

2017年度安徽省高校优秀拔尖人才培育资助项目（高校优秀青年骨干人才国内访学研修项目，项目编号：gxfx2017225）

贝叶斯统计分析

BEIYESI TONGJI FENXI

黄金超　著

U0742124

安徽师范大学出版社

· 芜湖 ·

责任编辑:李　玲

装帧设计:张培树

图书在版编目(CIP)数据

贝叶斯统计分析 / 黄金超著. — 芜湖：安徽师范大学出版社，2017.4

ISBN 978-7-5676-2690-4

Ⅰ.①贝… Ⅱ.①黄… Ⅲ.①贝叶斯统计量 Ⅳ.①O212.8

中国版本图书馆CIP数据核字(2016)第302983号

贝叶斯统计分析

黄金超　著

出版发行:安徽师范大学出版社

　　　　芜湖市九华南路189号安徽师范大学花津校区　　邮政编码:241002

网　　　址:http://www.ahnupress.com/

发 行 部:0553-3883578 5910327 5910310(传真)　E-mail:asdcbsfxb@126.com

印　　刷:江苏凤凰数码印务有限公司

版　　次:2017年4月第1版

印　　次:2017年4月第1次印刷

规　　格:710×1000　1/16

印　　张:14.25

字　　数:275千

书　　号:ISBN 978-7-5676-2690-4

定　　价:38.00元

前　　言

　　贝叶斯统计推断理论的主要特点是使用先验分布,由样本与先验分布提供的信息得到后验分布,后验分布综合了样本与先验信息,组成较完整的后验信息,这一后验分布是贝叶斯统计推断的基础.统计学家 Lindly 预言:统计学的未来———一个贝叶斯统计的二十一世纪.美国统计学会的 ASA 和英国皇家学会的JRSS 等著名杂志上,几乎每期都有贝叶斯统计方面的文章,可以说,贝叶斯统计是当今国际统计科学研究的热点.

　　本书是作者根据多年来对贝叶斯领域的研究成果及所积累的资料撰写而成,较为系统地介绍了贝叶斯统计学的理论基础及经验贝叶斯统计推断理论,其中相当一部分内容是作者最新的成果.第一章是贝叶斯统计分析基础,简单介绍了贝叶斯统计相关基础理论知识;第二章介绍了经验贝叶斯统计方法和密度函数核估计及部分研究成果;第三至七章是作者的研究成果,详细介绍了Weibull 分布、Lomax 分布、Cox 分布、连续型单参数指数族分布、非指数分布、双指数分布等分布族相应参数的经验贝叶斯估计与检验问题,推广并改进了现有文献的相应结果.对贝叶斯统计分析研究工作感兴趣的读者认真研读本书后,可以较快地进入经验贝叶斯估计相关领域的研究工作.

　　本书的出版得到了 2015 年度安徽省高校自然科学研究重点项目(非参数贝叶斯和经验贝叶斯统计分析及应用研究,项目编号为 KJ2015A345)、2017 年度安徽省高校优秀拔尖人才培育资助项目(高校优秀青年骨干人才国内访学研修项目,项目编号为 gxfx2017225)和 2016 年度滁州职业技术学院校级重点研究项目(Lomax 分布和连续型单参数指数族参数的经验 Bayes 分析及应用,项目编号为 YJZ-2016-01)的资助,同时得到了合肥工业大学数学学院凌能祥教授在科研上的悉心指导和无私奉献,在此一并表示感谢.

由于作者水平有限,书中难免有不足和谬误之处,恳请同行及广大读者批评指正.

黄金超

2016年11月

目　录

第一章

贝叶斯分析基础

§1.1 贝叶斯统计基本概念

近几十年来,统计学中的贝叶斯学派有了重大发展,如今已成为与经典学派并驾齐驱的两大统计学派之一. 贝叶斯统计起源于贝叶斯(Bayes,1763)的一篇论文——机遇理论中一个问题的解,在此论文中,他提出了著名的贝叶斯公式和一种归纳推理的方法.

经典学派统计的出发点是根据样本在一定的统计模型下作出统计推断. 本章假设统计模型为参数统计模型. 在取得样本观测值 x 前,往往对参数 θ 统计模型中的参数有某些先验知识. 在数学上,关于 θ 的先验知识的数学描述就是先验分布. 贝叶斯统计的主要特点是使用先验分布,而在得到样本观测值 $(x_1, x_2, \cdots, x_n)^T$ 后,由 x 与先验分布提供信息,这是贝叶斯统计推断的基础. 经典学派统计对样本量较大的样本有较好的统计推断效果. 贝叶斯统计推断由于利用了先验知识,因而对小样本一般也有较好的统计推断效果.

1.1.1 三种信息

我们知道,数理统计学的任务是要通过样本推断总体. 样本有两重性,当把样本视为随机变量时,它有概率分布,称为**总体分布**. 如果我们已经知道总体的分布形式,这就给了我们一种信息,称为**总体信息**,即总体分布或总体所属分布族给我们的信息.

另外一种信息是**样本信息**,即从总体抽取的样本给我们提供的信息.

　　基于上述两种信息进行的统计推断被称为经典统计,它的基本观点是把数据(样本)看成是来自具有一定概率分布的总体,所研究的对象是这个总体而不局限于数据本身.

　　最后一种信息称为**先验信息**,即在抽样之前有关统计问题的一些信息.一般说来,先验信息主要来源于经验和历史资料.先验信息在日常生活和工作中也经常可见,不少人在自觉不自觉地使用它.

　　基于上述三种信息(总体信息、样本信息和先验信息)进行的统计推断被称为贝叶斯统计.贝叶斯统计学与经典统计学的主要差别在于是否利用先验信息,它们在使用样本信息上也是有差异的.贝叶斯学派重视已出现的样本观察值,而对尚未发生的样本观察值不予考虑.贝叶斯学派很重视先验信息的收集、挖掘和加工,并使它数量化,形成先验分布,参与到统计推断中来,以提高统计推断的质量.忽视先验信息的利用是一种浪费,有时还会导致不合理的结论.

　　贝叶斯学派的最基本观点是:任一个未知量 θ 都可看作一个随机变量,应用一个概率分布去描述 θ 的未知状况.这个概率分布是在抽样前就有的关于 θ 的先验信息的概率陈述.这个概率分布被称为先验分布,有时还简称为先验.

　　贝叶斯方法的一个主要问题是如何确定先验分布.先验分布的确定有很大的主观性、随机性.当先验分布完全未知时,如果人为地给出的先验分布与实际情形偏离较大,贝叶斯解的性质就较差.针对这一问题,Robbins(1956)首先提出经验贝叶斯(Empirical Bayes,简称 EB)方法.它的实质是利用历史样本对先验分布或先验分布的某些数字特征作出直接或间接的估计,因此,EB 方法是对贝叶斯方法的改进和推广,是介于经典统计学和贝叶斯统计学之间的一种统计推断方法.

1.1.2　先验分布与后验分布

　　定义 1.1.1　参数 θ 的参数空间 Θ 上的任一概率分布,都称作**先验分布**.

　　本书用 $\pi(\theta)$ 表示 θ 的先验分布.这里 $\pi(\theta)$ 是随机变量 θ 的概率密度,即当 θ 为离散型随机变量时, $\pi(\theta_i)(i=1,2,\cdots)$ 表示事件 $\{\theta_i=\theta\}$ 的概率分布,即概率 $P\{\theta_i=\theta\}$;当 θ 为连续型随机变量时, $\pi(\theta)$ 表示 θ 的密度函数.

　　定义 1.1.2　在获得样本 x 后, θ 的**后验分布**就是在给定 $X=x$ 条件下 θ 的条件分布,记为 $\pi(\theta|x)$.对于有密度的情形,它的密度函数为

$$\pi(\theta|x) = \frac{f(x|\theta)\pi(\theta)}{\int_{\Theta} f(x|\theta)\pi(\theta)\mathrm{d}\theta}. \tag{1.1.1}$$

其中 $h(x,\theta) = \pi(\theta)f(x|\theta)$ 为 X 和 θ 的联合分布,而

$$m(x) = \int_{\Theta} f(x|\theta)\pi(\theta)\mathrm{d}\theta.$$

因此

$$\pi(\theta|x) = \frac{h(x,\theta)}{m(x)} = \frac{f(x|\theta)\pi(\theta)}{m(x)}. \tag{1.1.2}$$

(1.1.1)式就是贝叶斯公式的密度函数形式,它集中了总体、样本和先验三种信息中有关 θ 的一切信息,而又排除了一切与 θ 无关的信息后所得到的结果. 从贝叶斯学派的观点来看,获取后验分布 $\pi(\theta|x)$ 后,一切统计推断都必须从 $\pi(\theta|x)$ 出发.

当 θ 是离散型随机变量时,先验分布可用先验分布列 $\{\pi(\theta_i), i = 1, 2, \cdots\}$ 表示,这时后验分布具有如下离散形式

$$\pi(\theta_i|x) = \frac{\pi(\theta_i)f(x|\theta_i)}{\sum_i \pi(\theta_i)f(x|\theta_i)} (i = 1, 2, \cdots). \tag{1.1.3}$$

假如样本来自的总体 X 也是离散的,只要把(1.1.1)或(1.1.3)式中的密度函数 $f(\theta_i|x)$ 看作事件 $\{X = x|\theta_i\}$ 的概率 $P(X = x|\theta_i)$ 即可. 此时就是**贝叶斯公式**.

贝叶斯公式把人们对 θ 的认识 $\pi(\theta)$ 调整到 $\pi(\theta|x)$. 也就是说,后验信息把先验信息和样本信息充分地结合在一起. 可以形象地表示为:样本信息加上先验信息得到后验信息,即可表示为

$$f(x|\theta) \oplus \pi(\theta) \Rightarrow \pi(\theta|x).$$

其中符号"$\oplus$"应理解为贝叶斯公式的作用.

把(1.1.2)式改写为

$$\pi(\theta|x) = c(x)f(x|\theta)\pi(\theta). \tag{1.1.4}$$

其中 $c(x) = [m(x)]^{-1}$. $c(x)$ 可以看成待定常数,由下列关系式确定

$$\int_{\Theta} c(x)f(x|\theta)\pi(\theta)\mathrm{d}\theta = 1.$$

在许多问题中,(1.1.4)式也常常可以略去常数而表示为

$$\pi(\theta|x) \propto f(x|\theta)\pi(\theta). \tag{1.1.5}$$

贝叶斯统计分析

其中符号"∝"表示"正比于"的意思.在(1.1.5)式中,$\pi(\theta)$和$f(x|\theta)$也可以仅取依赖于θ的因子,称为分布的核.例如,二项分布$B(n,\theta)$的核是$\theta^x(1-\theta)^{n-x}$,Poisson分布$P(\lambda)$的核是$\lambda^x e^{-\lambda}$,正态分布$N(\mu,\sigma^2)$的核是$\exp\{-(x-\mu)^2/2\sigma^2\}$,Gamma分布$Ga(\alpha,\lambda)$的核是$x^{\alpha-1}e^{-\lambda x}$,Beta分布$Be(a,b)$的核是$x^{\alpha-1}(1-x)^{b-1}$.将$\pi(\theta)$和$f(x|\theta)$的核代入(1.1.5)式中可得到$\pi(\theta|x)$的核.熟悉分布的核可以简化后验分布的计算.

例1.1.1 设$X_1,X_2,\cdots,X_n$是来自两点分布$B(1,\theta)$的独立同分布(iid)样本,θ的先验分布为Beta分布$Be(a,b)$,其中$a>0$,$b>0$.求θ的后验密度$\pi(\theta|x)$.

解 样本的联合密度函数为$f(\theta|x)=\theta^T(1-\theta)^{n-T}$,其中$T=\sum_{i=1}^{n}x_i$,先验密度$\pi(\theta)$的核为$\theta^{\alpha-1}(1-\theta)^{b-1}$.因此,由(1.1.4)式可得

$$\pi(\theta|x)=c(x)\theta^{T+\alpha-1}(1-\theta)^{n-T+b-1}.$$

由于随机变量为θ,所以上式为Beta分布$Be(T+a,n-T+b)$的密度函数,其中$c(x)$可由该分布的常数决定,即

$$c(x)=\frac{\Gamma(n+a+b)}{\Gamma(T+a)\Gamma(n-T+b)}.$$

贝叶斯估计问题中,常数因子$c(x)$通常不需要求出明确的表达式.

1.1.3 点估计问题

在获得参数θ的后验分布后,可以用后验均值

$$\hat{\theta}_B=E(\theta|x)=\int_{\Theta}\theta\pi(\theta|x)\mathrm{d}\theta=\frac{\int_{\Theta}\theta f(x|\theta)\pi(\theta)\mathrm{d}\theta}{m(x)},$$

作为θ的估计量,当然也可以用后验分布的中位数或后验众数作为θ的估计量.

1.1.4 假设检验问题

设假设检验问题的一般形式是

$$H_0:\theta\in\Theta_H\leftrightarrow K:\theta\in\Theta_K,$$

此处$\Theta_H\bigcup\Theta_K=\Theta$,$\Theta$是参数空间,$\Theta_H$是$\Theta$的非空子集.

获得参数θ的后验分布后,计算Θ_H和Θ_K的后验概率:

$$p_H(x) = P(\theta \in \Theta_H | x), \quad p_K(x) = P(\theta \in \Theta_K | x).$$

若 $p_H(x) > 1/2$，则接受 H；否则，拒绝 H.

1.1.5 区间估计问题

在求得 θ 的后验密度 $\pi(\theta | x)$ 后，求统计量 $A(x)$ 和 $B(x)$，使得后验概率

$$p(A(x) \leqslant \theta \leqslant B(x) | x) = 1 - \alpha.$$

其中 $0 < \alpha < 1$ 为常数，则称 $[A(x), B(x)]$ 为 θ 的可信度为 $1 - \alpha$ 的可信区间.

例1.1.2 设随机变量 X 服从二项分布 $B(n, \theta)$，θ 的先验分布为 $(0,1)$ 上的均匀分布 $U(0,1)$. 求 θ 的贝叶斯点估计.

解 X 的概率密度和 θ 的先验密度分别为

$$f(x | \theta) = C_n^x \theta^x (1 - \theta)^{n-x} \ (x = 0, 1, 2, \cdots, n),$$

$$\pi(\theta) \equiv 1 \ (0 < \theta < 1).$$

X 和 θ 的联合分布是

$$h(x, \theta) = C_n^x \theta^x (1 - \theta)^{n-x} \ (x = 0, 1, 2, \cdots, n; 0 < \theta < 1).$$

X 的边缘分布是

$$m(x) = \int_0^1 h(x, \theta) \mathrm{d}\theta = \int_0^1 C_n^x \theta^x (1 - \theta)^{n-x} \mathrm{d}\theta = \frac{1}{n+1}.$$

θ 的后验分布是

$$\pi(\theta | x) = \frac{h(x, \theta)}{m(x)} = \frac{C_n^x \theta^x (1 - \theta)^{n-x}}{1/(n+1)}$$

$$= \frac{\Gamma(n+2)}{\Gamma(x+1)\Gamma(n-x+1)} \theta^{(x+1)-1} (1 - \theta)^{(n-x+1)-1}.$$

即 $\theta | x$ 服从 Beta 分布 $Be(x+1, n-x+1)$.

若取 θ 的贝叶斯估计为后验均值估计，则有

$$\hat{\theta}_B = E(\theta | x) = \frac{x+1}{n+2},$$

而经典统计方法下 θ 的极大似然估计（MLE）是

$$\hat{\theta} = \frac{X}{n}.$$

比较 $\hat{\theta}_B$ 与 $\hat{\theta}$，易见贝叶斯估计 $\hat{\theta}_B$ 更合理. 因为当 $x = 0$ 或 n 时，$\hat{\theta} = 0$ 或 1，其

值太极端了;而当 $x=0$ 或 n 时, $\hat{\theta}_B = 1/(n+2)$ 或 $(n+1)/(n+2)$,既不为0,也不为1,当分别接近0或1,看上去显得更合理些.

§1.2 先验分布的选取

在贝叶斯统计中,一个重要的问题是如何利用先验信息合理地确定先验分布,它是从贝叶斯统计诞生之日起就伴随着的一个颇具争议的问题.贝叶斯学派对此做了大量的研究,获得了一些重要的成果.尽管这些成果谈不上是人们普遍接受的,但是有些原则性的考虑还是可以谈一谈的.

1.2.1 主观概率

贝叶斯统计中要使用先验信息,而先验信息主要是指经验和历史资料.

在经典统计中,概率是用非负性、正则性和可列可加性三条公理定义的.概率的确定方法主要是两种,一种是古典方法,另一种是频率方法.实际中大量使用的是频率方法,所以经典统计的研究对象是能大量重复的随机现象,而不是这类随机现象的就不能用频率方法去确定其有关事件的频率.贝叶斯学派完全同意概率的公理化定义,但认为概率也可以用经验确定,这与人们的实践活动一致,这样就可以使不能重复或不能大量重复的随机现象也可谈及概率,同时也使人们积累的丰富经验得以概括和应用.贝叶斯学派认为,一个事件的概率是人们根据经验对该事件发生的可能性所给出的个人信息,这样给出的概率称为主观概率.

确定主观概率的方法如下:

根据经验和历史资料的先验信息给出的主观概率没有固定的模式,但不管用什么方法,其所确定的主观概率都必须满足概率的三条公理,即

(1)非负性公理:对任一事件 A , $0 < P(A) < 1$.

(2)正则性公理:必然事件的概率为1.

(3)可列可加性公理:对可列个互不相容的事件 $A_1, A_2, \cdots, A_n$ 有

$$P\left(\bigcup_{i=1}^{\infty} A_i\right) = \sum_{i=1}^{\infty} P(A_i).$$

当发现所确定的主观概率与这三条公理及其推出的性质不和谐时,必须立即修正,直到和谐为止.这时给出的主观概率才能称得上概率.

1.2.2 利用先验信息确定先验分布

在贝叶斯方法中,关键的一步是确定先验分布.当参数 θ 属于离散型随机变量时,即参数空间 Θ 只含有限个或可数个点时,可对 Θ 中每个点确定一个主观概率,这在前面已经介绍了.

当参数 θ 属于连续型随机变量时,即 Θ 为实轴或其上的某个区间时,构造一个先验密度就有些困难了.当参数 θ 的先验信息(经验和历史数据)足够多时,我们可以用以下三个方法.

一、直方图法

这个方法与一般直方图类似,可以通过下述步骤实现:

(1)当参数空间 Θ 为实轴上的区间时,先把 Θ 分成一些小区间,通常为等长的子区间;

(2)在每个小区间上决定主观概率或按历史数据算出频率;

(3)绘制直方图,纵坐标为主观概率或频率与区间长之比;

(4)在直方图上画出一条光滑曲线,使其下方的面积与直方图面积相等,此曲线即为先验密度 $\pi(\theta)$(使曲线与横轴形成的曲线梯形的面积为1).

二、选定先验密度函数形式再估计其超参数

1. 超参数的定义及方法简介

定义1.2.1 先验分布中的参数,称为**超参数**.

例如,假定 θ 的先验密度 $\pi(\theta)$ 为 $N(\mu,\sigma^2)$,则 μ 和 σ^2 称为超参数.

确定先验分布的方法如下:

设先验分布的超参数为 α 和 β,选定先验密度的形式为 $\pi(\theta;\alpha,\beta)$,对其超参数 α 和 β 作出估计,得到估计量 $\hat{\alpha}$ 和 $\hat{\beta}$,使 $\pi(\theta;\hat{\alpha},\hat{\beta})$ 和 $\pi(\theta;\alpha,\beta)$ 很接近(如 $\hat{\alpha}$ 和 $\hat{\beta}$ 分别为 α 和 β 的相合估计,而 π 为其变元的连续函数,利用相合估计的性质容易证明此事实),则 $\pi(\theta;\hat{\alpha},\hat{\beta})$ 即为选定的先验密度函数.

这个方法最常用,但最关键的问题是 $\pi(\theta)$ 的函数形式的选定.若 $\pi(\theta)$ 的函数形式选择得不合适,将导致失误.

2. 如何确定超参数

(1)利用先验矩的估计值.

若能从先验信息整理加工中获得前几阶先验分布的样本矩,先验分布的总体矩是超参数的函数,令这二者相等,解方程可获得超参数的估计值.

(2)利用先验分布的分位数.

在给定先验密度函数的形式时,确定超参数的另一种方法是:从先验信息中获得一个或几个分位数的估计值,然后通过这些分位数的值确定超参数.

三、定分度法与变分度法

定分度法与变分度法都是通过专家咨询得到各种主观概率的方法,然后加工整理成累积分布的概率曲线(茆诗松,1999).

这两种方法类似,但做法略有不同.定分度法是把参数可能取值的区间逐次分成长度相等的小区间,在每个小区间请专家给出主观概率.变分度法是把参数可能取值的区间逐次分成机会相等的两个小区间(长度不必相同),这里的分点由专家确定.所以这种方法中,重要的是专家的信誉度要高,经验要丰富.这两种方法相比,决策者更愿意用变分度法.

1.2.3 无信息先验分布

贝叶斯分析的一个重要特点就是在统计推断时要利用先验信息(经验与历史数据),形成先验分布,进行统计推断.它启发人们要充分挖掘周围的各种信息使统计推断功能更有效.但从贝叶斯统计诞生之日起,它就伴随着一个"没有先验信息可利用或者只有极少的先验信息可利用,但仍想用贝叶斯方法"的问题.此时所需要的是**无信息先验**.出于贝叶斯方法的吸引力和完善贝叶斯方法的愿望,不少统计学家参与研究了这个问题,经过几代人的努力,至今已提出多种无信息先验分布.

一、贝叶斯假设与广义先验分布

所谓参数 θ 的无信息先验分布,是指除参数 θ 的取值范围 Θ 和 θ 在总体分布中的地位之外,再也不包含 θ 的任何信息的先验分布.有人把"不包含 θ 的任何信息"这句话理解为对 θ 的任何可能值都没有偏爱,都是同样无知的,因此很自然地把 θ 的取值范围上的"均匀分布"看作 θ 的先验分布.这一看法通常称为

贝叶斯假设.下面分几种情形来说明.

(1)离散均匀分布:若 Θ 为有限集,即 θ 只可能取有限个值,如 $\theta = \theta_i$ $(i = 1, 2, \cdots, n)$,由无信息先验给 Θ 中的每个元素以概率 $1/n$,即 $P(\theta = \theta_i) = 1/n$ $(i = 1, 2, \cdots, n)$.

(2)有限个区间上的均匀分布:若 Θ 为 $\mathbb{R}$ 上的有限区间 $[a, b]$,则取无信息先验为区间 $[a, b]$ 上的均匀分布 $U(a, b)$.

(3)广义先验分布:若参数空间 Θ 无界,无信息先验如何选取? 例如,样本分布为 $N(\theta, \sigma^2)$,σ^2 已知,此时 θ 的参数空间是 $\Theta = (-\infty, +\infty)$.若无信息先验密度 $\pi(\theta) \equiv 1$,则 $\pi(\theta)$ 不是通常的密度,因为 $\int_{-\infty}^{+\infty} \pi(\theta)\mathrm{d}\theta = \infty$.这就引入了广义先验分布的概念.

定义 1.2.2 设随机变量 $X \sim f(x|\theta)(\theta \in \Theta)$.若 θ 的先验分布 $\pi(\theta)$ 满足条件:

(1) $\int_{\Theta} \pi(\theta)\mathrm{d}\theta = \infty$;

(2)后验密度 $\pi(\theta|x)$ 是正常的密度函数,

则称 $\pi(\theta)$ 为 θ 的**广义先验密度**.

例 1.2.1 设 $X = (X_1, X_2, \cdots, X_n)$ 为从 $N(\theta, 1)$ 总体中抽取的随机样本.若 θ 的先验密度 $\pi(\theta) \equiv 1$,求 θ 的后验密度.

解 由公式(1.1.1)可得

$$\pi(\theta|x) = \frac{f(x|\theta)\pi(\theta)}{\int_{-\infty}^{+\infty} f(x|\theta)\pi(\theta)\mathrm{d}\theta} = \frac{\exp\left\{-\frac{1}{2}\sum_{i=1}^{n}(x_i - \theta^2)\right\}}{\int_{-\infty}^{+\infty} \exp\left\{-\frac{1}{2}\sum_{i=1}^{n}(x_i - \theta^2)\right\}\mathrm{d}\theta}$$

$$= \sqrt{\frac{n}{2\pi}} \exp\left\{-\frac{1}{2}(\theta - \bar{x})^2\right\}.$$

这是正态分布 $N(\bar{x}, 1/n)$ 的密度函数,后验分布 $\pi(\theta|x)$ 仍为正常的密度函数.因此按定义,$\pi(\theta) \equiv 1$ 为广义先验密度,它也是一种无信息先验.

对一般常见的概率分布,如何求它的无信息先验分布? 下面将对位置参数和刻度参数分别加以讨论.

二、位置参数的无信息先验分布

定义1.2.3 设总体 X 的密度函数的形式为 $f(x-\theta)$，其样本空间 χ 和参数空间 Θ 皆为实数集 $\mathbb{R}$，则称此类密度函数构成的分布族为**位置参数族**，$\theta\in\Theta$ 称为位置参数.

例如，设 $X\sim N(\theta,\sigma^2)$，其中 σ^2 已知，则 X 的密度函数

$$\frac{1}{\sqrt{2\pi}\,\sigma}\exp\left\{-\frac{1}{2\sigma^2}(\theta-x)^2\right\}=f(x-\theta),$$

属于位置参数族，θ 为位置参数.

位置参数族具有在平移变换群下的不变性. 对 X 作平移变换，得到 $Y=X+c$，同时对 θ 也作平移变换，得到 $\eta=\theta+c$. 设 θ 和 η 的先验密度分别为 $\pi(\theta)$ 和 $\pi^*(\eta)$. 下面根据位置参数分布族的特征导出 $\pi(\theta)$ 应满足的条件. 一方面，由于 Y 的密度函数为 $f(y-\eta)$，于是它仍属于位置参数分布族. 因此，θ 与 η 应具有相同的先验密度，即

$$\pi(\tau)=\pi^*(\tau).$$

其中 $\pi(*)$ 为 η 的无信息先验分布.

另一方面，由变换 $\eta=\theta+c$ 可算得 η 的无信息先验密度为

$$\pi^*(\eta)=\left|\frac{\mathrm{d}\theta}{\mathrm{d}\eta}\right|\pi(\eta-c)=\pi(\eta-c),\forall c.$$

比较上面两式可得 $\pi(\theta)=\pi(\theta-c)$，根据 c 的任意性可取 $c=\theta$，则有 $\pi(\theta)=\pi(0)=$ 常数. 故无信息先验密度应为 $\pi(\theta)\propto 1$，不妨取 $\pi(\theta)=1$. 这表明：位置参数在位移变换保持不变下的无信息先验密度是 $\pi(\theta)=1$. 这与贝叶斯假设一致.

例1.2.2 设 $X_1,X_2,\cdots,X_n$ 是来自正态分布 $N(\theta,\sigma^2)$ 的 iid 样本，其中 σ^2 已知，则 θ 无信息先验可利用，求 θ 的后验期望估计.

解 显然 $\bar{X}=\frac{1}{n}\sum_{i=1}^{n}X_i$ 为 θ 的充分统计量，且 $\bar{X}\sim N(\theta,\sigma^2/n)$，即

$$f(x)=\frac{\sqrt{n}}{\sqrt{2\pi}\,\sigma}\exp\left\{-\frac{n}{2\sigma^2}(\bar{x}-\theta)^2\right\}.$$

当 θ 无信息先验可利用时，为估计 θ，可取无信息先验密度 $\pi(\theta)\equiv1$. 由例

1.2.1可知,给定 $\bar{x}$ 时 θ 的后验分布是 $N(\bar{x}, \sigma^2/n)$.若取 θ 的贝叶斯估计为后验期望,则得到 θ 的后验期望估计

$$\hat{\theta}_B = \bar{X}.$$

这个结果与经典统计学中常用的估计量在形式上完全一致.

这种现象被贝叶斯学派解释为:经典统计学中一些成功的估计量可以看作使用合理的无信息先验的结果.无信息先验的开发和使用是贝叶斯统计中最成功的结果之一.

三、刻度参数的无信息先验分布

定义 1.2.4　设总体 X 的密度函数的形式为 $\sigma^{-1}\varphi(x/\sigma)$,其中 $\sigma > 0$ 为刻度参数,参数空间 $\mathbb{R}^+ = (0, +\infty)$,则称此类密度函数构成的分布族为**刻度参数族**.

例如,正态分布 $N(0, \sigma^2)$, X 的密度函数

$$\begin{aligned}
f(x|\theta) &= \frac{1}{\sqrt{2\pi}\,\sigma}\exp\left\{-\frac{x^2}{2\sigma^2}\right\} \\
&= \sigma^{-1}\left[\frac{1}{2\pi}\exp\left\{-\frac{1}{2}\left(\frac{x}{\sigma}\right)^2\right\}\right] \\
&= \sigma^{-1}\varphi(x/\sigma),
\end{aligned}$$

符合上述定义,所以属于刻度参数族, σ 为刻度参数.

刻度参数族具有在刻度变换群下的不变性.对任意常数 $a > 0$,让 X 改变比例刻度得 $Y = aX$,并让 σ 同步变化,即 $\eta = a\sigma$.设 σ 和 η 先验密度分别为 $\pi(\sigma)$ 和 $\pi^*(\eta)$.下面根据刻度参数分布族的特征导出 $\pi(\sigma)$ 应满足的条件.一方面 Y 的密度函数为 $\frac{1}{\eta}f\left(\frac{y}{\eta}\right)$,仍属于刻度参数分布族,因此 σ 和 η 应具有相同的先验密度,即有

$$\pi(\tau) = \pi^*(\tau).$$

另一方面,由 $\eta = a\sigma$ 可得

$$\pi^*(\eta) = \frac{1}{a}\pi\left(\frac{\sigma}{a}\right), \quad \forall a > 0.$$

比较上面两式可得 $\pi(\sigma) = \frac{1}{a}\pi\left(\frac{\sigma}{a}\right)$, $\forall a > 0$. 取 $a = \sigma$,则有 $\pi(\sigma) = \frac{1}{\sigma}\pi(1)$.为方便起见,令 $\pi(1) = 1$,可得 σ 的无信息先验密度

$$\pi(\sigma) = \frac{1}{\sigma}, \sigma > 0.$$

这表明:刻度参数在按比例变换下保持不变的无信息先验密度是 $\pi(\sigma) = \sigma^{-1}$. 这是一个不正常的先验分布,但可成为广义先验分布. 比如,它与单参数指数分布的密度

$$\pi(\sigma|x) = k\sigma^{-2} \exp\left\{-\frac{x}{\sigma}\right\}, \sigma > 0,$$

这是倒 Gamma 分布 $IGa(1, x)$. 它是一个正常的密度函数,故上述无信息先验分布是刻度参数 σ 的广义先验分布.

四、用 Jeffreys 准则确定无信息先验分布

对于非位置参数族和刻度参数族的无信息先验,人们广泛采用的是 Jeffreys (1961)的方法,由于推理涉及变换群和 Harr 测度的知识,这里仅给出结果.

设 $X = (X_1, X_2, \cdots, X_n)$ 是来自密度函数 $f(x|\theta)$ 的样本,其中 $\theta = (\theta_1, \theta_2, \cdots, \theta_p)$ 是 p 维参数空间. 对于在无信息先验分布时,Jeffreys 用 Fisher 信息矩阵行列式的平方根作为 θ 的无信息先验,这样获得无信息先验分布的方法,称为 **Jeffreys 无信息先验**. 其求解步骤如下:

(1)写出样本似然函数的对数:

$$L = \ln[l(x|\theta)] = \ln\left[\prod_{i=1}^{n} f(x_i|\theta)\right] = \sum_{i=1}^{n} \ln f(x_i|\theta).$$

(2)求 Fisher 信息矩阵:

$$I(\theta) = E\left(-\frac{\partial^2 l}{\partial\theta_i\partial\theta_j}\right), i, j = 1, 2, \cdots, p.$$

特别对 $p = 1$ 时,$I(\theta) = E\left(-\frac{\partial^2 l}{\partial\theta^2}\right)$.

(3)求 θ 的无信息先验密度函数:

$$\pi(\theta) = [\det I(\theta)]^{\frac{1}{2}}.$$

其中 $\det I(\theta)$ 表示 p 阶方阵 $I(\theta)$ 的行列式.

特别对 $p = 1$ 时,即为单项参数的情形,有 $\pi(\theta) = [I(\theta)]^{\frac{1}{2}}$.

例 1.2.3 设 $X = (X_1, X_2, \cdots, X_n)$ 是来自正态总体 $N(\mu, \sigma^2)$ 的 iid 样本,求未

知参数 (μ, σ) 的 Jeffreys 先验分布.

解　容易写出其对数似然函数

$$l(\mu, \sigma) = -\frac{1}{2}\ln(2\pi) - n\ln\sigma - \frac{1}{2\sigma^2}\sum_{i=1}^{n}\ln f(X_i - \mu),$$

其 Fisher 信息阵为

$$I(\mu, \sigma) = \begin{pmatrix} -E\left(\dfrac{\partial^2 l}{\partial\mu^2}\right) & -E\left(\dfrac{\partial^2 l}{\partial\mu\partial\sigma}\right) \\ -E\left(\dfrac{\partial^2 l}{\partial\mu\partial\sigma}\right) & -E\left(\dfrac{\partial^2 l}{\partial\sigma^2}\right) \end{pmatrix} = \begin{pmatrix} \dfrac{n}{\sigma^2} & 0 \\ 0 & \dfrac{2n}{\sigma^2} \end{pmatrix},$$

$$\left|I(\mu, \sigma)\right| = 2n^2\sigma^2,$$

因此, (μ, σ) 的 Fisher 先验密度为

$$\pi(\mu, \sigma) \propto \sigma^{-2}.$$

即联合无信息先验为 σ^{-2}, 它的几个特例是:

(1) 当 σ 已知时, $I(\mu) = -E\left(\dfrac{\partial^2 l}{\partial\mu^2}\right) = \dfrac{n}{\sigma^2}$, 故 $\pi(\mu) \propto 1$;

(2) 当 μ 已知时, $I(\sigma) = -E\left(\dfrac{\partial^2 l}{\partial\sigma^2}\right) = \dfrac{2n}{\sigma^2}$, 故 $\pi(\sigma) \propto \sigma^{-1}$;

(3) 当 μ 与 σ 相互独立时, $\pi(\mu, \sigma) \propto \sigma^{-1}$.

由此可见, Jeffreys 先验分布表明: (μ, σ) 的无信息先验分布是不唯一的. 在 (μ, σ) 的无信息先验分布的两种形式 (σ^{-1} 和 σ^{-2}) 中, Jeffreys 最终推荐的是 $\pi(\mu, \sigma) \propto \sigma^{-1}$. 从实际使用来看, 多数人愿意使用 Jeffreys 最终推荐的形式.

一般来说, 无信息先验不唯一, 但它对贝叶斯统计推断结果的影响都是很小的, 很少对结果产生较大的影响, 所以任何无信息先验分布都可采用, 但最好结合实际问题的具体情况来选择. 目前无论在统计理论还是应用研究中, 无信息先验采用得越来越多, 就连经典统计学者也认为无信息先验是客观的, 是可以接受的. 这是近几十年贝叶斯学派研究中最成功的部分.

1.2.4　共轭先验分布

另一种选择先验的方法是从理论角度出发的. 在已知样本分布的情形下, 为了理论上的需要, 常常选参数的先验分布为共轭先验分布, 其定义如下:

定义 1.2.5 设 $\mathcal{H}$ 表示由 θ 的先验分布 $\pi(\theta)$ 构成的分布族.如果对任取的 $\pi \in \mathcal{H}$ 及样本值 x,$\pi(\theta|x)$ 后验分布仍属于 $\mathcal{H}$,那么称 $\mathcal{H}$ 是一个**共轭先验分布族**.

注 1.2.1 由于共轭先验分布是对样本 X 的分布中心的参数 θ 而言的,所以上述定义中的后验分布不仅依赖于先验分布 π 和 x,还依赖于样本分布族.离开指定参数及其所在的样本分布族去谈论共轭先验分布是没有任何意义的.因此,某一指定的先验分布族是否是共轭的,要视样本分布族而定.

下面举例说明如何求共轭先验分布.

例 1.2.4 设 $X \sim B(n, \theta)$.

(1)若 θ 服从均匀分布 $U(0,1)$,证明:θ 的后验分布为贝塔分布;

(2)若取 θ 的先验分布为贝塔分布 $Be(a,b)$,其中 a,b 已知,证明:θ 的后验分布仍为贝塔分布,即 θ 的共轭先验分布为贝塔分布.

证明 (1)均匀分布 $U(0,1)$ 是贝塔分布 $Be(1,1)$.$X \sim B(n,\theta)$,其概率分布为

$$f(x|\theta) = C_n^x \theta^x (1-\theta)^{n-x} \quad (x = 0,1,2,\cdots,n),$$

而 θ 的联合分布是 $\pi(\theta) \equiv 1 (0 < \theta < 1)$.故有

$$\pi(\theta|x) = \frac{\theta^x (1-\theta)^{n-x}}{\int_0^1 \theta^x (1-\theta)^{n-x} \mathrm{d}\theta}. \tag{1.2.1}$$

计算积分得

$$\int_0^1 \theta^x (1-\theta)^{n-x} \mathrm{d}\theta = \frac{\Gamma(x+1)\Gamma(n-x+1)}{\Gamma(n+2)}.$$

将上式代入(1.2.1)式,得到后验密度

$$\pi(\theta|x) = \frac{\Gamma(n+2)}{\Gamma(x+1)\Gamma(n-x+1)} \theta^{(x+1)-1} (1-\theta)^{(n-x+1)-1}.$$

因此 θ 的后验分布是贝塔分布 $Be(x+1, n-x+1)$.

(2)若 $\theta \sim Be(a,b)$,则

$$\pi(\theta|x) = \frac{\theta^{x+a-1}(1-\theta)^{n-x+b-1}}{\int_0^1 \theta^{x+a-1}(1-\theta)^{n-x+b-1}\mathrm{d}\theta}. \tag{1.2.2}$$

计算积分得

$$\int_0^1 \theta^{x+a-1}(1-\theta)^{n-x+b-1}d\theta = \frac{\Gamma(x+a)\Gamma(n-x+b)}{\Gamma(n+a+b)}.$$

将上式代入(1.2.2)式,得到后验密度

$$\pi(\theta|x) = \frac{\Gamma(n+a+b)}{\Gamma(x+a)\Gamma(n-x+b)}\theta^{(x+a)-1}(1-\theta)^{(n-x+b)-1}.$$

因此 θ 的后验分布为贝塔分布 $Be(x+a, n-x+b)$.

由此例可见,计算后验分布时,求边缘分布需要计算定积分,有时并非易事.下面介绍可以简化后验分布的计算,省略计算边缘分布这一步骤.

后验密度的计算公式由(1.1.1)式给出,即

$$\pi(\theta|x) = \frac{f(x|\theta)\pi(\theta)}{m(x)} = \frac{f(x|\theta)\pi(\theta)}{\int_\Theta f(x|\theta)\pi(\theta)d\theta}.$$

此处 $f(x|\theta)$ 是样本密度函数(也称为似然函数),可以用 $l(x|\theta)$ 代替 $f(x|\theta)$, $\pi(\theta)$ 是 θ 的先验密度, $m(x)$ 是 X 的边缘密度.由于 $m(x)$ 与 θ 无关,故可将 $1/m(x)$ 看成与 θ 无关的常数,从而有

$$\pi(\theta|x) = \frac{f(x|\theta)\pi(\theta)}{m(x)} \propto f(x|\theta)\pi(\theta). \tag{1.2.3}$$

此处符号"$\propto$"表示"正比于",即上式的左边和右边只相差一个正的常数因子,此常数与 θ 无关,但可以与 x 有关.

因此,对共轭先验分布的情形,求后验密度可按照下列步骤进行:

(1)写出样本的概率密度(即 θ 的似然函数) $f(x|\theta)$ 的核,即 $f(x|\theta)$ 中仅与参数 θ 有关的因子;再写出先验密度 $\pi(\theta)$ 的核,即 $\pi(\theta)$ 中仅与参数 θ 有关的因子.

(2)类似(1.2.3)式写出后验密度的核,即

$$\pi(\theta|x) \propto f(x|\theta)\pi(\theta) \propto \{f(x|\theta)\text{的核}\}\cdot\{\pi(\theta)\text{的核}\}, \tag{1.2.4}$$

即"后验密度的核"是"样本概率函数的核"与"先验密度的核"的乘积.

(3)将(1.2.4)式的右边添加一个正则化常数因子(可以与 x 有关),即可得到后验密度.

注 1.2.2 上述计算后验分布的简化方法,只对先验分布为共轭先验或无信息先验的情形有效.对于其他先验分布,获得后验分布的核之后,如果不能判断出后验分布的类型,就不知道如何添加正则化常数因子,将"后验密度的核"变

贝叶斯统计分析

成"后验密度".此时只有老老实实地按(1.1.1)式去计算后验密度.

现在利用上面的方法来解决例 1.2.4. 设 $X \sim B(n, \theta)$. 若取 θ 的先验分布为贝塔分布 $Be(a, b)$, 求 θ 的后验分布.

解 似然函数(即样本密度)的核是 $\theta^x(1-\theta)^{n-x}$, 而先验密度的核是 $\theta^a(1-\theta)^{b-1}$, 从而由公式(1.2.4), 有

$$\pi(\theta|x) \propto f(x|\theta)\pi(\theta) \propto \theta^{(x+a)-1}(1-\theta)^{(n-x+b)-1}.$$

易见, 上式的右边是贝塔分布 $Be(x+a, n-x+b)$ 密度函数的核. 因此, 添加正则化常数因子得到后验密度

$$\pi(\theta|x) = \frac{\Gamma(n+a+b)}{\Gamma(x+a)\Gamma(n-x+b)}\theta^{(x+a)-1}(1-\theta)^{(n-x+b)-1}.$$

由此例可见, 上面介绍的方法简化了后验分布的计算.

再看计算后验分布的例子.

例 1.2.5 设随机变量 $X_1, X_2, \cdots, X_n,$ iid $\sim \mathrm{Exp}(1/\theta)$, 此处 $\theta > 0$. 设 θ 的先验分布 $\pi(\theta)$ 为逆伽马分布 $\Gamma^{-1}(\alpha, \lambda)$, 其中超参数 α, λ 已知, 求 θ 的后验分布.

解 设 $X = (X_1, X_2, \cdots, X_n)$, 则 X 的密度函数为

$$f(x|\theta) = \theta^{-n}\mathrm{e}^{-n\bar{x}/\theta}\prod_{i=1}^{n}Ix_i,$$

从而 θ 的似然函数为

$$l(\theta|x) \propto \theta^{-n}\mathrm{e}^{-n\bar{x}/\theta}.$$

而 θ 的共轭分布为 $\Gamma^{-1}(\alpha, \lambda)$, 即

$$\pi(\theta) = \frac{\lambda^\alpha}{\Gamma(\alpha)}\theta^{-(\alpha+1)}\mathrm{e}^{-\lambda/\theta}I(0,\infty)(\theta) \propto \theta^{-(\alpha+1)}\mathrm{e}^{-\lambda/\theta}.$$

则 θ 的后验分布

$$\pi(\theta|x) \propto l(\theta|x)\pi(\theta) \propto \theta^{-(n+\alpha+1)}\mathrm{e}^{-(n\bar{x}+\lambda)/\theta}.$$

添加正则化常数后, 得到

$$\pi(\theta|x) = \frac{(n\bar{x}+\lambda)^{n+\alpha}}{\Gamma(n+\alpha)}\theta^{-(n+\alpha+1)}\mathrm{e}^{-(n\bar{x}+\lambda)/\theta}I(0,\infty)(\theta).$$

此后验分布为逆伽马分布 $\Gamma^{-1}(n+\alpha, n\bar{x}+\lambda)$.

注 1.2.3 由上述几例, 可见求共轭先验分布的方法如下:

(1)写出样本概率函数(亦称参数 θ 的似然函数)的"核",即

$$f(x|\theta) \propto \{f(x|\theta)\text{的核}\};$$

(2)选择与似然函数具有同类"核"的先验分布作为共轭先验分布,从而获得共轭先验分布族.

利用样本分布和先验分布的核来寻求后验分布,不需要直接计算边缘分布 $m(x)$,这就简化了计算过程,而且计算也很简单.基于这个原因,共轭先验分布在很多场合被采用.常用的共轭先验分布列于表1.2.1中.

表1.2.1 常用的共轭先验分布

总体分布	参数	共轭先验分布
二项分布	成功概率	Beta分布 $Be(a,b)$
Poisson分布	均值	Gamma分布 $Ga(a,b)$
指数分布	均值的倒数	Gamma分布 $Ga(a,b)$
指数分布	均值	倒Gamma分布 $IGa(a,b)$
正态分布(方差已知)	均值	正态分布 $N(\mu,\sigma^2)$
正态分布(均值已知)	方差	倒Gamma分布 $IGa(a,b)$

§1.3 贝叶斯点估计

设 θ 是总体 X 中的未知参数, $\theta \in \Theta$ (参数空间).为了估计参数 θ ,可从该总体中抽取样本 $X_1, X_2, \cdots, X_n$, $x = (x_1, x_2, \cdots, x_n)$ 为样本观测值.根据参数 θ 的先验信息选择一个先验分布 $\pi(\theta)$,根据贝叶斯定理可以得到 θ 的后验分布 $\pi(\theta|x)$,然后根据这个后验分布对参数 θ 进行参数估计.

点估计就是寻找一个统计量的观测值,记作 $\hat{\theta}(x)$,用 $\hat{\theta}(x)$ 去估计 θ .从贝叶斯观点来看,就是寻找样本(或其观测值)的函数 $\hat{\theta}(x)$,使它尽可能地接近 θ .

1.3.1 损失函数与风险函数

与经典统计类似,贝叶斯统计也有一个估计好坏的标准问题,对于给定的标准,要寻找最好的估计.在考虑标准时,通常用损失函数、风险函数来描述.下

面给出几个定义.

定义 1.3.1 在参数 θ 取值范围 Θ（参数空间）上，定义一个二元非负实函数 $L(\theta, \hat{\theta})$，称为**损失函数**，即 $\Theta \times \Theta$ 到 $\mathbb{R}$ 上的一个函数.

$L(\theta, \hat{\theta})$ 表示用 $\hat{\theta}$ 去估计 θ，由于 $\hat{\theta}$ 与 θ 的不同而引起的损失. 通常的损失是非负的，因此限定 $L(\theta, \hat{\theta}) \geq 0$. 常见的损失函数如下：

（1）平方损失函数：$L(\theta, \hat{\theta}) = (\theta - \hat{\theta})^2$；

（2）绝对损失函数：$L(\theta, \hat{\theta}) = |\theta - \hat{\theta}|$；

（3）0–1 损失函数：$L(\theta, \hat{\theta}) = \begin{cases} 1, & \theta = \hat{\theta}, \\ 0, & \theta \neq \hat{\theta}. \end{cases}$

定义 1.3.2 对损失函数 $L(\theta, \hat{\theta})$，用 $\hat{\theta}(x)$ 去估计 θ 时，

$$R_{\hat{\theta}(x)}(\theta) = E\left[L(\theta, \hat{\theta})\right],$$

称为相应的风险函数，简称风险函数. 当 $\hat{\theta}(x)$ 不标明时，把 $R_{\hat{\theta}(x)}(\theta)$ 用 $R(\theta)$ 来表示.

当损失函数给定后，好的估计应该使风险函数最小. 当 $L(\theta, \hat{\theta}) = (\theta - \hat{\theta})^2$ 时，

$$R_{\hat{\theta}(x)}(\theta) = E\left[\hat{\theta}(x) - \theta\right]^2,$$

这就是 $\hat{\theta}(x)$ 对 θ 的**均方误差**.

定义 1.3.3 如 $\hat{\theta}_*(x)$ 在估计类 G 中使等式

$$R_{\hat{\theta}_*(x)}(\theta) = \min_{\hat{\theta}_*(x) \in G} R_{\hat{\theta}(x)}(\theta), \forall \theta \in \Theta,$$

成立，则称 $\hat{\theta}_*(x)$ 是 G 中**一致最小风险估计**.

给定了风险函数 $L(\theta, \hat{\theta})$，理解的估计就是定义 1.3.3 中的一致最小风险估计，这就是经典方法的观点. 从贝叶斯方法的观点来看，由于 $R_{\hat{\theta}(x)}(\theta)$ 是 θ 的函数，而参数 θ 是随机变量，它有先验分布 $\pi(\theta)$，于是 $\hat{\theta}(x)$ 的损失应由积分

$$\int_{\Theta} R_{\hat{\theta}(x)}(\theta) \pi(\theta) \mathrm{d}\theta,$$

来衡量，把上述积分记为 $\rho(\hat{\theta}(x), \pi(\theta)) = \int_{\Theta} R_{\hat{\theta}(x)}(\theta) \pi(\theta) \mathrm{d}\theta$.

如果能够找到一个 $\hat{\theta}_*(x)$，使 $\rho(\hat{\theta}_*(x), \pi(\theta))$ 达到最小，从贝叶斯观点来看就是最佳的估计，于是有以下定义.

定义 1.3.4 若 $\hat{\theta}_*(x)$ 使

$$\rho\big(\hat{\theta}_*(x),\ \pi(\theta)\big) = \min_{\hat{\theta}(x)} \rho\big(\hat{\theta}(x),\ \pi(\theta)\big),$$

则称 $\hat{\theta}_*(x)$ 是针对 $\pi(\theta)$ 的贝叶斯解,简称**贝叶斯解**.

从定义 1.3.4 可以看出,贝叶斯解不但与损失函数的选择有关,而且与先验分布 $\pi(\theta)$ 也有关,求贝叶斯解有如下一个一般的结果.

定理 1.3.1 对于给定的损失函数 $L\big(\theta,\hat{\theta}\big)$ 及先验分布 $\pi(\theta)$,若样本 x 对 θ 的条件密度为 $f\big(x|\theta\big)$,记

$$R\big(\hat{\theta}(x)|x\big) = \int_\Theta L\big[\theta,\hat{\theta}(x)\big]f\big(x|\theta\big)\pi(\theta)\mathrm{d}\theta,$$

称它为 $\hat{\theta}(x)$ 的**后验风险**.当

$$R\big(\hat{\theta}_*(x)|x\big) = \min_{\hat{\theta}(x)} \rho\big(\hat{\theta}(x)|x\big),\ \forall x,$$

成立,则 $\hat{\theta}_*(x)$ 就是 $\pi(\theta)$ 相应的贝叶斯解,即有

$$\rho\big(\hat{\theta}_*(x),\pi(\theta)\big) = \min_{\hat{\theta}(x)} \rho\big(\hat{\theta}(x),\pi(\theta)\big).$$

定理 1.3.1 的证明略,详见张尧庭等(1991).

定理 1.3.1 说明:如果有一个 θ 的估计使得对于每一个样本观测值 x,后验风险达到最小,那么它就是所要求的贝叶斯解.

定理 1.3.1 有三个重要的特殊情形,分别见以下三个推论.

推论 1.3.1 若损失函数为平方损失 $L\big(\theta,\hat{\theta}\big) = \big(\theta-\hat{\theta}\big)^2$,则参数 θ 的贝叶斯解就是后验期望 $E\big(\theta|x\big)$.

证明 若损失函数 $L\big(\theta,\hat{\theta}\big) = \big(\theta-\hat{\theta}\big)^2$,则有

$$R\big(\hat{\theta}(x)|x\big) = \int_\Theta L\big[\theta,\hat{\theta}(x)\big]f\big(x|\theta\big)\pi(\theta)\mathrm{d}\theta = \int_\Theta\big(\theta-\hat{\theta}(x)\big)^2 f\big(x|\theta\big)\pi(\theta)\mathrm{d}\theta.$$

注 1.3.1 $\hat{\theta}(x)$ 只是样本 x 的函数,当 x 固定时,它就是一个常数,根据定理 1.3.1,可以对每一个 x 选 $\hat{\theta}_*(x)$ 使 $\int_\Theta\big(\theta-\hat{\theta}_*(x)\big)^2 f\big(x|\theta\big)\pi(\theta)\mathrm{d}\theta$ 最小,即选 a 使

$$\int_\Theta(a-\theta)^2 f\big(x|\theta\big)\pi(\theta)\mathrm{d}\theta,$$

最小.

把上式对 a 求一阶导数,并令其为 0,得到

$$\frac{\partial}{\partial a}\int_\Theta(a-\theta)^2 f\big(x|\theta\big)\pi(\theta)\mathrm{d}\theta = \int_\Theta 2(a-\theta)f\big(x|\theta\big)\pi(\theta)\mathrm{d}\theta = 0,$$

于是得到

$$a = \frac{\int_{\Theta} \theta f(x|\theta)\pi(\theta)\mathrm{d}\theta}{\int_{\Theta} f(x|\theta)\pi(\theta)\mathrm{d}\theta} = E(\theta|x).$$

推论 1.3.2　若损失函数为 0-1 损失函数 $L(\theta,\hat{\theta}) = \begin{cases} 1, & \theta = \hat{\theta}, \\ 0, & \theta \neq \hat{\theta}, \end{cases}$ 则参数 θ 的贝叶斯解就是参数 θ 的后验众数.

推论 1.3.2 的证明略,详见张尧庭等(1991).

推论 1.3.3　若损失函数为绝对损失函数: $L(\theta,\hat{\theta}) = |\theta - \hat{\theta}|$,则参数 θ 的贝叶斯解就是后验分布的中位数.

推论 1.3.3 的证明略,详见茆诗松(1999).

推论 1.3.1 至 1.3.3 用于点估计,就得到三种常见的估计方法,分别是:后验期望、后验众数、后验中位数.

1.3.2　贝叶斯估计的定义

定义 1.3.5　使后验密度函数 $\pi(\theta|x)$ 达到最大的 $\hat{\theta}_{MD}$ 称为参数 θ 的**后验众数估计**;后验分布的中位数 $\hat{\theta}_{Me}$ 称为参数 θ 的**后验中位数估计**;后验分布的期望 $\hat{\theta}_E$ 称为参数 θ 的**后验期望估计**.这三个估计都称为参数 θ 的**贝叶斯估计**.在不会引起混淆的情况下,上述三个估计量皆用 $\hat{\theta}_B$ 来记.

注 1.3.2　在一般场合下,这三种估计是不同的,但当后验密度对称时,θ 的三种贝叶斯估计重合.使用时可根据需要选用其中的一种.一般来说,当先验分布为共轭先验时,求上述三种估计比较容易.

例 1.3.1　为估计不合格率 θ,今从一批产品中随机抽取 n 件,其中不合格品数 $X \sim B(n,\theta)$,此处 $X = \sum_{i=1}^{n} X_i$,$X_i = 1$ 表示"抽出的第 i 件不合格",$X_i = 0$ 表示"抽出的第 i 件合格".若取的先验分布为共轭先验分布 $Be(\alpha,\beta)(\alpha,\beta$ 已知),求 θ 的后验众数估计和后验期望估计.

解　由例 1.2.4 可知 θ 的后验密度为

$$\pi(\theta|x) = \frac{\Gamma(n+a+b)}{\Gamma(x+a)\Gamma(n-x+b)} \theta^{(x+a)-1} (1-\theta)^{(n-x+b)-1}.$$

即 θ 的后验分布为贝塔分布 $Be(x+a, n-x+b)$,由 $B(a,b)$ 的众数为

$(a-1)/(a+b-2)$，均值为 $(a-1)/(a+b)$，可知 θ 的后验众数估计为

$$\hat{\theta}_{MD} = \frac{(x+\alpha)-1}{(x+\alpha)+(\beta+n-x)-2} = \frac{x+\alpha-1}{\alpha+\beta+n-2}.$$

后验期望估计为

$$\hat{\theta}_E = \frac{x+\alpha}{\alpha+\beta+x}.$$

特别当先验分布中的超参数 $\alpha=1$，$\beta=1$，即先验分布为 $Be(1,1)$，也就是先验分布 $\pi(\theta)$ 为均匀分布 $U(0,1)$ 时，

$$\hat{\theta}_{MD} = \frac{x}{n}, \hat{\theta}_E = \frac{x+1}{n+2}. \tag{1.3.1}$$

对这两个估计作如下说明：

（1）由（1.3.1）式可见，θ 的后验众数估计（即广义 MLE）就是经典方法中的 MLE，即不合格率 θ 的 MLE 就是取先验分布为无信息先验 $U(0,1)$ 下的贝叶斯估计。这种现象以后还会看到。贝叶斯学派对这种现象的看法是：使用任何经典统计方法的人都自觉不自觉地使用贝叶斯方法。

（2）θ 的后验期望估计要比后验众数更合适一些。表 1.3.1 列出了四个试验结果，对 1 号试验品与 2 号试验品各抽 3 个和 10 个，其中没有一件是不合格品，这两件事在人们心目中留下的印象是不同的，让人感觉后者的质量要比前者更让人信得过，但其 $\hat{\theta}_{MD}$ 皆为 0，显示不出二者的差别，而 $\hat{\theta}_E$ 可显示出二者的差别；对 3 号试验品和 4 号试验品也各抽 3 个与 10 个，其中没有一件是合格品，也在人们心目中留下了不同的印象，让人认为后者的质量更差，这种差别用 $\hat{\theta}_{MD}$（取值皆为 1）反映不出来，而用 $\hat{\theta}_E$（取值更接近于 1）能反映出来。由于 $\hat{\theta}_{MD}$ 与经典估计相同，故贝叶斯估计 $\hat{\theta}_E$ 显示出相对于经典估计的优点。

表 1.3.1　不合格率 θ 的两种贝叶斯估计的比较

试验品	样本量 n	不合格数 x	$\hat{\theta}_{MD}=x/n$	$\hat{\theta}_E=(x+1)/(n+2)$
1	3	0	0	0.200
2	10	0	0	0.083
3	3	3	1	0.800
4	10	10	1	0.917

由此可见，在这些极端场合下，后验期望估计更具有吸引力，在其他场合这

两种估计差别不大.在实际问题中,由于后验期望估计常优于后验众数估计,所以人们常用后验期望估计作为贝叶斯估计.

例1.3.2 设 $x_1, x_2, \cdots, x_n$ 是来自Pareto分布 $Pa(\alpha, \theta_0)$ 的样本观测值,Pareto分布 $Pa(\alpha, \theta_0)$ 的密度函数为

$$f(x) = \alpha \frac{\theta_0^\alpha}{x^{\alpha+1}}, x \geqslant \theta_0, \alpha > 0.$$

Pareto分布 $Pa(\alpha, \theta_0)$ 通常表示超过一个已知值 θ_0 的收入分布.若 θ_0 已知,则该分布中只有一个未知参数 α .求 θ 的后验期望估计.

解 设 $x = (x_1, x_2, \cdots, x_n)$ 是来自Pareto分布 $Pa(\alpha, \theta_0)$ 的样本观测值,则样本的似然函数为

$$L(x|\alpha) = \frac{\alpha^n \theta_0^{n\alpha}}{(x_1 \cdots x_n)^{\alpha+1}} = \frac{\alpha^n \theta_0^{n\alpha}}{G^{n(\alpha+1)}}.$$

其中 $G = (x_1, x_2, \cdots, x_n)^{\frac{1}{n}}$ 是 $x_1, x_2, \cdots, x_n$ 的几何平均.

对于 α 的先验分布,如果关于参数的信息是分散的或不明确的,则 α 的先验密度函数为

$$\pi(\alpha) \propto \frac{1}{\alpha}, 0 < \alpha < \infty.$$

根据贝叶斯定理,则 α 的后验密度函数为

$$\pi(\alpha|x) \propto \frac{\alpha^{n-1} \theta_0^{n\alpha}}{G^{n(\alpha+1)}} \propto \alpha^{n-1} e^{-bn\alpha}.$$

其中 $b = \ln\left(\frac{G}{\theta_0}\right)$.

因此 α 的后验分布为Gamma分布 $Ga(n, nb)$,于是正则化后 α 的后验密度函数为

$$\pi(\alpha|x) = \frac{(nb)^n}{\Gamma(n)} \alpha^{n-1} e^{-bn\alpha}, 0 < \alpha < \infty. \tag{1.3.2}$$

在平方损失下, α 的贝叶斯估计为后验均值,即

$$\hat{\alpha}_E = \frac{1}{b} = \frac{1}{\ln\left(\dfrac{G}{\theta_0}\right)}.$$

1.3.3 贝叶斯估计的误差

当提出一种估计方法时,一般必须给出估计的精度.通常贝叶斯点估计的精度是用它的后验均方差或其平方根来衡量的.

设 $\hat{\theta}$ 是 θ 的贝叶斯估计,在样本给定后,$\hat{\theta}$ 是一个数,在综合各种信息后,θ 是根据它的后验分布 $\pi(\theta|x)$ 来取值的,所以评定一个贝叶斯估计的误差的最好而又简单的方式是用 θ 对 $\hat{\theta}$ 的后验均方差或其平方根来衡量.

定义 1.3.6 设参数 θ 的后验分布为 $\pi(\theta|x)$,$\hat{\theta}$ 是 θ 的贝叶斯估计,则 $(\theta - \hat{\theta})^2$ 的后验期望

$$\mathrm{PMSE}(\hat{\theta}|x) = E_{\theta|x}(\theta - \hat{\theta})^2,$$

称为 $\hat{\theta}$ 的**后验均方差**,而其平方根 $\sqrt{\mathrm{PMSE}(\hat{\theta}|x)}$ 称为**后验标准差**,其中 $E_{\theta|x}$ 表示用条件分布 $\pi(\theta|x)$ 求期望.当 $\hat{\theta}$ 是 θ 的后验期望 $\hat{\theta}_E = E(\theta|x)$ 时,则

$$\mathrm{PMSE}(\hat{\theta}|x) = E_{\theta|x}(\theta - \hat{\theta})^2 = \mathrm{Var}(\theta|x),$$

称为**后验方差**,其平方根 $\sqrt{\mathrm{Var}(\theta|x)}$ 称为**后验标准差**.

后验均方差与后验方差的关系如下:

$$\mathrm{PMSE}(\hat{\theta}|x) = E_{\theta|x}(\theta - \hat{\theta})^2 = E_{\theta|x}\left((\theta - \hat{\theta}_E) + (\hat{\theta}_E - \hat{\theta})\right)^2 = \mathrm{Var}(\theta|x) + (\hat{\theta}_E - \hat{\theta})^2.$$

这说明,当 $\hat{\theta}$ 为 $\hat{\theta}_E = E(\theta|x)$ 时,可使后验均方差 $\mathrm{PMSE}(\hat{\theta}|x)$ 达到最小,故后验期望估计是在 PMSE 准则下的最优估计.所以习惯上在三种贝叶斯估计(后验众数估计、后验中位数估计、后验期望估计)中常取后验均值 $\hat{\theta}_E$ 作为 θ 的贝叶斯估计的理由.

例 1.3.3 设一批产品的不合格率为 θ ,检查是一个接一个进行的,直到发现第一个不合格产品即停止检查.设 X 为发现第一个不合格产品时已检查的产品数,X 服从几何分布.假设参数 θ 只能取 $1/4, 2/4, 3/4$ 三个值,且取这三个值的概率相同.如今获得一个样本观测值 $x = 3$,求 θ 的最大后验估计(即后验众数估计),并计算它的后验均方误差.

解 由于 X 服从几何分布,其概率分布为

$$P(X = x|\theta) = \theta(1-\theta)^{x-1} \quad (x = 1, 2, \cdots),$$

贝叶斯统计分析

而 θ 的先验分布为

$$P\left(\theta=\frac{i}{4}\right)=\frac{1}{3}(i=1,2,3).$$

在给定 θ 下，$X=3$ 的条件概率为

$$P(X=3|\theta)=\theta(1-\theta)^2,$$

于是联合概率为

$$P\left(X=3,\theta=\frac{i}{4}\right)=P\left(\theta=\frac{i}{4}\right)P\left(X=3|\theta=\frac{i}{4}\right)=\frac{1}{3}\cdot\frac{i}{4}\left(1-\frac{i}{4}\right)^2.$$

而 $X=3$ 的无条件概率（边缘分布）为

$$P(X=3)=\sum_{i=1}^{3}P\left(\theta=\frac{i}{4}\right)P\left(X=3|\theta=\frac{i}{4}\right)$$

$$=\frac{1}{3}\left(\frac{1}{4}\left(\frac{3}{4}\right)^2+\frac{2}{4}\left(\frac{2}{4}\right)^2+\frac{3}{4}\left(\frac{1}{4}\right)^2\right)=\frac{5}{48}.$$

故在 $X=3$ 的条件下，θ 的后验分布列为

$$P\left(\theta=\frac{i}{4}\Big|X=3\right)=\frac{P(X=3|\theta=i/4)}{P(X=3)}=\frac{4i}{5}\left(1-\frac{i}{4}\right)^2(i=1,2,3).$$

显然，θ 的最大后验估计（即后验众数估计）为

$$\hat{\theta}_{MD}=\frac{1}{4}.$$

为了计算此贝叶斯估计的后验均方误差，先计算上述后验分布的均值和方差：

$$\hat{\theta}_E=E(\theta|X=3)=\sum_{i=1}^{3}\frac{i}{4}P\left(\theta=\frac{i}{4}\Big|X=3\right)$$

$$=\sum_{i=1}^{3}\frac{i}{4}\frac{4i}{5}\left(1-\frac{i}{4}\right)^2=\frac{17}{40}.$$

而

$$E(\theta^2|X=3)=\sum_{i=1}^{3}\left(\frac{i}{4}\right)^2P\left(\theta=\frac{i}{4}\Big|X=3\right)$$

$$=\sum_{i=1}^{3}\left(\frac{i}{4}\right)^2\frac{4i}{5}\left(1-\frac{i}{4}\right)^2=\frac{17}{80}.$$

故可得后验方差为

$$\mathrm{Var}(\theta|x)=\mathrm{Var}(\theta|X=3)=E(\theta^2|X=3)-\left(E(\theta|X=3)\right)^2$$

$$=\frac{17}{80}-\left(\frac{17}{40}\right)^2=\frac{51}{1\,600}.$$

因此后验众数估计的 PMSE 为

$$\text{PMSE}\left(\hat{\theta}_{MD}\right) = \text{Var}\left(\theta \mid X=3\right) + \left(\hat{\theta}_{MD} - \hat{\theta}_{E}\right)^2 = \frac{51}{1\,600} - \left(\frac{1}{4} - \frac{17}{40}\right)^2 = \frac{1}{16}.$$

§1.4　贝叶斯区间估计

1.4.1　可信区间的定义

对于区间估计问题,贝叶斯方法具有处理方便和含义清晰的优点,而经典方法寻求的置信区间常受到批评.

当获得 θ 的后验分布 $\pi(\theta \mid x)$ 后,可立即求 θ 落在区间 $[a,b]$ 内的后验概率为 $1-\alpha(0<\alpha<1)$ 的区间估计,即使

$$P\left(a \leq \theta \leq b \mid x\right) = 1-\alpha ,$$

就称 $[a,b]$ 为 θ 的贝叶斯区间估计,又称为贝叶斯可信区间.这是 θ 的后验分布为连续型随机变量的情形.若 θ 为离散型随机变量,对给定的概率 $1-\alpha$,上式中的区间 $[a,b]$ 不一定存在,而要将左边概率适当放大一点,使 $P(a \leq \theta \leq b \mid x) \geq 1-\alpha$,这样的区间也是 θ 的贝叶斯可信区间.可信区间的一般定义如下:

定义 1.4.1　设参数 θ 的后验分布为 $\pi(\theta \mid x)$,对给定样本 x 和概率 $1-\alpha(0<\alpha<1,$ 通常α取较小数$)$,若存在两个统计量 $\hat{\theta}_1(x)$ 和 $\hat{\theta}_2(x)$,使得

$$P\left(\hat{\theta}_1(x) \leq \theta \leq \hat{\theta}_2(x) \mid x\right) \geq 1-\alpha,$$

则称 $\left[\hat{\theta}_1(x), \hat{\theta}_2(x)\right]$ 为 θ 的可信水平为 $1-\alpha$ 的**贝叶斯可信区间**,常简称为 θ 的 $1-\alpha$ 可信区间.满足

$$P\left(\theta \geq \hat{\theta}_L(x) \mid x\right) \geq 1-\alpha,$$

的 $\hat{\theta}_L(x)$ 称为 θ 的可信水平 $1-\alpha$ 的**贝叶斯可信下限**;满足

$$P\left(\theta \leq \hat{\theta}_U(x) \mid x\right) \geq 1-\alpha,$$

的 $\hat{\theta}_U(x)$ 称为 θ 的可信水平 $1-\alpha$ 的**贝叶斯可信上限**.

这里的可信水平和可信区间与经典统计中的置信水平与置信区间虽是同

类概念,但两者还是有本质差别的,主要表现在:

(1)基于后验分布 $\pi(\theta|x)$,在给定 x 和 $1-\alpha$ 后求得可信区间,如 θ 的 $1-\alpha=0.9$ 的可信区间为 $[1.2, 2.0]$,这时可以写成

$$P(1.2 \leqslant \theta \leqslant 2.0|x)=0.9,$$

既可以说"θ 属于这个区间的概率为0.9",也可以说"θ 落在这个区间的概率为 0.9",但对置信区间就不能这样说.因为经典统计方法认为 θ 为未知常数,它要么在 $[1.2, 2.0]$ 之内,要么在其外,不能说"θ 落在 $[1.2, 2.0]$ 的概率为0.9",而只能说"在100次重复使用这个置信区间时,大约有90次能覆盖 θ".这种频率解释对仅使用这个置信区间一次或两次的人来说是毫无意义的.相比之下,贝叶斯可信区间简单、自然,容易被人接受和理解.事实上,很多实际工作者把求得的置信区间当可信区间去用.

(2)用经典统计方法寻求置信区间有时比较困难,因为它要设法构造一个枢轴量,使它的表达式与 θ 有关,而它的分布与 θ 无关.这是一项技术性很强的工作,有时找枢轴量的分布相当困难,相比之下可信区间只要利用后验分布,就不需要再去寻求另外的分布,所以可信区间的寻求要简单得多.

1.4.2 最大后验密度可信区间

衡量一个可信区间的好坏,一看它的可信度 $1-\alpha$,二看它的精度,即区间的长度,可信度 $1-\alpha$ 越大,精度越高(即区间越短)越好.寻找最优可信区间的方法是,在控制可信度为 $1-\alpha$ 的前提下,找长度最短的区间.通常获得可信度为 $1-\alpha$ 的可信区间不止一个,但其中必有一个是最短的.

等尾可信区间在实际中常被使用,其计算方便,但不是最好的,最好的可信区间应是区间长度最短的.若后验分布是单峰对称的,则等尾是最好的.要使可信区间最短,只有把具有最大后验密度的点都包括在区间内,而在区间外的点的后验密度的值都不会超过区间内的点的后验密度的值,这样的区间称为最大后验密度可信区间,定义如下:

定义 1.4.2 设参数 θ 的后验密度为 $\pi(\theta|x)$.对给定的概率 $1-\alpha(0<\alpha<1)$,集合 C 满足如下条件:

(1) $P(\theta \in C|x)=1-\alpha$;

(2)对任意 $\theta_1 \in C$ 和 $\theta_2 \notin C$,总有下式成立

$$\pi(\theta_1|x) > \pi(\theta_2|x) , \tag{1.4.1}$$

则称 C 为参数 θ 的可信水平 $1-\alpha$ **最大后验密度可信集**,简称 $1-\alpha$ HPD 可信集(区间).

(1.4.1)式表明,C 内点的相应的后验密度不比 C 外的小,即 C 集中了后验密度取值尽可能大的点,因此,θ 的最大后验区间 C 一定是同一置信概率下长度最短的区间.下面针对 $C=[a, b]$,即双侧区间估计讨论.

例 1.4.1 设 $X_1, X_2, \cdots, X_n$, iid $\sim N(\theta, \sigma^2)$,其中 σ^2 已知,若令 θ 先验分布为无信息先验,即 $\pi(\theta) \equiv 1(\theta \in \mathbb{R})$,求 θ 的 $1-\alpha$ HPD 可信区间.

解 记 $\bar{X} = \frac{1}{n}\sum_{i=1}^{n} X_i$,在 $N(\theta, \sigma^2)$ 总体中,当 σ^2 已知时,$T=\bar{X}$ 是充分统计量,易见 $\bar{X} \sim N(\theta, \sigma^2/n)$,故 θ 的似然函数为

$$l(\theta|t) \propto \exp\left\{-\frac{n}{2\sigma^2}(\bar{x}-\theta)^2\right\}.$$

由于 $\pi(\theta) \equiv 1(\theta \in \mathbb{R})$,可知 θ 的后验密度为

$$\pi(\theta|t) = \pi(\theta|\bar{x}) \propto l(\theta|t)\pi(\theta) \propto \exp\left\{-\frac{n}{2\sigma^2}(\bar{x}-\theta)^2\right\}.$$

添加正则化常数后,得到

$$\pi(\theta|t) = \sqrt{\frac{n}{2\pi\sigma^2}} \exp\left\{-\frac{n}{2\sigma^2}(\theta-\bar{x})^2\right\}(-\infty < \theta < +\infty).$$

即 θ 的后验分布为 $N(\bar{x}, \sigma^2/n)$.所以 $1-\alpha$ HPD 可信区间为

$$\left[\bar{x} - \frac{\sigma}{\sqrt{n}}u_{\frac{\alpha}{2}}, \bar{x} + \frac{\sigma}{\sqrt{n}}u_{\frac{\alpha}{2}}\right],$$

其中 $u_{\frac{\alpha}{2}}$ 为 $N(0,1)$ 的上侧 $\frac{\alpha}{2}$ 分位数,这与经典方法得到的置信区间相同.这再次说明经典方法获得的区间估计是特殊先验分布下的贝叶斯区间估计.

下面讨论二项分布参数的 $1-\alpha$ HPD 可信区间,需要下列引理.

引理 1.4.1 设随机变量 $X \sim B(a, b)$, $2a, 2b$ 均为自然数,则

$$F = \frac{b}{a}\frac{X}{1-X} \sim F(2a, 2b).$$

例 1.4.2 设 X 服从二项分布 $B(n, p)$,又设 p 的先验分布 $\pi(p)$ 服从

$B(x_0, n_0 - x_0)$ 分布, 求 p 的 $1 - \alpha$ HPD 可信区间.

解 当 $\pi(p) \sim B(x_0, n_0 - x_0)$ 时, 则 p 的后验密度

$$\pi(p|x) \sim B(x + x_0, n + n_0 - (x + x_0)).$$

由引理 1.4.1, 当 $X = x$ 时, 有

$$\frac{n + n_0 - (x + x_0)}{x + x_0} \frac{p}{1 - p} \sim F(2(x + x_0)) \geqslant 2(n + n_0 - x - x_0).$$

记 $n_1 = 2(x + x_0)$, $n_2 = 2(n + n_0 - x - x_0)$, 有

$$P\left[\frac{n_1 F_{\frac{\alpha}{2}}(n_1, n_2)}{n_2 + n_1 F_{\frac{\alpha}{2}}(n_1, n_2)} \leqslant p \leqslant \frac{n_1 F_{1 - \frac{\alpha}{2}}(n_1, n_2)}{n_2 + n_1 F_{\frac{\alpha}{2}}(n_1, n_2)} \Big| x \right] = 1 - \alpha,$$

故 p 的 $1 - \alpha$ 贝叶斯可信下限为

$$\underline{P} = \frac{n_1 F_{\frac{\alpha}{2}}(n_1, n_2)}{n_2 + n_1 F_{\frac{\alpha}{2}}(n_1, n_2)},$$

故 p 的 $1 - \alpha$ 贝叶斯可信上限为

$$\overline{P} = \frac{n_1 F_{1 - \frac{\alpha}{2}}(n_1,\ n_2)}{n_2 + n_1 F_{\frac{\alpha}{2}}(n_1,\ n_2)}.$$

§1.5 假设检验

1.5.1 贝叶斯假设检验

假设检验是统计推断中的一类重要问题, 在经典检验问题中一般分为以下几个步骤来实现:

(1) 根据实际问题, 提出原假设 H_0 与备择假设 H_1, 将假设检验问题写出

$$H_0 : \theta \in \Theta_0 \leftrightarrow H_1 : \theta \in \Theta_1.$$

其中 Θ_0 与 Θ_1 是参数空间 Θ 中不相交的两个非空子集, 且 $\Theta_0 \bigcup \Theta_1 = \Theta$.

(2) 选择检验统计量 $T(X)$, 使其在原假设 Θ_0 为真时概率分布是已知的. 这是经典方法中最困难的一步.

(3) 对给定的显著性水平 $\alpha (0 < \alpha < 1)$, 确定拒绝域 D, 使犯第 I 类错误 (拒真错误) 的概率不超过 α.

(4)当样本观察值 X 落入拒绝域 D 时,就拒绝原假设 Θ_0 ,否则就接受 Θ_0 .

贝叶斯统计中处理假设检验问题是直截了当的,在获得后验分布 $\pi(\theta|x)$ 后,先计算两个假设 Θ_0 和 Θ_1 的后验概率:

$$\alpha_0 = P(\Theta_0|x), \quad \alpha_1 = P(\Theta_1|x).$$

然后比较 α_0 与 α_1 的大小:

当后验概率比(或称后验机会比) $\alpha_0/\alpha_1 > 1$ 时,接受 Θ_0 ;当 $\alpha_0/\alpha_1 < 1$ 时,接受 Θ_1 ;当 $\alpha_0/\alpha_1 \approx 1$ 时,不宜做判断,还需要进一步抽样或进一步收集先验信息.

比较上述两种方法,可见贝叶斯假设检验是简单的,与经典统计方法相比,它不需要选择检验统计量、确定抽样分布,也不需要事先给出检验水平,确定否定域,而且容易推广到多重假设检验情形.当有三个或三个以上假设时,应接受具有最大后验概率的假设.

例1.5.1 设 x 是投掷 n 次硬币出现正面的次数,设硬币出现正面的概率为 θ .现在考虑如下假设检验问题:

$$\Theta_0 = \{\theta|\theta \leq 0.5\}, \Theta_1 = \{\theta|\theta > 0.5\}.$$

解 若取 $(0,1)$ 区间上的均匀分布作为参数先验分布,根据例1.2.4, θ 的后验分布为 $Be(x+1, n-x+1)$,则 $\theta \in \Theta_0$ 的后验概率为

$$\alpha_0 = P(\Theta_0|x) = P\{\theta|\theta \leq 0.5|x\} = \frac{1}{Be(x+1, n-x+1)} \int_0^{0.5} \theta^x (1-\theta)^{n-x} \mathrm{d}\theta.$$

当 $n=5$ 时可以计算 $x=0,1,2,3,4,5$ 时的后验概率、后验概率比,具体计算结果如表1.5.1所示.

表1.5.1 $\theta \in \Theta_0$ 和 $\theta \in \Theta_1$ 的后验概率、后验概率比

x	0	1	2	3	4	5
α_0	63/64	57/64	42/64	22/64	7/64	1/64
α_1	1/64	7/64	22/64	42/64	57/64	63/64
α_0/α_1	63	8.14	1.91	0.52	0.12	0.016

从表1.5.1可以看出,在 $x=0,1,2$, $\alpha_0/\alpha_1 > 1$ 时,应该接受 Θ_0 ,比如在 $x=0$ 时,后验概率比 $\alpha_0/\alpha_1 = 63$,表明 Θ_0 为真的可能是 Θ_1 的63倍.

从表1.5.1还可以看出,在 $x=3,4,5$, $\alpha_0/\alpha_1 < 1$ 时,应该拒绝 Θ_0 ,而接受 Θ_1 .

1.5.2 贝叶斯因子

后验概率比 α_0/α_1 综合反映了先验分布和样本信息对 $\theta \in \Theta_0$ 的支持程度.

例 1.5.2（续例 1.5.1） 为了说明后验概率比对先验分布的依赖程度,在例 1.5.1 中,当 $n=5$, $x=1$ 时,取不同先验分布,分别计算后验概率比.若 θ 先验分布取其共轭先验分布 $Be(a,b)$,则 θ 后验分布为 $Be(x+a, n-x+b)$.

解 在例 1.5.1 中,当 $n=5$, $x=1$ 时,若 θ 先验分布取其共轭先验分布 $Be(a,b)$,分别计算后验概率比,其具体计算结果如表 1.5.2 所示.

表 1.5.2 $\theta \in \Theta_0$ 和 $\theta \in \Theta_1$ 的后验概率比

先验均值	0.016 67	0.333 3	0.5	0.666 7	0.833 3
(a,b)	$(5,1)$	$(5,1)$	$(5,1)$	$(5,1)$	$(5,1)$
α_0/α_1	0.6.50	3.412 8	8.14	15	38.611 5

从表 1.5.2 可以看出,不同的先验分布,其对应的后验概率比相差较大.这就说明后验概率比对先验分布的依赖程度较大.

为了更客观地考虑本信息和先验分布对 Θ_0 的支持程度,以下引入贝叶斯因子,以试图反映样本信息对 Θ_0 的支持程度.

定义 1.5.1 设两个假设 Θ_0 和 Θ_1 的先验概率分别为 π_0 和 π_1,后验概率分别为 α_0 和 α_1,比例 α_0/α_1 称为 H_0 对 H_1 的后验机会比,π_0/π_1 称为先验机会比,则称

$$B^\pi(x) = \frac{\text{后验机会比}}{\text{先验机会比}} = \frac{\alpha_0/\alpha_1}{\pi_0/\pi_1} = \frac{\alpha_0 \pi_1}{\alpha_1 \pi_0},$$

为支持 H_0 的贝叶斯因子. $B^\pi(x)$ 取值越大,对 H_0 的支持程度越高.

注 1.5.1 从贝叶斯因子的定义看,它既依赖于数据 x 又依赖于先验分布 π.很多人认为,两种机会比相除会减弱先验分布的影响,突出数据的影响.从定义上看,贝叶斯因子 $B^\pi(x)$ 是反映数据 x 支持 H_0 的程度的.

下面讨论几种不同假设情形下的贝叶斯因子.

1.5.3 简单假设对简单假设

要解释 $B^\pi(x)$ 是合理的,首先看 Θ_0 和 Θ_1 皆为简单假设的情形,即

$$H_0 : \Theta_0 = \{\theta_0\} \leftrightarrow H_1 : \Theta_1 = \{\theta_1\}.$$

此时,

$$\alpha_0 = P\left(\Theta_0 \big| x\right) = \frac{f\left(x\big|\theta_0\right)\pi_0}{f\left(x\big|\theta_0\right)\pi_0 + f\left(x\big|\theta_1\right)\pi_1},$$

$$\alpha_1 = P\left(\Theta_1 \big| x\right) = \frac{f\left(x\big|\theta_1\right)\pi_1}{f\left(x\big|\theta_0\right)\pi_0 + f\left(x\big|\theta_1\right)\pi_1},$$

其中 $f\left(x\big|\theta\right)$ 为样本的分布. 后验机会比为

$$\frac{\alpha_0}{\alpha_1} = \frac{\pi_0 f\left(x\big|\theta_0\right)}{\pi_1 f\left(x\big|\theta_1\right)}, \tag{1.5.1}$$

因此

$$B^{\pi}(x) = \frac{\alpha_0/\alpha_1}{\pi_0/\pi_1} = \frac{f\left(x\big|\theta_0\right)}{f\left(x\big|\theta_1\right)}.$$

如果要拒绝原假设 H_0 ,则要求 $\alpha_0/\alpha_1 < 1$. 由 (1.5.1) 式可见其等价于

$$\frac{f\left(x\big|\theta_0\right)}{f\left(x\big|\theta_1\right)} > \frac{\pi_0}{\pi_1}.$$

即要求两个密度函数值之比要大于临界值,这与著名的 Neyman–Pearson 引理的基本结果类似. 从贝叶斯观点看,这个临界值就是两个先验概率比.

由此可见, $B^{\pi}(x)$ 正是 $\Theta_0 \leftrightarrow \Theta_1$ 的似然比,它通常被认为是由数据给出的 $\Theta_0 \leftrightarrow \Theta_1$ 的机会比,由于此种情形的贝叶斯因子不依赖于先验分布,仅依赖于样本的似然比,故贝叶斯因子 $B^{\pi}(x)$ 可视为数据 x 支持 Θ_0 的程度.

例 1.5.3 设随机变量 $X \sim N(\theta,1)$,其中 θ 的取值有两种可能:非 0 即 1. 令 $X = \left(X_1, X_2, \cdots, X_n\right)$ 为从总体中抽取的 iid 样本. 要检验假设

$$H_0 : \theta = 0 \leftrightarrow H_1 : \theta = 1.$$

解 样本均值为 $\bar{X}$ 充分统计量,且 $\bar{X} \sim N(\theta, 1/n)$,设 θ 取 0 和 1 的先验概率分别为 π_0 和 π_1 ,于是在 $\theta = 0$ 和 $\theta = 1$ 下,似然函数分别为

$$f\left(\bar{x}\big|0\right) = \frac{\sqrt{n}}{\sqrt{2\pi}} \exp\left\{-\frac{n}{2}\bar{x}^2\right\},$$

$$f\left(\bar{x}\big|1\right) = \frac{\sqrt{n}}{\sqrt{2\pi}} \exp\left\{-\frac{n}{2}\left(\bar{x}-1\right)^2\right\},$$

而贝叶斯因子为

$$B^\pi(x) = \frac{\alpha_0 \pi_1}{\alpha_1 \pi_0} = \frac{f(\bar{x}|0)}{f(\bar{x}|1)} = \exp\left\{-\frac{n}{2}(2\bar{x}-1)\right\}.$$

若设 $n=10$, $\bar{x}=2$,那么贝叶斯因子

$$B^\pi(x) = e^{-5\times3} = 3.06\times10^{-7}.$$

这个数很小,几乎没有数据支持 H_0 成立,因为要接受 H_0 ,须要求

$$\frac{\alpha_0}{\alpha_1} = B^\pi(x)\frac{\pi_0}{\pi_1} = 3.06\times10^{-7}\times\frac{\pi_0}{\pi_1} > 1,$$

可见,即使 $\pi_0/\pi_1 = 10\,000$ 也不可能使 $\alpha_0/\alpha_1 > 1$,因此必须明确地拒绝 H_0 ,而接受 H_1 .

1.5.4 复杂假设对复杂假设

考虑下列假设检验问题:

$$H_0: \theta\in\Theta_0 \leftrightarrow H_1: \theta\in\Theta_1 ,$$

其中 Θ_0 和 Θ_1 为参数空间的非空真子集,且 $\Theta_0\bigcup\Theta_1 = \Theta$.

此时,将先验分布 $\pi(\theta)$ 写成如下形式:

$$\pi(\theta) = \begin{cases} \pi_0 g_0(\theta), & \theta\in\Theta_0, \\ \pi_1 g_1(\theta), & \theta\in\Theta_1. \end{cases}$$

其中 π_0 和 π_1 分别为 Θ_0 和 Θ_1 上的先验概率, $g_0(\theta)$ 和 $g_1(\theta)$ 分别是 Θ_0 和 Θ_1 上的概率密度函数.易见

$$\int_\Theta \pi(\theta)d\theta = \int_{\Theta_0}\pi_0 g_0(\theta)d\theta + \int_{\Theta_1}\pi_1 g_1(\theta)d\theta = \pi_0 + \pi_1 = 1,$$

即 $\pi(\theta)$ 是先验密度.

在上述记号下,后验概率比为

$$\frac{\alpha_0}{\alpha_1} = \frac{\int_{\Theta_0}f(x|\theta)\pi_0 g_0(\theta)d\theta}{\int_{\Theta_1}f(x|\theta)\pi_1 g_1(\theta)d\theta}.$$

故贝叶斯因子可表示为

$$B^\pi(x) = \frac{\alpha_0/\alpha_1}{\pi_0/\pi_1} = \frac{\int_{\Theta_0}f(x|\theta)g_0(\theta)d\theta}{\int_{\Theta_1}f(x|\theta)g_1(\theta)d\theta} = \frac{m_1(x)}{m_2(x)}.$$

因此 $B^\pi(x)$ 还依赖于 Θ_0 和 Θ_1 上的先验密度 g_0 和 g_1 ,这时贝叶斯因子虽然

已不是似然比,但仍可看作 Θ_0 和 Θ_1 上的加权似然比,它部分地消除了先验分布的影响,而强调了样本观测值的作用.当 $B^\pi(x)$ 对 g_0 和 g_1 的选择相对不敏感时,在这种情形下说仅仅由数据来决定上述比值就是合理的了.

1.5.5 简单假设对复杂假设

考虑下列假设检验问题:

$$H_0 : \theta = \theta_0 \leftrightarrow H_1 : \theta \neq \theta_0 .$$

这是一类常见的检验问题,这里有一个对简单原假设的理解问题.当参数 θ 是连续变量时,用简单假设是不适当的.例如,在参数 θ 表示某种食品的重量时,检验该食品的重量是 500g 也是不现实的,因为该食品的重量恰好是 500g 是罕见的,一般是在 500g 左右,所以在试验中接受丝毫不差的原假设 $\theta = \theta_0$ 是不合理的,合理的原假设和备择假设应该是

$$H_0 : \theta \in [\theta_0 - \varepsilon, \theta_0 + \varepsilon], H_1 : \theta \notin [\theta_0 - \varepsilon, \theta_0 + \varepsilon].$$

其中 ε 是任意小的正数,使得 $[\theta_0 - \varepsilon, \theta_0 + \varepsilon]$ 与 θ_0 难以区别,例如,ε 可选 θ_0 的容许误差内的一个很小的正数.

下面考虑 $H_0 : \theta = \theta_0 \leftrightarrow H_1 : \theta \neq \theta_0$ 的贝叶斯检验如何导出.$H_0 : \theta = \theta_0$ 不能采用连续密度函数作为先验密度,因为这种密度使 $\theta = \theta_0$ 的先验概率 $\pi(\theta_0) = \pi_0 = 0$,从而使相应的后验概率也为 0.一个有效的办法是给 θ_0 一个正概率 π_0,而对 $\theta \neq \theta_0$ 给一个加权密度 $\pi_1 g_1(\theta)$,即 θ 的先验密度为

$$\pi(\theta) = \begin{cases} \pi_0 , \theta = \theta_0, \\ \pi_1 g_1(\theta) , \theta \neq \theta_0. \end{cases}$$

其中 $\pi_0 + \pi_1 = 1$.事实上,可以把 θ_0 设想为 $[\theta_0 - \varepsilon, \theta_0 + \varepsilon]$ 上的质量,因此上述先验密度有离散和连续两部分.

设样本分布为 $f(x|\theta)$,则得先验分布为

$$\begin{aligned} m(x) &= \int_\Theta f(x|\theta)\pi(\theta)\mathrm{d}\theta \\ &= \pi_0 f(x|\theta_0) + \pi_1 m_1(x), \end{aligned}$$

其中

$$m_1(x) = \int_{\{\theta \neq \theta_0\}} f(x|\theta) g_1(\theta) \mathrm{d}\theta.$$

由此得 $\theta = \theta_0$ 和 $\theta \neq \theta_0$ 的后验概率分别为

$$\alpha_0 = P(\Theta_0|x) = \frac{\pi_0 f(x|\theta_0)}{m(x)}, \quad \alpha_1 = P(\Theta_1|x) = \frac{\pi_1 m_1(x)}{m(x)}.$$

后验机会比为

$$\frac{\alpha_0}{\alpha_1} = \frac{\pi_0 f(x|\theta_0)}{\pi_1 m_1(x)}.$$

因此贝叶斯因子为

$$B^{\pi}(x) = \frac{\alpha_0/\alpha_1}{\pi_0/\pi_1} = \frac{f(x|\theta_0)}{m_1(x)}. \tag{1.5.2}$$

可见贝叶斯因子更简单.故实际中,常先计算 $B^{\pi}(x)$,后计算 α_0 和 α_1,因为由贝叶斯因子的定义和 $\alpha_0 + \alpha_1 = 1$,可推出

$$\alpha_0 = P(\Theta_0|x) = \left[1 + \frac{1-\pi_0}{\pi_0 B^{\pi}(x)}\right]^{-1}. \tag{1.5.3}$$

例 1.5.4 设随机变量 $X \sim B(n, \theta)$,求以下检验问题

$$H_0 : \theta = 0.5 \leftrightarrow H_1 : \theta \neq 0.5.$$

设在 $(-\infty, 0.5) \cup (0.5, +\infty)$ 上的密度 $g_1(\theta)$ 为 $(0, 1)$ 上的均匀分布 $U(0, 1)$.

解 X 对 $g_1(\theta)$ 的边缘密度为

$$m_1(x) = \int_0^1 C_n^x \theta^x (1-\theta)^{n-x} \mathrm{d}\theta$$

$$= C_n^x \frac{\Gamma(x+1)\Gamma(n-x+1)}{\Gamma(n+2)}$$

$$= \frac{1}{n+1}.$$

于是贝叶斯因子为

$$B^{\pi}(x) = \frac{P(x|\theta = 0.5)}{m_1(x)}$$

$$= \frac{C_n^x (0.5)^n}{m_1(x)} = \frac{(n+1)!}{2^n x!(n-x)!}.$$

H_0 成立时后验概率为

$$\alpha_0 = \left[1 + \frac{\pi_1}{\pi_0} \frac{2^n x!(n-x)!}{(n+1)!}\right]^{-1}.$$

若取 $\pi_0 = 0.5, n = 5, x = 3$,则贝叶斯因子为

$$B^{\pi}(3) = \frac{6!}{2^5 3! 2!} = \frac{15}{8} \approx 2.$$

由于先验概率比为 1，故贝叶斯因子就是后验机会比，$B^{\pi}(3) \approx 2 > 1$，故应接受 H_0.

1.5.6　多重假设检验

按照贝叶斯观点，多重假设检验并不比两个假设检验更困难，只要直接计算每一个假设的后验概率，并比较大小即可.

设有如下的多重假设检验问题：

$$H_i : \theta \in \Theta_i (i = 1, 2, \cdots, k),$$

其中 $\Theta_1 \bigcup \cdots \bigcup \Theta_k = \Theta$，每个 Θ_i 为 Θ 的真子集.

为导出多重假设检验的方法，要计算后验概率

$$\alpha_i = P(\Theta_i | x)(i = 1, 2, \cdots, k).$$

若 α_{i_0} 最大，则接受假设 H_{i_0}.

§1.6　统计决策的若干个基本概念

1.6.1　统计决策三要素

1. 状态空间

未知量 θ 是影响决策过程的，通常被称为自然状态. 在做决策的过程中，可能的自然状态有哪些，显然是很重要的.

定义 1.6.1　用 Θ 表示自然状态 θ 的所有可能值的集合，称 Θ 为**状态集合**.

当为了得到关于 θ 的信息而进行试验时，典型的情况是被设计成观测值服从某一个概率分布，而 θ 是这个分布的未知参数，此时，参数 θ 的变化范围，即状态集合就是前面讨论的参数空间.

2. 行动空间

定义 1.6.2　决策者对某个统计决策问题可能采用的行动所构成的非空集合，称为**行动空间**或决策空间. 记为 D.

在估计问题中，D 是由一切估计量 $d(x)$ 构成的集合，常取 $D = \Theta$. 在检验问

贝叶斯统计分析

题中,D只有两个行动,即$D=\{d_0,d_1\}$,其中d_0表示接受原假设H_0,d_1表示拒绝原假设H_0.

3. 损失函数

定义 1.6.3 当处于状态θ,采用行动a时受到的损失用$L(\theta,d)$来表示,称$L(\theta,d)$为**损失函数**,其中$\theta\in\Theta$,$d\in D$.

显然,损失越小决策函数越好.损失函数的类型有很多,常用的有平方损失、绝对值损失和线性损失等.

状态集合Θ、行动空间D、损失函数$L(\theta,d)$是构造一个决策问题必不可少的三个基本要素.一个决策问题是否弄清楚,就看能否把这三个要素明确地写出来.这三要素中只要一个变化,例如,状态集合中多或少一个元素,或行动空间中多或少一个元素,或损失函数改变了,都会导致决策问题的改变,就变成了另一个决策问题了.以后讲到一个决策问题,就意味着状态集合Θ、行动空间D、损失函数$L(\theta,d)$这三个要素都给定了.

1.6.2 风险函数与一致最优决策函数

定义 1.6.4 定义于样本空间χ而取值于决策空间D的函数$\delta=\delta(x)$,称为**决策函数**或判决函数.

设δ是采取的决策行动.若参数为θ,则由此造成的损失是$L(\theta,d)$,这个量与样本X有关,因而是随机的.因此,采取行动$\delta(x)$的效果平均损失度量是合理的.我们引入如下风险函数的概念.

定义 1.6.5 设$\delta(x)$是一个决策函数,称平均损失

$$R(\theta,\delta)=E\left[L(\theta,\delta(x))\right]=\int_\chi L(\theta,\delta(x))\mathrm{d}F(x|\theta)$$

$$=\begin{cases}\int_\chi L(\theta,\delta(x))f(x|\theta)\mathrm{d}x, & X\text{为连续型随机变量},\\ \sum_{x\in\chi}L(\theta,\delta(x))f(x|\theta), & X\text{为离散型随机变量},\end{cases}$$

为$\delta(x)$的**风险函数**.此外,$F(x|\theta)$是给定θ时X的分布函数.

按照Wald的统计决策理论,评价一个决策函数的唯一依据就是其风险函数,风险函数越小越好.有了风险函数后可比较不同决策函数的优劣.

定义 1.6.6 设$\delta_1(x)$和$\delta_2(x)$为θ的两个不同决策函数.如果对一切

$\theta \in \Theta$，$R\big(\theta, \delta_1(x)\big) \leq R\big(\theta, \delta_2(x)\big)$，且至少存在一个 $\theta_0 \in \Theta$，使严格不等号成立，则称 $\delta_1(x)$ 优于 $\delta_2(x)$；如果对一切 $\theta \in \Theta$，$R\big(\theta, \delta_1(x)\big) = R\big(\theta, \delta_2(x)\big)$，则称 $\delta_1(x)$ 和 $\delta_2(x)$ 等价.

若存在 $\delta^*(x)$，使得对任一决策函数 $\delta(x)$，对一切 $\theta \in \Theta$，有

$$R\big(\theta, \delta^*(x)\big) \leq R\big(\theta, \delta(x)\big),$$

则称 $\delta^*(x)$ 为一致最优解或**一致最优决策函数**.

对于决策函数 $\delta(x)$，若不存在一致优于它的决策函数，则称 $\delta(x)$ 为**可容许的决策函数**.

1.6.3　贝叶斯期望损失与贝叶斯风险

在做决策时包含着不确定性因素，因而实际上所承受的损失 $L(\theta, d)$（在做决策时）也具有不确定性.面对这种不确定性，一个自然的方法是考虑决策的期望损失，然后选择一个对这个期望损失来说的最优的决策.

直观上最自然的期望损失应该包括不确定的量 θ，因为它正是在决策时所未知的量.我们前面提到过，可以把 θ 看作具有一个概率分布的随机变量，那么按此分布得出的期望将是合理的.

定义 1.6.7　设 $\delta(x)$ 为 θ 的决策函数，$L(\theta, \delta(x))$ 为损失函数，$F^\pi(\theta)$ 为 θ 的先验分布函数.令

$$R\big(\pi, \delta(x)\big) = \int_\Theta L\big(\theta, \delta(x)\big) \mathrm{d} F^\pi(\theta)$$

$$= \begin{cases} \int_\Theta L\big(\theta, \delta(x)\big) \pi(\theta) \mathrm{d}\theta, & \theta \text{ 为连续型随机变量}, \\ \sum_i L\big(\theta, \delta(x)\big) \pi(\theta_i), & \theta \text{ 为离散型随机变量}, \end{cases}$$

则称 $R\big(\pi, \delta(x)\big)$ 为 $\delta(x)$ 的**贝叶斯期望损失**或称为**贝叶斯先验风险**.

上述概念与风险函数不同，前者是将损失函数按样本的分布求均值，后者是将损失函数按 θ 的先验分布求均值.

定义 1.6.8　设 $R\big(\theta, \delta(x)\big)$ 为风险函数，$F^\pi(\theta)$ 为 θ 的先验分布，则称

$$R_\pi\big(\delta(x)\big) = \int_\Theta R\big(\theta, \delta(x)\big) \mathrm{d} F^\pi(\theta) = E^\theta\big[R\big(\theta, \delta(x)\big)\big]$$

$$= \int_\Theta \int_\mathcal{X} L\big(\theta, \delta(x)\big) f\big(x \,|\, \theta\big) \mathrm{d}x \mathrm{d} F^\pi(\theta),$$

是 $\delta(x)$ 的**贝叶斯风险**，它是将风险函数对 θ 的先验分布再求一次均值的结果.

定义 1.6.9 设 $\delta_1(x)$ 和 $\delta_2(x)$ 为 θ 的两个决策函数，$F^\pi(\theta)$ 为 θ 的先验分布函数，若 $R_\pi(\delta_1(x)) \leqslant R_\pi(\delta_2(x))$，则称 $\delta_1(x)$ 在贝叶斯风险下优于 $\delta_2(x)$. 若存在 $\delta^*(x)$，使得对于任一决策函数 $\delta(x)$，有

$$R_\pi(\delta^*(x)) \leqslant R_\pi(\delta(x)),$$

则称 $\delta^*(x)$ 为考虑的统计决策问题的**贝叶斯解**.

§1.7 后验风险最小原则

讨论贝叶斯统计决策问题，除了本章第 1.6 节介绍的基本概念外，还需要下面一个基本概念——后验风险最小原则."后验风险"在贝叶斯统计决策问题中的重要性，就像"后验分布"在贝叶斯统计推断问题中的重要性一样，是一个非常重要的概念.

1.7.1 后验风险的定义

设 $X \sim f(x|\theta)$，$\pi(\theta)$ 为 θ 的先验分布，则 θ 的后验分布密度为

$$\pi(\theta|x) = \frac{f(x|\theta)\pi(\theta)}{m(x)}.$$

其中 $m(x)$ 为边缘密度，在无密度情形下，$\pi(\theta|x)$ 表示随机变量 θ 的条件概率函数.

设 $L(\theta, \delta(x))$ 为损失函数，我们知道将损失函数按样本分布求平均就得到风险函数，若将损失函数按后验分布 $\pi(\theta|x)$ 求期望就得到后验风险，其定义如下：

定义 1.7.1 设 $\pi(\theta|x)$ 为 θ 的后验分布，$L(\theta, \delta(x))$ 为损失函数，则称

$$R(\delta(x)|x) = E^{\theta|x}\left[L(\theta, \delta(x))\right]$$

$$= \begin{cases} \int_\Theta L(\theta, \delta(x))\pi(\theta|x)\mathrm{d}\theta, & \theta \text{ 为连续型随机变量}, \\ \sum_i L(\theta_i, \delta(x))\pi(\theta_i|x), & \theta \text{ 为离散型随机变量}, \end{cases} \quad (1.7.1)$$

为决策函数 $\delta(x)$ 的**后验风险**.

若存在决策函数 $\delta^*(x)$，对任意决策函数 $\delta(x)$，使得

$$R(\delta^*|x) = \min_{\delta} R(\delta(x)|x),$$

则称 $\delta^*(x)$ 为后验风险最小准则下的最优贝叶斯决策函数.

1.7.2 后验风险与贝叶斯风险的关系

利用下列事实: $f(\theta, x) = f(x|\theta)\pi(\theta) = \pi(\theta|x)m(x)$, 将 1.3.1 节中贝叶斯风险 $R_\pi(\delta)$ 的表达式改写如下:

$$\begin{aligned} R_\pi(\delta(x)) &= E^\theta[R(\theta, \delta(x))] = \int_\Theta R(\theta, \delta(x))\pi(\theta)\mathrm{d}\theta \\ &= \int_\Theta[\int_\chi L(\theta, \delta(x))f(x|\theta)\mathrm{d}x]\pi(\theta)\mathrm{d}\theta \\ &= \int_\chi[\int_\Theta L(\theta, \delta(x))\pi(\theta|x)\mathrm{d}\theta]m(x)\mathrm{d}x \\ &= \int_\chi R(\delta(x)|x)m(x)\mathrm{d}x = E^x R(\delta(x)|x). \end{aligned}$$

可见贝叶斯风险有两种表达式: $R_\pi(\delta(x)) = E^\theta[R(\theta, \delta(x))] = E^x R(\delta(x)|x)$, 即将风险函数 $R(\theta, \delta(x))$ 按 θ 的先验分布 $\pi(\theta)$ 求均值,或者将后验风险按 X 的绝对分布(边缘分布) $m(x)$ 求均值.

1.7.3 后验风险最小原则

我们将证明:由(1.7.1)式定义的后验风险最小准则下的决策函数就是贝叶斯解.贝叶斯解在 1.1.6 节中给过定义,它是使贝叶斯风险 $R_\pi(\delta)$ 达到最小的决策函数,即若存在 δ^*,使得 $R(\delta^*) = \min_{\delta} R(\delta)$ 对一切决策函数 $\delta(x)$ 成立.

定理1.7.1 设存在非随机决策函数 $\delta_\pi(x)$,满足条件

$$R(\delta_\pi(x)|x) = \inf_{\delta} R(\delta(x)|x) = \inf_{\delta}\int_\Theta L(\theta, \delta(x))\pi(\mathrm{d}\theta|x), \tag{1.7.2}$$

则 $\delta_\pi(x)$ 为先验分布 $\pi(\theta)$ 下的贝叶斯解.此处 $\pi(\mathrm{d}\theta|x) = \pi(\theta|x)\mathrm{d}\theta$.

证明 设 $\delta(x)$ 为任一非随机化决策函数.由已知条件可知

$$\begin{aligned} R(\delta(x)|x) &= \int_\Theta L(\theta, \delta(x))\pi(\mathrm{d}\theta|x) \\ &\geq \int_\Theta L(\theta, \delta_\pi)\pi(\mathrm{d}\theta|x) = R(\delta_\pi(x)|x), \end{aligned}$$

对一切 $x \in \chi$ 成立,从而将上式两边按 X 的绝对分布 $m(x)$ 求积分,可得到

$$\begin{aligned} R_\pi(\delta(x)) &= \int_\chi R(\delta(x)|x)m(x)\mathrm{d}x \\ &\geq \int_\chi R(\delta_\pi(x)|x)m(x)\mathrm{d}x = R_\pi(\delta_\pi(x)). \end{aligned}$$

因此,使贝叶斯风险达到最小的决策函数 $\delta_\pi(x)$ 是贝叶斯解.定理得证.

定义1.7.2 若 $\pi(\theta)$ 为广义先验分布,且 $\delta_\pi(x)$ 是按(1.7.2)式求得的最优决策函数,则称 $\delta_\pi(x)$ 为**广义贝叶斯解**.

注1.7.1 当 θ 的先验分布为广义先验分布时,定理1.7.1的结论也正确,只要将"贝叶斯解"改为"广义贝叶斯解"即可.

§1.8 常用损失函数下的贝叶斯估计

常见损失函数有平方损失、加权平方损失、绝对损失和线性损失函数.下面将分别讨论在这几种损失函数下 θ 的贝叶斯估计.

1.8.1 在平方损失函数下的贝叶斯估计

定理1.8.1 在平方损失函数 $L(\theta,a)=(\theta-a)^2$ 下,θ 的贝叶斯估计为后验期望值,即

$$\hat{\theta}_B(x)=E(\theta|x).$$

证明 见韦来生等(2015).

例1.8.1 设 $X_1,X_2,\cdots,X_n$,iid$\sim N(\theta,\sigma^2)$,其中 σ^2 已知而 θ 未知,若 θ 的先验分布 $\pi(\theta)$ 是 $N(\mu,\tau^2)$,其中 μ 和 τ^2 已知,求平方损失函数下 θ 的贝叶斯估计.

解 θ 的后验分布 $\pi(\theta|\bar{x})$ 为 $N(\mu_n(x),\eta_n^2)$,其中

$$\mu_n(\bar{x})=\frac{\sigma^2/n}{\sigma^2/n+\tau^2}\mu+\frac{\tau^2}{\sigma^2/n+\tau^2}\bar{x},\eta_n^2=\frac{\tau^2\sigma^2/n}{\sigma^2/n+\tau^2}=\frac{\tau^2\sigma^2}{\sigma^2+n\tau^2}.$$

因此,在平方损失函数下 θ 的贝叶斯估计为后均值,即

$$\hat{\theta}_B(\bar{x})=E(\theta|\bar{x})=\mu_n(\bar{x})=\frac{\sigma^2/n}{\sigma^2/n+\tau^2}\mu+\frac{\tau^2}{\sigma^2/n+\tau^2}\bar{x}.$$

1.8.2 在加权平方损失函数下的贝叶斯估计

定理1.8.2 在加权平方损失函数 $L(\theta,a)=w(\theta)(\theta-a)^2$ 下,θ 的贝叶斯估计为

$$\hat{\theta}_B = \frac{E\big(\theta w(\theta)\big|x\big)}{E\big(w(\theta)\big|x\big)}.$$

其中 $w(\theta)$ 为定义在参数空间 Θ 上的正值函数.

证明 设 $\pi(\theta|x)$ 为 θ 的后验密度,则决策函数 a 的后验风险为

$$R(a|x) = E\big[w(\theta)(\theta-a)^2\big|x\big]$$
$$= \int_{\Theta}\big[\theta^2 w(\theta) - 2a\theta w(\theta) + a^2 w(\theta)\big]\pi(\theta|x)\mathrm{d}\theta.$$

由于贝叶斯解是后验风险最小的决策函数,用微积分求极小值的方法,对后验风险 $R(a|x)$ 关于 a 求导,得

$$\frac{\mathrm{d}}{\mathrm{d}a}\big[R(a|x)\big] = -2\int_{\Theta}\theta w(\theta)\pi(\theta|x)\mathrm{d}\theta + 2a\int_{\Theta}w(\theta)\pi(\theta|x)\mathrm{d}\theta = 0, \quad (1.8.1)$$

解方程得

$$a = \hat{\theta}_B = \frac{\int_{\Theta}\theta w(\theta)\pi(\theta|x)\mathrm{d}\theta}{\int_{\Theta}w(\theta)\pi(\theta|x)\mathrm{d}\theta} = \frac{E\big(\theta w(\theta)\big|x\big)}{E\big(w(\theta)\big|x\big)},$$

由于

$$\frac{\mathrm{d}^2}{\mathrm{d}a^2}\big[R(a|x)\big] = 2\int_{\Theta}w(\theta)\pi(\theta|x)\mathrm{d}\theta > 0.$$

这表明方程(1.8.1)的解使得后验风险 $R(a|x)$ 达到最小,因此它是 θ 的贝叶斯估计.定理得证.

例1.8.2 设随机变量 $X \sim Exp(1/\theta)$,即

$$f(x|\theta) = \begin{cases} \theta^{-1}\mathrm{e}^{-x/\theta}, & x > 0, \\ 0, & \text{其他}. \end{cases}$$

此处 $\theta > 0$. 令 $X_1, X_2, \cdots, X_n$ 为从总体 X 中抽取的简单样本.设 θ 的先验分布 $\pi(\theta)$ 为逆伽马分布 $\Gamma^{-1}(\alpha, \lambda)$,即

$$\pi(\theta) = \begin{cases} \dfrac{\lambda^{\alpha}}{\Gamma(\alpha)}\theta^{-(\alpha+1)}\mathrm{e}^{-\lambda/\theta}, & \theta > 0, \\ 0, & \text{其他}. \end{cases}$$

求在加权平方损失函数 $L(\theta, \delta) = (\theta-\delta)^2/\theta^2$ 下的 θ 的贝叶斯估计.

解 θ 的后验分布为 $\Gamma^{-1}(n+\alpha, n\bar{x}+\lambda)$,其密度函数为

$$\pi(\theta|x) = \frac{(n\bar{x}+\lambda)^{n+\alpha}}{\Gamma(n+\alpha)}\theta^{-(n+\alpha+1)}\mathrm{e}^{-(n\bar{x}+\lambda)/\theta}I(0,\infty)(\theta).$$

在加权平方损失函数下 θ 的贝叶斯估计为

$$\hat{\theta}_B = \frac{E\big(\theta w(\theta)\big|x\big)}{E\big(w(\theta)\big|x\big)},$$

其中 $w(x) = \theta^{-2}$，而

$$E\big(\theta w(\theta)\big|x\big) = E\big(\theta^{-1}\big|x\big) = \int_0^\infty \theta^{-1}\pi(\theta|x)\mathrm{d}\theta = \frac{n+\alpha}{n\bar{x}+\lambda},$$

$$E\big(w(\theta)\big|x\big) = E\big(\theta^{-2}\big|x\big) = \int_0^\infty \theta^{-2}\pi(\theta|x)\mathrm{d}\theta = \frac{(n+\alpha+1)(n+\alpha)}{(n\bar{x}+\lambda)^2},$$

故 θ 的贝叶斯估计为

$$\hat{\theta}_B = \frac{E\big(\theta w(\theta)\big|x\big)}{E\big(w(\theta)\big|x\big)} = \frac{(n+\alpha)/(n\bar{x}+\lambda)}{(n+\alpha+1)(n+\alpha)/(n\bar{x}+\lambda)^2} = \frac{n\bar{x}+\lambda}{n+\alpha+1}.$$

1.8.3 在绝对损失函数下的贝叶斯估计

定理 1.8.3 在绝对损失函数 $L(\theta,a) = |a-\theta|$ 下，θ 的贝叶斯估计为后验分布的中位数.

证明 见韦来生等(2015).

1.8.4 在线性损失函数下的贝叶斯估计

定理 1.8.4 在线性损失函数

$$L(\theta,a) = \begin{cases} k_0(\theta-a), & \theta \geqslant a, \\ k_1(a-\theta), & \theta < a, \end{cases}$$

下，后验风险最小准则下的贝叶斯估计为后验分布的 $k_0/(k_0+k_1)$ 分位数.

证明 设 $a = a(x)$ 为任一决策函数，$\pi(\theta|x)$ 为 θ 的后验密度，则 a 的后验风险为

$$R(a|x) = \int_{-\infty}^{\infty} L(\theta,a)\pi(\theta|x)\mathrm{d}\theta$$

$$= k_1\int_{-\infty}^{a}(a-\theta)\pi(\theta|x)\mathrm{d}\theta + k_0\int_{a}^{\infty}(\theta-a)\pi(\theta|x)\mathrm{d}\theta$$

$$= (k_1+k_0)\int_{-\infty}^{a}(a-\theta)\pi(\theta|x)\mathrm{d}\theta - k_0\int_{-\infty}^{a}(a-\theta)\pi(\theta|x)\mathrm{d}\theta + k_0\int_{a}^{\infty}(a-\theta)\pi(\theta|x)\mathrm{d}\theta$$

$$= (k_1+k_0)\int_{-\infty}^{a}(a-\theta)\pi(\theta|x)\mathrm{d}\theta + k_0\int_{-\infty}^{\infty}\theta\pi(\theta|x)\mathrm{d}\theta - k_0 a\int_{-\infty}^{\infty}\pi(\theta|x)\mathrm{d}\theta$$

$$= (k_1+k_0)\int_{-\infty}^{a}(a-\theta)\pi(\theta|x)\mathrm{d}\theta + k_0\big[E(\theta|x)-a\big].$$

用微积分求极小值的方法,对后验风险 $R(a|x)$ 关于 a 求导,得

$$\frac{\mathrm{d}}{\mathrm{d}a}\big[R(a|x)\big] = (k_1+k_0)\int_{-\infty}^{a}\pi(\theta|x)\mathrm{d}\theta + (k_1+k_0)\big[(a-\theta)\pi(\theta|x)\big]\big|_{\theta=a} - k_0$$

$$= (k_1+k_0)\int_{-\infty}^{a}\pi(\theta|x)\mathrm{d}\theta - k_0 = 0.$$

解方程得

$$\int_{-\infty}^{a}\pi(\theta|x)\mathrm{d}\theta = \frac{k_0}{k_1+k_0}.$$

由于

$$\frac{\mathrm{d}^2}{\mathrm{d}a^2}\big[R(a|x)\big] = (k_1+k_0)\pi(\theta|x) > 0,$$

这表明当决策函数 a 为 θ 的后验分布的 $k_0/(k_0+k_1)$ 分位数时,后验风险 $R(a|x)$ 达到最小,因此它是 θ 的贝叶斯估计.定理得证.

§1.9　假设检验问题

在估计问题中,一般有无穷多个行动可供选择.然而又有不少统计决策问题只能在有限个行动中选择.最重要的有限行动问题是假设检验.对这类问题使用贝叶斯统计决策方法是很容易解决的.例如,行动空间由 r 个行动组成,即行动空间 $D = \{a_1, a_2, \cdots, a_r\}$.设在采取行动 a_i 下的损失为 $L(\theta, a_i)$ $(i=1, 2, \cdots, r)$,则贝叶斯决策就是选择使后验风险 $R(a_i|x) = E^{\theta|x}\big[L(\theta, a_i)\big]$ 达到最小的那个行动.以下将讨论两种行动(假设检验)问题.

1.9.1　假设检验

设随机变量 $X \sim f(x|\theta)(\theta \in \Theta)$,$\theta$ 的先验分布为 $\pi(\theta)$,$X = (X_1, X_2, \cdots, X_n)$ 为从总体 X 中抽取的 iid 样本,$\pi(\theta|x)$ 为由样本和先验分布导出的后验分布.设有如下假设检验问题:

$$H_0 : \theta \in \Theta_0 \leftrightarrow H_1 : \theta \in \Theta_1 (\Theta_0 \bigcup \Theta_1 = \Theta).$$

决策行动 a_0 表示接受 H_0,否定 H_1;a_1 表示否定 H_0,接受 H_1.

1.0–1 损失情形
我们选用如下的 0–1 损失函数:

$$L(\theta, a_0) = \begin{cases} 0, & \theta \in \Theta_0, \\ 1, & \theta \in \Theta_1. \end{cases}$$

$$L(\theta, a_1) = \begin{cases} 1, & \theta \in \Theta_0, \\ 0, & \theta \in \Theta_1. \end{cases}$$

其后验风险分别为

$$R(a_0 | x) = E^{\theta | x}\left[L(\theta, a_0)\right] = \int_{\Theta} L(\theta, a_0) \pi(\theta | x) \mathrm{d}\theta$$

$$= \int_{\Theta_1} \pi(\theta | x) \mathrm{d}\theta = P(\Theta_1 | x),$$

$$R(a_1 | x) = E^{\theta | x}\left[L(\theta, a_1)\right] = P(\Theta_0 | x).$$

若后验风险 $R(a_i | x)$ 越小,说明决策行动 a_i 越好,就接受 $H_i(i = 0, 1)$. 等价于若 $P(\Theta_j | x)$ 越大,说明决策行动 a_{1-j} 越好,就接受 $H_{1-j}(j = 0, 1)$.

2. 0–k_i 损失情形

我们选用如下的 0–k_i 损失函数:

$$L(\theta, a_0) = \begin{cases} 0, & \theta \in \Theta_0, \\ k_0, & \theta \in \Theta_1. \end{cases}$$

$$L(\theta, a_1) = \begin{cases} k_1, & \theta \in \Theta_0, \\ 0, & \theta \in \Theta_1. \end{cases}$$

其后验风险分别为

$$R(a_0 | x) = E^{\theta | x}\left[L(\theta, a_0)\right] = k_0 \int_{\Theta_1} \pi(\theta | x) \mathrm{d}\theta = k_0 P(\Theta_1 | x),$$

$$R(a_1 | x) = E^{\theta | x}\left[L(\theta, a_1)\right] = k_1 \int_{\Theta_0} \pi(\theta | x) \mathrm{d}\theta = k_1 P(\Theta_0 | x).$$

贝叶斯决策原理是取使后验风险达到最小的行动. 也就是说,若

$$R(a_0 | x) \geqslant R(a_1 | x),$$

即

$$k_0 P(\Theta_1 | x) \geqslant k_1 P(\Theta_0 | x), \tag{1.9.1}$$

则取行动 a_1,拒绝 H_0.

由于 $\Theta_0 \bigcup \Theta_1 = \Theta$,故有

$$P(\Theta_0 | x) = 1 - P(\Theta_1 | x). \tag{1.9.2}$$

将 (1.9.2) 式代入 (1.9.1) 式,可知 (1.9.1) 式等价于

$$P(\Theta_1 | x) \geqslant \frac{k_1}{k_0 + k_1}. \tag{1.9.3}$$

因此当(1.9.3)式成立时,拒绝 H_0.

用经典统计术语,贝叶斯检验的拒绝域为

$$D = \left\{ X = \left(X_1, X_2, \cdots, X_n \right) \middle| P\left(\Theta_1 \middle| x \right) \geq \frac{k_1}{k_0 + k_1} \right\}. \tag{1.9.4}$$

此处 D 与经典检验(如似然检验)的拒绝域有完全一样的形式,只不过在经典检验中拒绝域的"临界值"由显著水平 α 确定,而在贝叶斯检验中则由损失函数和先验信息决定.

例 1.9.1 设 $X \sim N\left(\theta, \sigma^2 \right)$,其中 σ^2 已知而 θ 未知,若 θ 的先验分布 $\pi(\theta)$ 是 $N\left(\mu, \tau^2 \right)$,损失函数为 $0 - k_i$ 损失. 令 $X_1, X_2, \cdots, X_n$ 为总体 X 中抽取的 iid 样本. 求检验问题:

$$H_0 : \theta \geq \theta_0 \leftrightarrow H_1 : \theta < \theta_0.$$

解 由于 $\pi\left(\theta \middle| x \right)$ 为 $N\left(\mu(\bar{x}), \eta_n^2 \right)$,其中

$$\mu_n(x) = \frac{\sigma^2/n}{\sigma^2/n + \tau^2} \mu + \frac{\tau^2}{\sigma^2/n + \tau^2} \bar{x},$$

$$\eta_n^2 = \frac{\tau^2 \sigma^2/n}{\sigma^2/n + \tau^2} = \frac{\tau^2 \sigma^2}{\sigma^2 + n\tau^2}.$$

否定域由(1.9.4)式给出,其中 $\Theta_0 = [\theta_0, \infty)$,$\Theta_1 = (-\infty, \theta_0)$. 因此有

$$P\left(\Theta_1 \middle| x \right) = \frac{1}{\sqrt{2\pi} \, \eta_n} \int_{-\infty}^{\theta_0} \exp\left\{ -\frac{1}{2\eta_n^2} \left[\theta - \mu_n(x) \right]^2 \right\} d\theta.$$

作变换

$$\tau = \left[\theta - \mu_n(x) \right] / \eta_n,$$

$$d\theta = \eta_n d\tau,$$

则上式变为

$$P\left(\Theta_1 \middle| x \right) = \frac{1}{\sqrt{2\pi}} \int_{-\infty}^{[\theta - \mu_n(x)]/\eta_n} \exp\left\{ -\frac{\tau^2}{2} \right\} d\tau = \Phi\left(\frac{\theta - \mu_n(x)}{\eta_n} \right).$$

此处 $\Phi(\cdot)$ 表示标准正态分布的分布函数,从而由(1.9.3)式确定的否定域等价于

$$\Phi\left(\frac{\theta - \mu_n(x)}{\eta_n} \right) > \frac{k_1}{k_0 + k_1}.$$

若记 $Z\left(k_1/(k_0 + k) \right)$ 为标准正态分布的 $k_1/(k_0 + k)$ 分位数,则上式等价于

$$Z\left(\frac{k_1}{k_0+k_1}\right) < \frac{\theta-\mu_n(x)}{\eta_n} = \eta_n^{-1}\left(\theta_0 - \frac{\sigma^2/n}{\sigma^2/n+\tau^2}\mu - \frac{\tau^2}{\sigma^2/n+\tau^2}\bar{x}\right)$$

$$\Leftrightarrow \bar{x} < \theta_0 + \frac{\sigma^2}{n\tau^2}(\theta_0-\mu) - \frac{\sigma^2}{n}\cdot\eta_n^{-1}\cdot Z\left(\frac{k_1}{k_0+k_1}\right),$$

即检验问题的否定域为

$$D = \left\{ X \,\middle|\, \bar{X} < \theta_0 + \frac{\sigma^2}{n\tau^2}(\theta_0-\mu) - \frac{\sigma^2}{n}\cdot\eta_n^{-1}\cdot Z\left(\frac{k_1}{k_0+k_1}\right) \right\}.$$

注 1.9.1 在经典统计方法中,上述检验问题的水平为 α 的 UMP 检验否定域为 $D = \left\{ X \,\middle|\, \bar{X} < \theta_0 - u_\alpha\sigma/\sqrt{n} \right\}$. 此处 u_α 表示标准正态分布上侧 α 分位数. 如果在公式 $(1.9.4)$ 中所述,经典方法中拒绝域的临界值由检验水平 α 决定,而本题贝叶斯检验方法中临界值由损失函数和先验信息决定.

1.9.2 统计决策中的区间估计问题

区间估计或可信集的问题,也可以用统计判决的方法去考虑. 为了简单,设 $C(x) = (d_1(x), d_2(x))$ 为 θ 的一个区间估计,设损失函数的一种取法为

$$L(\theta, C(x)) = m_1[d_2(x) - d_1(x)] + m_2[1 - I_{C(x)}(\theta)],$$

此处 m_1, m_2 为给定的常数. 易见,上式右边的第一部分表示区间长度引起的损失,区间越长,精度越差,损失越大;第二部分表示当 θ 不属于 $C(x)$ 时引起的损失. 按后验风险最小的原则,应取

$$\begin{aligned}
R(C(x)|x) &= E^{\theta|x}[L(\theta, C(x))] \\
&= m_1[d_2(x) - d_1(x)] + m_2[1 - P[\theta \in C(x)|x]] \\
&= m_1[d_2(x) - d_1(x)] + m_2 P[\theta \notin C(x)],
\end{aligned}$$

越小越好. 将两个或多个区间估计进行比较,后验风险最小的那个最好. 但是要找出最优解,并非易事,能真正得以解决的不多.

§1.10 Minimax 决策

统计决策中理论使得统计推断的形式变得多样化,贝叶斯决策是根据贝叶斯风险最小的原则而取的最优决策. 如果将"最优性"的准则改变,就可以得

到另一种"最优"决策.本节的极小化极大化风险决策就是重要的一种.Minimax
准则是以决策函数的最大风险作比较对象,取最大风险最小的决策为"最优"
决策.

定义 1.10.1　设决策函数 $\delta(x)$ 的风险函数为 $R(\theta,\delta)(\theta\in\Theta)$,记

$$M(\delta)=\sup_{\theta\in\Theta}(\theta,\delta),$$

若存在决策函数 $\delta^*(x)$,使得对任何决策函数 $\delta(x)$,有

$$M(\delta^*)\le M(\delta),$$

则称 δ^* 为 Minimax **决策**,或称 δ^* 为该统计决策问题的 Minimax **解**.当问题为估
计或检验时,称 δ^* 为 Minimax 估计或 Minimax 检验.

使最大风险达到最小的这一准则称为 Minimax 准则.

Minimax 准则从风险函数的整数性质来确定决策函数的优良性.对于两个
决策函数 δ 和 δ',不在每个参数值 θ 处去比较风险 $R(\theta,\delta)$ 与 $R(\theta,\delta')$,而只就
整体性指标 $M(\delta)$ 与 $M(\delta')$ 进行比较.可能出现这样的情况:就 Minimax 准则而
言,$M(\delta)\le M(\delta')$,但对大多数 θ 值,$R(\theta,\delta)>R(\theta,\delta')$.因此,Minimax 准则是比
较保守的准则,如果对 θ 的先验信息有所了解,还是取贝叶斯准则为好.贝叶斯
准则具有良好的性质,可运用它利用已有的信息得到"最优"决策.

当对信息毫无了解时,可使用 Minimax 解.

寻求 Minimax 解通常较困难,然而贝叶斯解与 Minimax 解有一定联系.以下
定理可以作为验证某一决策 δ 为 Minimax 解的方法.

定理 1.10.1　δ^* 为某一先验分布 $\pi(\theta)$ 下的贝叶斯解,且 δ^* 的风险函数

$$R(\theta,\delta^*)=c(\text{常数})\,,\ \forall\theta\in\Theta\,,$$

则 δ^* 为该统计决策问题的 Minimax 解.

证明　用反证法.若 δ^* 不是 Minimax 解,则有决策函数 δ,使得 $M(\delta)=c'<c$.
此时有

$$R_\pi(\delta)=\int_\Theta R(\theta,\delta)\mathrm{d}\theta\le\int_\Theta M(\delta)\pi(\theta)\mathrm{d}\theta=c'<c=R_\pi(\delta^*).$$

这与 δ^* 为先验分布 $\pi(\theta)$ 下的贝叶斯解相矛盾.

定理 1.10.2　设统计决策问题在先验分布 $\pi_k(\theta)$ 下有贝叶斯解 δ_k,δ_k 的贝
叶斯风险为 $r_k(k=1,2,\cdots)$.设

$$\lim_{k\to\infty} r_k = r < \infty,$$

又设 δ^* 为一决策函数,满足

$$M(\delta^*) \leq r,$$

则 δ^* 为该统计决策问题的 Minimax 解.

证明 用反证法. 若 δ^* 不是 Minimax 解,则有决策函数 δ,使得 $M(\delta) < M(\delta^*) \leq r$,此时,存在 $\varepsilon > 0$ 使得

$$R(\theta, \delta) \leq r - \varepsilon, \forall \theta \in \Theta.$$

因此,对一切 k,有

$$R_{\pi_k}(\delta) = \int_\Theta R(\theta, \delta) \pi_k(\theta) \mathrm{d}\theta \leq r - \varepsilon.$$

但 δ_k 为 π_k 的贝叶斯解,有 $R_{\pi_k}(\delta) \geq R_{\pi_k}(\delta_k) > r - \varepsilon$($k$ 充分大),矛盾.

例 1.10.1 (1)设 $X \sim B(n, \theta)$,θ 的先验分布为 Beta 分布 $Be(a, b)$,如果取损失函数为 $L(\theta, d) = (\theta - d)^2$,求 θ 的 Minimax 估计.

(2)设 $X \sim B(n, \theta)$,θ 的先验分布为 Beta 分布 $Be(a, b)$,如果取损失函数为 $L(\theta, d) = \dfrac{(\theta - d)^2}{d(1 - d)}$,求 θ 的 Minimax 估计.

解 (1)由例 1.1.1 可知 $\pi(\theta|x)$ 是 $Be(x + a, n - x + b)$,故 θ 的贝叶斯估计为

$$\delta_{a,b}(x) = \frac{x + a}{n + a + b},$$

其风险函数为

$$R(\theta, \delta_{a,b}) = E\left(\frac{X + a}{n + a + b} - \theta\right)^2$$

$$= E\left[\left(\frac{X - E(X)}{n + a + b}\right) + \left(\frac{E(X) + a}{n + a + b} - \theta\right)\right]^2$$

$$= D\left(\frac{X}{n + a + b}\right) + \left(\frac{n\theta + a}{n + a + b} - \theta\right)^2$$

$$= \frac{n\theta(1 - \theta)}{(n + a + b)^2} + \left(\frac{a - (a + b)\theta}{n + a + b}\right)^2.$$

若取 $a = b = \sqrt{n}/2$,则右边等于一个常数,即

$$R(\theta, \delta_{a,b}) = \frac{n}{4(n + \sqrt{n})^2}.$$

由于风险为常数,由定理1.10.1可知

$$\delta_{\sqrt{n}/2,\sqrt{n}/2}(x) = \frac{x + \sqrt{n}/2}{n + \sqrt{n}},$$

为 θ 的 Minimax 估计.

(2)若取 $L(\theta, d) = \dfrac{(\theta - d)^2}{d(1-d)}$,即 $\delta = \dfrac{x}{n}$,则

$$R(\theta, \delta) = \sum_{x=0}^{n} C_n^x \frac{\left(\theta - \dfrac{x}{n}\right)^2}{\theta(1-\theta)} \theta^x (1-\theta)^{n-x}$$

$$= \frac{1}{\theta(1-\theta)} \sum_{x=0}^{n} C_n^x \left(\theta - \frac{x}{n}\right)^2 \theta^x (1-\theta)^{n-x}$$

$$= \frac{1}{\theta(1-\theta)} \frac{\theta(1-\theta)}{n} = \frac{1}{n} = 常数.$$

由定理1.10.1可知,$\delta = \dfrac{x}{n}$ 为 θ 的 Minimax 估计.

注 1.10.1 此例说明,取不同的损失函数,其 Minimax 解是不同的.对于(1),取的是平方损失函数 $L(\theta, d) = (\theta - d)^2$,在此损失函数下,$\delta = \dfrac{x}{n}$ 的风险函数为 $R(\theta, \delta) = \theta(1-\theta)/n$.

故有

$$M(\delta) = \frac{1}{4n} > M(\delta^*) = \frac{1}{4(n + \sqrt{n})^2}.$$

然而,对于多数 θ 值,$R(\theta, \delta) < R(\theta, \delta^*) = \dfrac{1}{4(n + \sqrt{n})^2}$.事实上,$B(\sqrt{n}/2, \sqrt{n}/2)$ 的概率集中在 $\theta = \dfrac{1}{2}$ 附近,图形以 $\theta = \dfrac{1}{2}$ 为对称轴.在 θ 值接近 $\dfrac{1}{2}$ 时,用 Minimax 估计是好的.其他情况建议用贝叶斯估计.

第二章

经验贝叶斯方法和密度函数核估计

§2.1 经验贝叶斯方法

2.1.1 经验贝叶斯方法及定义

经验Bayes(Empirical Bayes,简称EB)方法是Robbins提出的,以试图解决在使用Bayes方法时,因不知道先验分布而产生的困难.EB方法用于任何统计决策问题(当然,在一定条件下),其基本思想是用样本所估计的先验分布来代替真正的先验分布,然后去做统计推断与决策.通常的经验Bayes结构为:假设有历史数据 $\left((X_1, \theta_1), (X_2, \theta_2), \cdots, (X_n, \theta_n)\right)$ 与当前数据 (X, θ) ,这里 $X_1, X_2, \cdots, X_n, X$ 是可以观察的, $\theta_1, \theta_2, \cdots, \theta_n, \theta$ 是不可观察的,是未知的.这里就估计而言,对于假设检验同样可以叙述.经验 Bayes 估计的任务就是要找一个依赖于 $X_1, X_2, \cdots, X_n, X$ 的函数 $\hat{\theta}(X_1, X_2, \cdots, X_n, X)$ 来估计 θ ,并使它接近 $G(\theta)$ 已知时的Bayes估计.设样本 X 的条件概率密度为 $f(x|\theta)$, θ 的先验分布为 $G(\theta)$,则X的边缘密度为

$$f(x) = \int_\Omega f(x|\theta)\mathrm{d}G(\theta) = f(x) = \int_\Omega f(x|\theta)\pi(\theta)\mathrm{d}\theta. \tag{2.1.1}$$

EB方法认为,样本是从 $f(x)$ 中抽出的,故可由 $X_1, X_2, \cdots, X_n, X$ 估计 $f(x)$ 或其特征,由于假设已知 $f(x|\theta)$,则可由上式估计 $G(\theta)$ 或其特征,再由现在的样本 X 去获得 θ 的EB估计.这就是Robbins的思想,写成定义如下:

定义2.1.1 设 $X_1, X_2, \cdots, X_n, (X, \theta)$ 相互独立,且 $X_1, X_2, \cdots, X_n, X$ 具有相同

的边缘分布(2.1.1),在(2.1.1)式中,$f(x|\theta)$已知,$\pi(\theta)$未知,则θ的任何一个形如$\delta_n(X_1,X_2,\cdots,X_n;X)$的估计,称为它的一个**经验贝叶斯估计**(简记为EB估计).

在上述定义中,X是当前试验中获得的样本,因此称为"当前样本",而$X_1,X_2,\cdots,X_n$称为"历史样本".$\delta_n(X_1,X_2,\cdots,X_n;X)$这个形式表示在估计$\theta$时,不仅利用了当前样本$X$,还利用了历史样本$X_1,X_2,\cdots,X_n$.使用历史样本的理由就是它们包含了$\theta$的先验分布的信息.至于如何构造$\delta_n(X_1,X_2,\cdots,X_n;X)$,则要根据具体问题的特点来处理.上述定义是针对$\theta$的估计问题而言的,对检验问题亦有相应的提法.

2.1.2　经验贝叶斯分类

经验贝叶斯按Morris(1983)分为两大类:一类是**参数型经验贝叶斯**(Parametric Empirical Bayes,简记为PEB),另一类是**非参数型经验贝叶斯**(Noparametric Empirical Bayes,简记为NPEB).

在PEB方法中,通常假定先验分布的形式已知,但含有未知的超参数,有关参数的Bayes估计量常常表示为超参数和多余参数的函数,利用历史样本对超参数和多余参数作出估计,从而获得PEB估计.PEB估计通常研究小样本性质,如均方误差(MSE)准则下的优良性、稳健性和可容性等,也可研究大样本性质.由于含有超参数和多余参数,可以通过数字模拟比较PEB估计和MSE准则下相对于一致最小方差无偏估计(UMVUE)的均方误差,获得其优良性.这方面的研究可参看杨奉豪等(2013)、陈玲等(2012)的文献.

在NPEB方法中,通常假定先验分布的形式未知,但先验分布的某些矩存在,在一定的损失函数下,求得的有关参数的Bayes估计量常常表示为概率密度函数及其偏导数的函数,利用历史样本,采用非参数的方法对概率密度及其偏导数作出估计,从而获得NPEB估计.NPEB估计一般研究大样本性质,如渐近最优性和收敛速度.这方面的研究可参看黄金超等(2012a,2012b,2014a,2014b,2015,2016a,2016b,2016c)的文献.

在NPEB方法中,现有文献基本上研究经验Bayes(EB)统计推断理论,在一定的条件下,获得渐近最优性和收敛速度,由于不包含超参数和多余参数的函数,一般不好进行误差模拟.另外,据本人所知,王立春教授(详见王立春的博士

贝叶斯统计分析

论文,2002)研究过刻度族中带有误差的经验Bayes(EB)估计,并对误差进行了模拟.在NPEB决策函数(包括估计和检验函数等)的渐近最优性和收敛速度定义如下:

根据历史资料 $(X_1, X_2, \cdots, X_n)$ 可以获得关于先验分布 $\pi(\theta)$ 的信息,选定一个判决函数 $\delta_n(x)$,与 $(X_1, X_2, \cdots, X_n)$ 有关,记为 $\delta_n(x|X_1, X_2, \cdots, X_n)$.

定义2.1.2   任何同时依赖于历史样本 $(X_1, X_2, \cdots, X_n)$ 和当前样本 X 的判决函数 $\delta_n(x|X_1, X_2, \cdots, X_n)$,称为经验判决函数.

当 $(X_1, X_2, \cdots, X_n)$ 已知时, $\delta_n(x|X_1, X_2, \cdots, X_n)$ 的Bayes风险为

$$R_G\big(\delta_n(x|X_1, X_2, \cdots, X_n)\big) = \int_\Theta \int L\big(\theta, \delta_n(x|X_1, X_2, \cdots, X_n)\big) \mathrm{d}f(x|\theta)\mathrm{d}H(\theta). \quad (2.1.2)$$

由于上式仍是 $(X_1, X_2, \cdots, X_n)$ 的函数,故可对 $(X_1, X_2, \cdots, X_n)$ 的联合分布求数学期望,得到 $\delta_n(x|X_1, X_2, \cdots, X_n)$ 的全面Bayes风险

$$R_n = R_n(\delta_n) = E_n\Big[R_G\big(\delta_n(x|X_1, X_2, \cdots, X_n)\big)\Big]$$
$$= \int R_G\big(\delta_n(x|X_1, X_2, \cdots, X_n)\big)\mathrm{d}F(x_1)\cdots F(x_n). \quad (2.1.3)$$

其中 E_n 表示对 $X_1, X_2, \cdots, X_n$ 的联合分布求均值,记 δ_G 为 θ 的Bayes解,其Bayes风险为

$$R_G = R_G(\delta_G) = R_G(\delta) = E_{(x,\theta)}\Big[L(\theta, \delta_G)\Big]. \quad (2.1.4)$$

由于对任何 $X_1, X_2, \cdots, X_n$ 有 $R_G\big(\delta_n(x|X_1, X_2, \cdots, X_n)\big) \geq R_G(\delta_G)$,必有

$$R_n \geq R_G.$$

也就是说,任何经验Bayes判决函数的全面Bayes风险 R_n ,都不会低于Bayes解 δ_G 的Bayes风险 R_G ,我们的目的是希望当 n 充分大时, R_n 可任意接近 R_G .这引出如下定义:

定义2.1.3   任何同时依赖于历史样本 $x_1, x_2, \cdots, x_n$ 和当前样本 x 的判决函数 $\delta_n = \delta_n(x_1, x_2, \cdots, x_n; x)$,称为经验Bayes判决函数.

按定义,若

$$\lim_{n\to\infty} R_n = R_G, \quad (2.1.5)$$

则称 δ_n 为渐近最优(a.o.)的判决函数,如果对某个 $q>0$ 有 $R_n - R(G) = O(n^{-q})$,则称 θ 的EB估计 $\hat\theta_{EB}$ 的收敛速度阶为 $O(n^{-q})$.

§2.2　密度函数通常核估计

本小节所介绍的内容是NPEB方法中需要用到的.概率密度函数的核估计方法有多种,其中使用最广泛的是直方图法,在1.2节中介绍了如何利用直方图估计先验密度,对一般的概率密度函数的估计同样适用〔详细参见薛留根(2015)〕.概率密度函数估计的其他方法有核估计和最近邻估计方法等.本节只介绍概率密度函数的核估计方法.概率密度函数的核估计方法与经验分布函数有关.

2.2.1　经验分布函数的定义和性质

设 $X_1, X_2, \cdots, X_n$ 为总体 $F(x)$ 中抽取的 iid 样本,将其按大小排列为 $X_{(1)} \leqslant \cdots \leqslant X_{(n)}$,对任意实数 x ,称函数

$$F_n(x) = \begin{cases} 0, & x \leqslant X_{(1)}, \\ k/n, & X_{(k)} \leqslant X_{(k+1)}, k = 1, 2, \cdots n-1, \\ 1, & X_{(n)} \leqslant x, \end{cases}$$

为经验分布函数.

易见经验分布函数是单调、非减、左连续函数,具有分布函数的基本性质.它在 $x = X_{(k)}(k = 1, 2, \cdots, n)$ 处间断,它是在每个间断点跳跃的幅度为 $1/n$ 的阶梯函数.若记示性函数

$$I_A = I_A(x) = \begin{cases} 1, & x \in A, \\ 0, & 其他, \end{cases}$$

则经验分布函数也可定义为

$$F_n(x) = \frac{1}{n} \sum_{i=1}^{n} I_{[x_i, \infty)}(x). \tag{2.2.1}$$

$F_n(x)$ 有一些良好的大样本性质,叙述如下:

记 $Y_i = I_{[x_i, \infty)}(x)(i = 1, 2, \cdots, n)$,则 $P(Y_i = 1) = F(x)$, $P(Y_i = 0) = 1 - F(x)$,且 $Y_1, Y_2, \cdots, Y_n$, $\text{iid} \sim B(1, F(x))$,从而 $nF_n(x) = \sum_{i=1}^{n} Y_i \sim B(n, F(x))$.因此有

$$P\left(F_n(x) = \frac{k}{n}\right) = P\left(\sum_{i=1}^{n} Y_i = k\right) = C_n^k [F(x)]^k [1 - F(x)]^{n-k}.$$

利用二项分布的极限性质,可知 $F_n(x)$ 具有下列大样本性质:

(1)由中心极限定理,当 $n \to \infty$ 时,有

$$\frac{\sqrt{n}\left[F_n(x) - F(x)\right]}{\sqrt{F(x)(1 - F(x))}} \to N(0, 1).$$

(2)由 Borel 强大数定律,当 $n \to \infty$ 时,有

$$P\left(\lim_{n \to \infty} F_n(x) = F(x)\right) = 1.$$

(3)更进一步,有下面的 Glivenko-Cantelli 定理:

定理 2.2.1 设 $F(x)$ 为随机变量 X 的分布函数,$X_1, X_2, \cdots, X_n$ 为取自总体 $F(x)$ 的简单随机样本,$F_n(x)$ 为经验分布函数. 记 $D_n = \sup\limits_{-\infty < x < \infty} \left|F_n(x) - F(x)\right|$,则有

$$P\left(\lim_{n \to \infty} D_n = 0\right) = 1.$$

证明 见茆诗松等(1990).

注 2.2.1 上述定理中的 D_n 可用来衡量 $F_n(x)$ 和 $F(x)$ 之间在所有的 x 值上的最大差异程度. Glivenko-Cantelli 定理表明,当 n 充分大时,对所有的 x 值,"$F_n(x)$ 与 $F(x)$ 之差的绝对值都很小"这一事件发生的概率为 1.

2.2.2 概率函数及导函数的核估计的定义

1. 密度函数的核估计的定义

在介绍密度函数的核估计的定义前,我们先介绍密度函数的一种"自然"估计,然后将其与密度函数的核估计建立联系,以便读者更好地理解核估计方法的思想.

设随机变量 X 的分布函数和密度函数分别为 $F(x)$ 和 $f(x)$. 如果 $f(x)$ 连续,则

$$f(x) = \lim_{h \to 0} \frac{F(x + h) - F(x - h)}{2h}.$$

当 $h = h_n$ 充分小时,有 $f(x) \approx \dfrac{F(x + h) - F(x - h)}{2h}$,将其中的 $F(\cdot)$ 用经验分布函数 $F_n(\cdot)$ 代替,就得到

$$f_n(x) = \frac{F_n(x + h_n) - F(x - h_n)}{2h_n}. \tag{2.2.2}$$

则 $f_n(x)$ 就称为 $f(x)$ 的一个"自然"估计. 令

$$K(x) = \begin{cases} 1/2, & -1 < x < 1, \\ 0, & \text{其他} \end{cases}$$
$$= \frac{1}{2} I_{(-1,1)}(x).$$

为一核函数,因此 $I_A(x)$ 为示性函数. $f(x)$ 的核估计与其"自然"估计的联系如下:

$$f_n(x) = \frac{F_n(x+h_n) - F_n(x-h_n)}{2h_n}$$
$$= \frac{1}{nh_n} \sum_{i=1}^{n} \frac{1}{2} \left(I_{(-\infty, x+h_n)}(X_i) - I_{(-\infty, x-h_n)}(X_i) \right)$$
$$= \frac{1}{nh_n} \sum_{i=1}^{n} \frac{1}{2} I_{(x-h_n, x+h_n)}(X_i) = \frac{1}{nh_n} \sum_{i=1}^{n} K\left(\frac{x-X_i}{h_n}\right),$$

此处 $K(\cdot)$ 为核函数,将上述思想加以推广,得到如下定义:

定义2.2.1 概率密度函数 $f(x)$ 的估计量

$$f_n(x) = \frac{1}{nh_n} \sum_{i=1}^{n} K\left(\frac{x-X_i}{h_n}\right), \tag{2.2.3}$$

称为通常的 Rosenblatt–Parzen **核估计**,此处 $0 < h_n \to 0$,当 $n \to \infty$ 时, $K(\cdot)$ 通常是一个适当的概率密度函数.

注2.2.2 定义 2.2.1 考虑的是总体为一维的情况,若 X 为 d 维,只需将 (2.2.3)式分母中的 nh_n 改为 nh_n^d 即可.

设 $K(\cdot)$ 为定义在 $\mathbb{R}$ 上的密度函数,通常假定 $K(\cdot)$ 满足下列条件:

(a) $\sup\limits_{x \in \mathbb{R}} \{K(x)\} \le M < \infty$, $\lim\limits_{|x| \to \infty} |x| K(x) = 0$;

(b) $K(x) = K(-x) (x \in \mathbb{R})$,即 $K(x)$ 对称,且 $\int_{-\infty}^{+\infty} x^2 K(x) dx < \infty$;

(c) $\hat{K}(u)$ 是绝对可积的, $\hat{K}(u)$ 为 $K(\cdot)$ 的特征函数.

适合条件(a)~(c)的 $K(\cdot)$ 有下列几个例子:

(1) $K_1(x) = \begin{cases} 1/2, & |x| \le 1, \\ 0, & |x| > 1 ; \end{cases}$

(2) $K_2(x) = \begin{cases} 1-|x|, & |x| \le 1, \\ 0, & |x| > 1 ; \end{cases}$

(3) $K_3(x) = (2\pi)^{-1/2} \exp\{-x^2/2\} (x \in \mathbb{R})$,这是标准正态分布的密度;

(4) $K_4(x) = \left(\pi\left(1+x^2\right)\right)^{-1} (x \in \mathbb{R})$ ，这是柯西分布 $C(0,1)$ 的密度；

(5) $K_5(x) = \begin{cases} \dfrac{1}{2\pi}\left[\dfrac{\sin x/2}{x/2}\right]^2, & x \neq 0, \\ \dfrac{1}{2\pi}, & x = 0; \end{cases}$

(6) $K_6(x) = \begin{cases} 3\lambda^{-3}\left(\lambda^2 - x^2\right)/4, & x^2 \leq \lambda^2, \\ 0, & x^2 \leq \lambda^2, \lambda > 0. \end{cases}$

当然还有其他形式的核函数，它们不必为密度概率函数，但通常都要满足适当的条件．

2. 密度函数的导函数的核估计

求概率密度函数 $f(x)$ 的 p 阶导函数的核估计的最简单方法，就是将 $f(x)$ 的核估计 $f_n(x)$ 对 x 求 $p(p=1,2,\cdots)$ 阶导数，即令

$$f_n(x) = \frac{1}{nh_n}\sum_{i=1}^n K\left(\frac{x-X_i}{h_n}\right),$$

为 $f(x)$ 的核估计，对 $f_n(x)$ 关于 x 求 p 阶导数，得

$$f_n^{(p)}(x) = \frac{1}{nh_n^{1+p}}\sum_{i=1}^n K^{(p)}\left(\frac{x-X_i}{h_n}\right).$$

其中 $K^{(p)}(\cdot)$ 为核函数 $K(\cdot)$ 的 p 阶导数．将 $K^{(p)}(\cdot)$ 看成新的核函数，并记为 $K_p(\cdot)$ $(p=1,2,\cdots)$，可见密度函数的导函数 $f^{(p)}(x)$ 的核估计与密度函数 $f(x)$ 的核估计的定义无本质的差别．

定义 2.2.2 设 $K_r(\cdot)(r=0,1,2,\cdots)$ 为一列核函数，则称

$$f_n^{(r)}(x) = \frac{1}{nh_n^{1+r}}\sum_{i=1}^n K_r\left(\frac{x-X_i}{h_n}\right)(r=0,1,2,\cdots), \tag{2.2.4}$$

为 $f^{(r)}(x)$ 核估计，此处 $0 < h_n \to 0$（$n \to \infty$）．特别当 $r=0$ 时，$f^{(0)}(x)=f(x)$，$f_n^{(r)}(x)=f_n(x)$，即

$$f_n(x) = \frac{1}{nh_n}\sum_{i=1}^n K_0\left(\frac{x-X_i}{h_n}\right),$$

为 $f(x)$ 的核估计．也就是说，概率密度函数及其导函数的核估计的表达式可统一由(2.2.4)式给出．

2.2.3 密度函数的核估计的大样本性质

截至目前,已有许多文献研究了核估计的大样本性质,已经基本形成了一套完善的理论体系,本节介绍一些重要的结果,有些定理的证明可参阅陈希孺等(1983)和薛留根(2015)的文献.下面用 $C(f)$ 表示密度函数 $f(x)$ 的连续点构成的集合,L_1 记为 $L_1(\mathbb{R}^d)$ 空间;$\|x\|$ 为 Eucidean 模,其中 $x=(x_1,x_2,\cdots,x_n)^T$;$S_{s,\delta}=\{u\big|\|u-x\|\leqslant\delta\}$.

1. 若干定义

首先给出比较不同估计量的大样本性质的优良性准则.

定义 2.2.3 设 $X_1,X_2,\cdots,X_n$ 是来自 d 维总体 X 的 iid 样本,X 具有密度函数 $f(x)$,其核估计为 $f_n(x)$,只需将(2.2.3)式分母中的 nh_n 改为 nh_n^d 即可.若对样本空间 χ 中的每一个 x 和 d 维概率密度族中任意 $f(x)$,有:

(1) $\lim\limits_{n\to\infty}E[f_n(x)]=f(x)$,则称 $f_n(x)$ 为 $f(x)$ 的**渐近无偏估计**;

(2) $\lim\limits_{n\to\infty}E[f_n(x)-f(x)]^2=0$,则称 $f_n(x)$ 为 $f(x)$ 的**均方相合估计**;

(3) $f_n(x)\xrightarrow[n\to\infty]{P}f(x)$,则称 $f_n(x)$ 为 $f(x)$ 的**弱相合估计**;

(4) $f_n(x)\xrightarrow[n\to\infty]{a.s.}f(x)$,则称 $f_n(x)$ 为 $f(x)$ 的**强相合估计**;

(5) $\sup\limits_x\big|f_n(x)-f(x)\big|\xrightarrow[n\to\infty]{P}0$,则称 $f_n(x)$ 为 $f(x)$ 的**一致弱相合估计**;

(6) $\sup\limits_x\big|f_n(x)-f(x)\big|\xrightarrow[n\to\infty]{a.s.}0$,则称 $f_n(x)$ 为 $f(x)$ 的**一致强相合估计**.

2. 大样本性质

定理 2.2.2 设核 $K(u)$ 为任意 Borel 可测函数,窗宽 h_n 满足 $h_n\to0$,对 $x\in\mathbb{R}^d$,$E[f_n(x)]$ 存在,则对 $f(\cdot)$ 在 x 处连续,$E[f_n(x)]$ 极限存在且使定义 2.2.3 (1)成立的充要条件是 $K(x)$ 满足下列条件:

(a) $K\in L_1$;

(b) $\big(1+\|x\|^d\big)K(x)$ 几乎处处有界;

(c) $\int_{\mathbb{R}^d}K(u)\mathrm{d}u=1$.

证明 见薛留根(2015).

定理 2.2.3 设核 $K(x)$ 概率密度函数,$\big(1+\|x\|^d\big)K(x)$ 几乎处处有界;窗宽

贝叶斯统计分析

h_n 满足 $h_n \to 0$，$nh_n^d \to \infty$，则对 $f(\cdot)$ 任意处连续点 x，定义 2.2.3(2) 成立，此时定义 2.2.3(3) 也成立，即 $f_n(x) \xrightarrow[n \to \infty]{P} f(x)$。

证明 简单计算得

$$E_n |f_n(x) - f(x)|^2 = |E_n f_n(x) - f(x)|^2 + \mathrm{Var}(f_n(x)).$$ (2.2.5)

在 $K(u)$ 满足定理 2.2.2 条件(a)和(b)，由定理 2.2.2 可知

$$h_n^{-d} \int_{R^d} K\left(\frac{u}{h_n}\right) f(x+u) \mathrm{d}u \to f(x).$$ (2.2.6)

易证 $K^2(u)$ 也满足定理 2.2.2 条件(a)和(b)，因此类似定理 2.2.2 的证明也可证得

$$h_n^{-d} \int_{R^d} K^2\left(\frac{u}{h_n}\right) f(x+u) \mathrm{d}u \to f(x) \int_{R^d} K^2(u) \mathrm{d}u.$$ (2.2.7)

因此 $\mathrm{Var}(f_n(x))$ 存在，且在 $f(\cdot)$ 的连续点 x 上，有

$$\mathrm{Var}(f_n(x)) = \left(nh_n^{2d}\right)^{-1} \left\{ EK^2\left(\frac{x-X_1}{h_n}\right) - \left[EK\left(\frac{x-X_1}{h_n}\right)\right]^2 \right\}$$

$$= \left(nh_n^{2d}\right)^{-1} \int_{R^d} K^2\left(\frac{u}{h_n}\right) f(x+u) \mathrm{d}u - \left(nh_n^{2d}\right)^{-1} \left[\int_{R^d} K\left(\frac{u}{h_n}\right) f(x+u) \mathrm{d}u\right]^2$$

$$= \left(nh_n^{2d}\right)^{-1} f(x) \int_{R^d} K^2(u) \mathrm{d}u + o\left(\left(nh_n^{2d}\right)^{-1}\right).$$ (2.2.8)

因此，由 (2.2.5)~(2.2.8) 式，并利用 $nh_n^d \to \infty$ 即证定义 2.2.3(2) 成立。

一些学者研究了核密度估计的强相合性，已有结果所使用的条件一般都很复杂。比较起来，下面的定理是较优良的结果。

定理 2.2.4 设核函数 $K(u)$ 为概率密度函数，$\left(1+\|x\|^d\right)K(x)$ 几乎处处有界；窗宽 h_n 满足 $h_n \to 0$，$nh_n^d/\log n \to \infty$，则在 $f(\cdot)$ 连续点 x 上，

$$f_n(x) \xrightarrow[n \to \infty]{a.s.} f(x).$$

证明 利用定理 2.2.2 给出的 $f_n(x)$ 的渐近无偏性，为证定理 2.2.4，只需证明

$$f_n(x) - E(f_n(x)) \to 0, a.s..$$ (2.2.9)

设 x 是 $f(\cdot)$ 的连续点，注意到

$$h_n^d \{f_n(x) - E(f_n(x))\} = \frac{1}{n} \sum_{i=1}^{n} \left[K\left(\frac{x-X_i}{h_n}\right) - EK\left(\frac{x-X_i}{h_n}\right)\right] \triangleq \frac{1}{n} \sum_{i=1}^{n} \xi_{ni},$$

那么 $\xi_{n1}, \xi_{n2}, \cdots, \xi_{nn}$ 相互独立, 且 $E(\xi_{ni}) = 0$, $|\xi_{ni}| \le 2 \sup_u K(u) \triangleq b$, $i = 1, 2, \cdots, n$. 由(2.2.8)式可得

$$\sigma_n^2 = \frac{1}{n} \sum_{i=1}^{n} \mathrm{Var}(\xi_{ni}) = nh_n^{2d} \mathrm{Var}(f_n(x)) = h_n^d f(x) \int_{R^d} K^2(u) \mathrm{d}u + o(h_n^d).$$

因此, 由 Bernstein 不等式, 对于任意 $\varepsilon > 0$, 当 n 充分大时, 有

$$P\left\{ \left| f_n(x) - E(f_n(x)) \right| \ge \varepsilon \right\} \le P\left\{ \left| \frac{1}{n} \sum_{i=1}^{n} \xi_{ni} \right| \ge \varepsilon h_n^d \right\}$$

$$\le 2 \exp\left\{ -\frac{n(\varepsilon h_n^d)^2}{2\sigma_n^2 + b\varepsilon h_n^d} \right\}$$

$$\le 2 \exp\left\{ -\frac{n(\varepsilon h_n^d)^2}{2f(x) \int_{R^d} K^2(u) \mathrm{d}u + o(1) + b\varepsilon} \right\}.$$

从而由 $nh_n^d / \log n \to \infty$ 可得

$$\sum_{i=1}^{\infty} P\left\{ f_n(x) - E(f_n(x)) \ge \varepsilon \right\} \le c \sum_{i=1}^{\infty} \frac{1}{n^2} < \infty.$$

故由 Borel–Cantelli 引理即证(2.2.9)式成立.

关于核密度估计的一致相合性, 我们有如下结果.

定理 2.2.5　设核函数 $K(x)$ 为概率密度函数且存在可积的特征函数, 窗宽 h_n 满足 $h_n \to 0$, $nh_n^{2d} \to \infty$, $f(\cdot)$ 在 $\mathbb{R}^d$ 上一致连续, 则

$$\sup_x \left| f_n(x) - f(x) \right| \xrightarrow[n \to \infty]{P} 0.$$

证明　见薛留根(2015).

本定理对 $K(u)$ 的要求较高, 但因 $K(u)$ 可以由应用者自由选择, 这一点不是严重缺点, 在理论上可以提出这样的问题: 为了使一致相合性成立, 对核函数的要求可降低到何种程度? 以后联系到更有趣的问题: 在什么条件下有一致强相合性成立? Silverman(1978b)研究了核估计的一致强相合性, 得到如下结果.

定理 2.2.6　设核函数 $K(x)$ 为一致连续且有界变差的概率密度函数, 并且满足 $\lim_{\|x\| \to \infty} K(x) = 0$, $\int_{R^d} \left\| u \log(\|u\|) \right\|^{1/2} K^2(u) \mathrm{d}K(u) < \infty$, 窗宽 h_n 满足 $h_n \to 0$, $nh_n^{2d} / \log n \to \infty$, 若 $f(\cdot)$ 在 $\mathbb{R}^d$ 上一致连续, 则

$$\sup_x \left| f_n(x) - f(x) \right| \xrightarrow[n \to \infty]{a.s.} 0.$$

证明　见 Silverman(1978b).

贝叶斯统计分析

下面在一维密度函数下考虑 $f_n(x)$ 的渐近正态性.

定理2.2.7　设核函数 $K(u)$ 为 $\mathbb{R}$ 上对称的概率密度函数且满足

$$\sup_u\big(1+|u|\big)K(u)\leqslant c_1<\infty,\quad \int_{-\infty}^{+\infty}u^2K(u)\mathrm{d}u\leqslant c_2<\infty,$$

其中 c_1 和 c_2 为正常数, 窗宽 h_n 满足 $h_n\to 0$ 且 $nh_n^5\to\infty$; $f(x)$ 存在有界的二阶导数, 则对任意满足 $f(x_i)>0(i=1,2,\cdots,k)$ 的 k 个不同点 $x_1,x_2,\cdots,x_k$ 有

$$\sqrt{nh_n}\big(f_n(x_1)-f(x_1),\cdots,f_n(x_k)-f(x_k)\big)^T\overset{D}{\to}N(0,B),\qquad(2.2.11)$$

其中 $B=\mathrm{diag}\big(b_{11},b_{22},\cdots,b_{kk}\big)$ 为对角矩阵, $b_{ss}=f(x_s)\int_{-\infty}^{+\infty}u^2K(u)\mathrm{d}u,s=1,2,\cdots,k.$

特别地, 当 $k=1$ 时, (2.2.11)式可写为

$$\sqrt{nh_n}\big(f_n(x_1)-f(x_1)\big)\overset{D}{\to}N\big(0,c_kf(x_1)\big),$$

其中 $c_k=\int_{-\infty}^{+\infty}u^2K(u)\mathrm{d}u$, 利用上述结果可以构造 $f(x)$ 的近似 $1-\alpha$ 置信区间

$$f_n(x)\pm z_{1-\alpha/2}(nh_n)^{-1/2}\big(c_kf_n(x)\big)^{1/2},$$

其中 $1-\alpha$ 为置信水平, $z_{1-\alpha/2}$ 为标准正态分布的 $1-\alpha/2$ 分位数.

证明　见薛留根(2015).

注2.2.3　概率密度函数核估计的大样本性质对密度函数导函数的核估计同样也成立, 由定义2.2.3可知, 只要相应的核函数满足类似于上述的条件即可.

除了上述大样本性质外, 各种相合性还具有一定的收敛速度. 概率密度函数的估计方法除了通常核估计方法外, 还有概率密度函数递归核估计和最近邻估计方法等, 本书仅介绍概率密度函数递归核估计, 其他估计方法的有关内容读者可参阅陈希孺(1993)和薛留根(2015)等的著作.

§2.3　密度函数递归核估计

令 $K_r(\cdot)\big(r=0,1,\cdots,s-1\big)$ 是 Borel 可测的有界函数, 在区间 $(0,1)$ 之外为零, 且满足下列条件(A):

(A) $\dfrac{1}{t!}\int_0^1 y^tK_r(y)\mathrm{d}y=\begin{cases}1,t=r,\\0,t\neq r,t=1,2,\cdots,s-1.\end{cases}$

记 $f^{(0)}(x)=f(x)$, $f^{(r)}(x)$ 表示 $f(x)$ 的第 r 阶导数, $r=1,2,\cdots,s.$

1969年, Wolverton 和 Wagner 定义密度函数 $f^{(r)}(x)$ 的递归核估计为

$$f_n^{(r)}(x) = \frac{1}{n} \sum_{i=1}^{n} \frac{1}{n h_i^{1+r}} K_r\left(\frac{x - X_i}{h_i}\right), \tag{2.3.1}$$

其中 $\{h_n\}$ 为正数递减序列，且 $\lim\limits_{n \to \infty} h_n = 0$，$K_r(\cdot)$ 是满足条件（A）的核函数.

注 2.3.1 若 (2.3.1) 式中的 h_i 改为 h_n，则 $f^{(r)}(x)$ 的递归核估计 $f_n^{(r)}(x)$ 将变成 Rosenblatt–Parzen 核估计.

由 (2.3.1) 式，经简单的计算可知，这种核估计 $f_n^{(r)}(x)$ 具有一种递归性质，即

$$f_n^{(r)}(x) = \frac{n-1}{n} f_{n-1}^{(r)}(x) + \frac{1}{n h_n^{1+r}} K_r\left(\frac{x - X_n}{h_n}\right). \tag{2.3.2}$$

由上式递推关系可知，用递归核估计 $f_n^{(r)}(x)$ 去估计 $f^{(r)}(x)$ 时，只需通过上式进行递归计算，即在增加样本点的情形下不必重新计算所有项，只需计算新的添加项，而用 Rosenblatt–Parzen 的核估计的话须重新计算所有项，所以上式可以大大减少计算量. 另一方面，递归核估计在不同区间能取不同的适当窗宽 h_i，克服了估计的过度平滑和过度锐化，能够较全面地刻画密度函数，因此提高了估计的效率.

注 2.3.2 类似 Rosenblatt–Parzen 核估计，递归核估计也有相应相合性及收敛速度与渐近正态性. 读者可参阅樊家琨（1992）等的文献. 相应研究成果见书后黄金超等（2014b，2015，2016b，2016c）的文献.

第三章

独立同分布样本下的经验Bayes估计

§3.1 非指数分布族参数的经验Bayes估计的收敛速度

3.1.1 引 言

自文献Robbins(1955)引入经验Bayes(EB)方法以来,文献中对指数族及单边截断分布族中,未知参数的EB估计及EB检验问题已有许多研究,如基于独立同分布(iid)样本,文献Singh(1979)讨论了连续型单参数指数族EB估计问题,Singh和Wei(1992)研究了刻度指数族刻度参数EB估计问题.Li和Gupta(2001)基于独立同分布(iid)样本下研究了一类单边截断分布族参数的EB检验问题,Lee-shen(2007)在独立同分布(iid)样本下研究了另一类非指数族参数的EB检验问题.本节在"平方损失"下,进一步研究了Lee-shen(2007)给出的非指数分布族参数的经验Bayes(EB)估计问题,构造了一渐近最优EB估计函数,在一定条件下获得EB估计渐近最优性且其收敛速度的阶为$O\left(n^{-(rs-2)/2(s+2)}\right)$,其中$s>1$为任意确定的自然数,$\frac{1}{2}<r<1-\frac{1}{2s}$,推广了现有文献中的相应结果.

考虑如下非指数分布族(见Lee-shen,2007),设随机变量X条件概率密度函数为

$$f\left(x|\theta\right)=\mathrm{e}^{-x}\frac{p(\theta)}{1+\theta x},\tag{3.1.1}$$

此处$x\in\chi=\left(0,\infty\right)$,$\theta\in\Omega=\left(0,+\infty\right)$,$p(\theta)>0$,$\Omega$为参数空间.显然概率密度函

数 $f(x|\theta)$ 不是指数分布族, 然而它是联合密度函数 $f(x,y|\theta)=$ $p(\theta)\exp(-x-y-\theta xy)\left(x>0,y>0,\theta>0,p(\theta)>0\right)$ 的边缘密度函数, 联合密度函数 (pdf) $f(x,y|\theta)$ 是二元指数分布族, 它常被用来作为两个相依分量的寿命的模型(见 Lee–shen, 2007). 另外, 研究该分布族参数的 EB 估计, 特别是基于相关样本的 EB 估计, 据本人所知, 文献中报道很少, 因此研究该非指数分布族参数的经验 Bayes 估计是非常有意义的.

设 $G(\theta)$ 为参数 θ 的未知先验分布, r.v.X 的边缘分布密度为

$$f(x) = \int_{\Omega} f(x|\theta)\mathrm{d}G(\theta) = \mathrm{e}^{-x}\int_0^{+\infty}\frac{p(\theta)}{1+\theta x}\mathrm{d}G(\theta) < \infty, \tag{3.1.2}$$

约定 $f(0) = \int_0^{+\infty} p(\theta)\mathrm{d}G(\theta) < \infty$,

$$f'(x) = -\mathrm{e}^{-x}\int_0^{+\infty}\frac{p(\theta)}{1+\theta x}\mathrm{d}G(\theta) - \mathrm{e}^{-x}\int_0^{+\infty}\frac{\theta p(\theta)}{(1+\theta x)^2}\mathrm{d}G(\theta) < 0.$$

所以 $f(x)$ 为单调递减函数, 从而 $f(x) < f(0) < \infty$.

取 $b(x) = \mathrm{e}^x f(x) = \int_0^{+\infty}\frac{p(\theta)}{1+\theta x}\mathrm{d}G(\theta)$, 则 $b^{(s)}(x) = \dfrac{\partial^s b(x)}{\partial x^s} = \int_0^{+\infty}\frac{(-1)^s s! p(\theta)\theta^s}{(1+\theta x)^{s+1}}\mathrm{d}G(\theta)$,

$$\left|b^{(s)}(x)\right| = s!\int_0^{+\infty}\frac{p(\theta)\theta^s}{(1+\theta x)^{s+1}}\mathrm{d}G(\theta) \triangleq q(x) < \infty \left(s \geqslant 2, s \in \mathbf{N}\right). \tag{3.1.3}$$

取通常的损失函数为

$$L(\theta, d) = (\theta - d)^2. \tag{3.1.4}$$

在平方损失(3.1.4)下, θ 的 Bayes 估计为其后验均值, 即

$$\hat{\theta}_{BE} = E(\theta|x) = \frac{\int_0^{+\infty}\theta f(x|\theta)\mathrm{d}G(\theta)}{f(x)} = \frac{\frac{1}{x}\int_0^{\infty}\mathrm{e}^{-x}p(\theta)\mathrm{d}G(\theta) - \frac{1}{x}\int_0^{\infty}\frac{p(\theta)\mathrm{e}^{-x}}{1+\theta x}\mathrm{d}G(\theta)}{f(x)}$$

$$= \frac{\frac{\mathrm{e}^{-x}}{x}f(0) - \frac{1}{x}f(x)}{f(x)} \triangleq \phi_B(x). \tag{3.1.5}$$

故 $\hat{\theta}_{BE}$ 的 Bayes 风险为

$$R(G) = R_G = R(\hat{\theta}_{BE}, G) = E_{(X,\theta)}\left(\hat{\theta}_{BE} - \theta\right)^2. \tag{3.1.6}$$

由于先验分布 $G(\theta)$ 未知, 故 $\hat{\theta}_{BE}$ 不能确定, 因此无使用价值, 从而导致考虑该参数的经验 Bayes 估计.

3.1.2 经验Bayes估计

设 $X_1, X_2, \cdots, X_n$ 和 X 是独立同分布(iid)样本,它们具有共同的边缘密度函数如(3.1.2)式所示,通常称 $X_1, X_2, \cdots, X_n$ 为历史样本,称 X 为当前样本. 令 $f(x)$ 为 X_1 的概率密度函数.

为了估计 $f(x)$,引入核函数. 令 $K(x)(r=0,1,\cdots,s-1)$ 是 Borel 可测的有界函数,在区间 $(0,1)$ 之外为零,且满足下列条件(C):

(C_1) $\dfrac{1}{t!}\int_0^1 y^t K(y)\mathrm{d}y = \begin{cases} 1, t=0, \\ 0, t\neq 0, t=1,2,\cdots s-1, s\geq 2. \end{cases}$

(C_2) 对 $x\in\chi=(0,\infty)$,$\left|K(x)\right|\leq c$.

(C_3) $K(x)$ 在 $\mathbb{R}^1$ 上除有限点集 E_0 外是可微的,且 $\sup\limits_{x\in\mathbb{R}^1-E_0}\left|K'(x)\right|\leq c<\infty$.

类似文献 Lee-shen (2007),密度函数 $f(x)$ 的核估计定义为

$$f_n(x) = \frac{1}{nh_n}\sum_{i=1}^n K\left(\frac{X_i-x}{h_n}\right)\mathrm{e}^{x_i-x}. \tag{3.1.7}$$

其中 $\{h_n\}$ 为正数序列,且 $\lim\limits_{n\to\infty}h_n=0$,$K(x)$ 是满足条件(C)的核函数.

利用文献 Liang(2005)的思想,则可定义 θ 的经验Bayes估计

$$\hat{\theta}_{EB}=\phi_n^*(x)\triangleq\left[0\vee\left(\frac{\dfrac{\mathrm{e}^{-x}}{x}f_n(0)-\dfrac{1}{x}f_n(x)}{f_n(x)}\right)\right]\wedge A_n, \tag{3.1.8}$$

其中 $\varphi_n(x)=x^{-1}\mathrm{e}^{-x}f_n(0)$ 为 $\varphi(x)=x^{-1}\mathrm{e}^{-x}f(0)$ 的估计,令 $\phi_n^*(x)$ 为 $\phi_B(x)$ 的估计,这里 $\{A_n\}$ 为正数序列,且 $\lim\limits_{n\to\infty}A_n=\infty$,$a\vee b=\max(a,b)$,$a\wedge b=\min(a,b)$.

记 E_* 表示对 $\left(X_1,X_2,\cdots,X_n,(X,\theta)\right)$ 的联合分布求均值,E_n 表示对 $(X_1,X_2,\cdots,X_n)$ 的联合分布求均值,在平方损失下,$\hat{\theta}_{EB}$ 的全面 Bayes 风险为

$$R_n=R_n\left(\hat{\theta}_{EB},G\right)=E_*\left(\hat{\theta}_{EB}-\theta\right)^2. \tag{3.1.9}$$

按定义,若 $\lim\limits_{n\to\infty}R_n=R(G)$,则称 $\hat{\theta}_{EB}$ 为渐近最优(a.o.)的 EB 估计,$R_n-R(G)=O(n^{-q}),q>0$,则称 θ 的 EB 估计 $\hat{\theta}_{EB}$ 的收敛速度阶为 $O(n^{-q})$.

本文中令 $c,c_0,c_1,\cdots$ 表示与 n 无关的正常数,即使在同一表达式中它们也可取不同的值.

3.1.3　若干引理及主要结果

为了得到参数 θ 的 EB 估计的收敛速度,需要引入下述一些引理.

引理 3.1.1　设 $f_n(x)$ 由(3.1.7)式定义,其中 $X_1, X_2, \cdots, X_n$ 为独立同分布 (iid)样本,$s > 1$ 为任意确定的自然数,且假定条件(C)成立,若

$$(\,\mathrm{i}\,)\int_0^{+\infty} p(\theta)\mathrm{d}G(\theta) < \infty\,,(\,\mathrm{ii}\,)\int_0^{+\infty}\theta^s p(\theta)\mathrm{d}G(\theta) < \infty\,,$$

当取 $h_n = n^{-\frac{1}{4+2s}}$ 时,对 $0 < r \leqslant 2$ 有

$$(1)\ E_n\big|f_n(x)-f(x)\big|^r \leqslant cn^{-\frac{r(s+1)}{2(s+2)}}\,,(2)\ E_n\big|f_n(0)-f(0)\big|^r \leqslant c_1 n^{-\frac{r(s+1)}{2(s+2)}}\,.$$

证明　由 C_r 不等式可知,对 $0 < r \leqslant 2$

$$E_n\big|f_n(x)-f(x)\big|^r \leqslant c_1\big|E_n f_n(x)-f(x)\big|^r + c_2\big[\mathrm{Var}\big(f_n(x)\big)\big]^{r/2} \triangleq c_1 I_1^r + c_2 I_2^{r/2}\,,\quad(3.1.10)$$

由(3.1.7)式和 (C_1) 条件可知

$$
\begin{aligned}
E_n\big[f_n(x)\big] &= E_n\left[\frac{1}{h_n}K\left(\frac{X_1-x}{h_n}\right)\mathrm{e}^{X_1-x}\right]\\
&= \int_{t=x}^{x+h_n}\frac{1}{h_n}K\left(\frac{t-x}{h_n}\right)\mathrm{e}^{t-x}f(t)\mathrm{d}t\\
&= \int_0^1 K(v)\mathrm{e}^{-x}b(x+h_n v)\mathrm{d}v\\
&= \int_0^1 K(v)\mathrm{e}^{-x}\left[b(x)+\sum_{l=1}^{s-1}b^{(l)}(x)\frac{(h_n v)^l}{l!}+b^{(s)}(x^*)\frac{(h_n v)^s}{s!}\right]\mathrm{d}v\\
&= f(x)+\frac{h_n^s \mathrm{e}^{-x}}{s!}\int_0^1 b^{(s)}(x^*)K(v)v^s\mathrm{d}v
\end{aligned}
\quad(3.1.11)
$$

这里 $x \leqslant x^* \leqslant x+h_n$,从而由(3.1.11)和(3.1.3)式及 (C_2),对任何固定的 $x \in \chi$ 有

$$
\begin{aligned}
\big|E_n f_n(x)-f(x)\big| &\leqslant \frac{h_n^s \mathrm{e}^{-x}}{s!}\int_0^1\big|b^{(s)}(x^*)\big|\,\|K(v)\|\,|v^s|\mathrm{d}v\\
&\leqslant \frac{ch_n^s \mathrm{e}^{-x}}{s!}\int_0^1 s!\int_0^\infty \frac{p(\theta)\theta^s}{(1+\theta x)^{s+1}}\mathrm{d}G(\theta)v^s\mathrm{d}v\\
&= \frac{ch_n^s \mathrm{e}^{-x}}{s+1}\int_0^\infty \frac{p(\theta)\theta^s}{(1+\theta x)^{s+1}}\mathrm{d}G(\theta)\equiv \frac{ch_n^s \mathrm{e}^{-x}}{s+1}q(x)=O\big(h_n^s\big).
\end{aligned}
\quad(3.1.12)
$$

所以,当取 $h_n = n^{-1/(s+2)}$ 时有

$$I_1^r = \left| E_n f_n(x) - f(x) \right|^r \leqslant cn^{-rs/(s+2)}. \tag{3.1.13}$$

$$I_2 = \mathrm{Var}\left[\frac{1}{nh_n} \sum_{j=1}^{n} K\left(\frac{X_j - x}{h_n} \right) \mathrm{e}^{X_j - x} \right] = \frac{1}{nh_n^2} \mathrm{Var}\left[K\left(\frac{X_1 - x}{h_n} \right) \mathrm{e}^{X_1 - x} \right]$$

$$\triangleq I_2^{(1)}. \tag{3.1.14}$$

由 $\left| K^2(v) \right| \leqslant c$，$0 \leqslant X_j - x \leqslant h_n$，$1 \leqslant \mathrm{e}^{X_j - x} \leqslant \mathrm{e}^{h_n} \leqslant c$ 及 $h(x)$ 为单调递减函数可知

$$I_2^{(1)} \leqslant \frac{1}{nh_n^2} E_n\left[K\left(\frac{X_1 - x}{h_n} \right) \mathrm{e}^{X_1 - x} \right]^2 = \frac{1}{nh_n^2} \int_{t=x}^{x+h_n} K^2\left(\frac{t-x}{h_n} \right) \mathrm{e}^{2(t-x)} \mathrm{e}^{-t} b(t) \mathrm{d}t$$

$$\leqslant \frac{1}{nh_n} \mathrm{e}^{-x} b(x) \mathrm{e}^{h_n} \int_0^1 K^2(v) \mathrm{d}v \leqslant \frac{cf(x)}{nh_n} c = O\left((nh_n)^{-1} \right), \tag{3.1.15}$$

所以，当 $h_n = n^{-1/(s+2)}$ 时，由(3.1.15)式可得

$$I_2 \leqslant c_1 (nh_n)^{-1} \leqslant cn^{-\frac{s+1}{(s+2)}}, \tag{3.1.16}$$

故有

$$I_2^{r/2} \leqslant cn^{-\frac{r(s+1)}{2(s+2)}}. \tag{3.1.17}$$

将(3.1.13)和(3.1.17)式代入(3.1.10)式可得引理3.1.1(1)结论.

在上述证明过程中，令 $x = 0$，类似可以证明引理3.1.1(2)结论也成立.

引理3.1.2　若 $R_G < \infty$，则对任何 EB 估计 $\hat{\theta}_{EB}$ 的风险有

$$R_n - R_G = E_*\left(\hat{\theta}_{EB} - \hat{\theta}_{BE} \right)^2. \tag{3.1.18}$$

证明　见文献 Singh(1979)引理1.

引理3.1.3　对随机变量(r.v.) (Y, Z) 和实数 $y, z \neq 0$，$0 < L < \infty$ 且 $0 < \lambda \leqslant 2$，则有

$$E\left[\left| \frac{Y}{Z} - \frac{y}{z} \right| \wedge L \right]^\lambda \leqslant \frac{2}{|z|^\lambda} \left\{ E\left[|Y - y| \right]^\lambda + \left(\left| \frac{y}{z} \right| + L \right)^\lambda E\left[|Z - z| \right]^\lambda \right\}.$$

证明　见文献 Singh 和 Wei(1992).

引理 3.1.4　如果对 $t \geqslant 1$，$E|\theta|^t < \infty$，则对(3.1.5)式定义的 $\hat{\theta}_{BE}(X)$，有 $E_*\left| \hat{\theta}_{BE}(X) \right|^t < \infty$.

证明　由凸函数和 Jensen 不等式可知

$$E_* \left| \overset{\wedge}{\theta}_{BE}(X) \right|^t = \int_0^{+\infty} \left| \overset{\wedge}{\theta}_{BE}(x) \right|^t f(x)\mathrm{d}x = \int_0^{+\infty} \left| E_{(\theta|x)}(\theta) \right|^t f(x)\mathrm{d}x$$

$$\leqslant \int_0^{+\infty} \left(E_{(\theta|x)} |\theta|^t \right) f(x)\mathrm{d}x = \int_0^{+\infty}\int_0^{+\infty} |\theta|^t f(x|\theta)\mathrm{d}G(\theta)\mathrm{d}x$$

$$= \int_0^{+\infty} |\theta|^t \mathrm{d}G(\theta) = E|\theta|^t < \infty.$$

引理 3.1.5　若 $\int_0^{+\infty} \theta^{2rs}\mathrm{d}G(\theta) < \infty$，此处 $s > 1$ 为任意确定的自然数，则对 $\frac{1}{2} < r < 1 - \frac{1}{2s}$，有

$$\int_1^{+\infty} \left(f(x) \right)^{1-r}\mathrm{d}x < \infty.$$

证明　见丁晓等（2005）引理 3.6.

定理 3.1.1　设 R_G，R_n 分别由（3.1.6）和（3.1.9）式定义，$\overset{\wedge}{\theta}_{EB}$ 由（3.1.8）式定义，$X_1, X_2, \cdots, X_n$ 为独立同分布（iid）样本，$s > 1$ 为任意确定的自然数，$\frac{1}{2} < r < 1 - \frac{1}{2s}$ 且条件（C）成立，且

（ⅰ）$\int_0^{+\infty} p(\theta)\mathrm{d}G(\theta) < \infty$，（ⅱ）$\int_0^{+\infty} \theta^s p(\theta)\mathrm{d}G(\theta) < \infty$，（ⅲ）$\int_0^{+\infty} \theta^{2rs}\mathrm{d}G(\theta) < \infty$，

则当 $h_n = n^{-1/(s+2)}$ 时，有 $R_n - R_G = O\left(n^{-\frac{rs-2}{2(s+2)}} \right)$.

证明　由条件（ⅰ）可知

$$R_G = E_{(X,\theta)}\left(\hat{\theta}_{BE} - \theta \right)^2 \leqslant 2\left(E_*\left(\hat{\theta}^2_{BE} \right) + E_*(\theta^2) \right) < \infty,$$

故引理 3.1.2 的条件成立，因此有

$$R_n - R_G = E_*\left(\hat{\theta}_{EB} - \hat{\theta}_{BE} \right)^2 = \int_0^{+\infty} E_n\left[\phi_n^*(x) - \phi_B(x) \right]^2 f(x)\mathrm{d}x$$

$$\triangleq A(n) + B(n) + C(n). \tag{3.1.19}$$

其中

$$A(n) = \int_0^1 I_n(x)f(x)\mathrm{d}x, \ B(n) = \int_1^{+\infty} I_n(x)f(x)\mathrm{d}x, \ C(n) = \int_0^{+\infty} II_n(x)f(x)\mathrm{d}x,$$

$$I_n(x) = E_n\left[\phi_n^*(x) - \phi_B(x) \right]^2 I\left(A_n - \phi_B(x) \right),$$

$$II_n(x) = E_n\left[\phi_n^*(x) - \phi_B(x) \right]^2 I\left(\phi_B(x) - A_n \right).$$

由（3.1.5）、（3.1.8）式和引理 3.1.3 及引理 3.1.1 可得

$$I_n(x) \leqslant E_n\left(\left| \frac{\frac{\mathrm{e}^{-x}}{x}f_n(0) - \frac{1}{x}f_n(x)}{f_n(x)} - \frac{\frac{\mathrm{e}^{-x}}{x}f(0) - \frac{1}{x}f(x)}{f(x)} \right| \wedge A_n \right)^2 I\left(A_n - \phi_B(x) \right)$$

贝叶斯统计分析

$$\leq A_n^{2-r} E_n\left\{\left(\left|\frac{\frac{e^{-x}}{x}f_n(0)-\frac{1}{x}f_n(x)}{f_n(x)}-\frac{\frac{e^{-x}}{x}f(0)-\frac{1}{x}f(x)}{f(x)}\right|\wedge A_n\right)^r\right\}I(A_n-\phi_B(x))$$

$$\leq\frac{2A_n^{2-r}}{f^r(x)}\left\{E_n\left|\frac{e^{-x}}{x}\left(f_n(0)-f(0)\right)-\frac{1}{x}\left(f_n(x)-f(x)\right)\right|^r\right\}+\frac{2^{1+r}A_n^2}{f^r(x)}\left\{E_n\left|f_n(x)-f(x)\right|^r\right\}$$

$$\leq\frac{2A_n^{2-r}}{f^r(x)}\left\{\left(\frac{e^{-x}}{x}\right)^r E_n\left|f_n(0)-f(0)\right|^r+\left(\frac{1}{x}\right)^r E_n\left|f_n(x)-f(x)\right|^r\right\}$$

$$+\frac{2^{1+r}A_n^2}{f^r(x)}\left\{E_n\left|f_n(x)-f(x)\right|^r\right\}$$

$$\leq\frac{cA_n^{2-r}}{f^r(x)}\left(x^{-1}e^{-x}\right)^r n^{-r(s+1)/2(s+2)}+\frac{c_1A_n^{2-r}}{f^r(x)}\left(x^{-1}\right)^r n^{-r(s+1)/2(s+2)}+\frac{c_2A_n^2}{f^r(x)}n^{-r(s+1)/2(s+2)}. \quad (3.1.20)$$

将(3.1.20)式代入 $A(n)$ 可得

$$A(n)\leq c_1A_n^{2-r}n^{-r(s+1)/2(s+2)}a_1+c_2A_n^{2-r}n^{-r(s+1)/2(s+2)}a_2+c_3A_n^2n^{-r(s+1)/2(s+2)}a_3. \quad (3.1.21)$$

由Jensen不等式和 $\int_0^1\left(x^{-1}e^{-x}\right)^r dx<\int_0^1\left(x^{-1}\right)^r dx<\infty(0<r<1)$ 可知,(3.1.21)式中

$$a_1=\int_0^1\left(e^{-x}x^{-1}\right)^r\left(f(x)\right)^{1-r}dx\leq\left(f(0)\right)^{1-r}\int_0^1\left(e^{-x}x^{-1}\right)^r dx\leq\left(f(0)\right)^{1-r}c_1<\infty, \quad (3.1.22)$$

$$a_2=\int_0^1\left(x^{-1}\right)^r\left(f(x)\right)^{1-r}dx\leq\left(f(0)\right)^{1-r}\int_0^1\left(x^{-1}\right)^r dx\leq\left(f(0)\right)^{1-r}c_2<\infty, \quad (3.1.23)$$

$$a_3=\int_0^1\left(f(x)\right)^{1-r}dx\leq\left(\int_0^1 f(x)dx\right)^{1-r}\leq 1(0<1-r<1). \quad (3.1.24)$$

将(3.1.22)、(3.1.23)和(3.1.24)式代入(3.1.21)式可得

$$A(n)\leq c_1A_n^{2-r}n^{-r(s+1)/2(s+2)}+c_2A_n^{2-r}n^{-r(s+1)/2(s+2)}+c_3A_n^2n^{-r(s+1)/2(s+2)}$$

$$\leq cA_n^2n^{-r(s+1)/2(s+2)}. \quad (3.1.25)$$

将(3.1.20)式代入 $B(n)$ 和条件(ⅱ)及 $\int_1^\infty\left(e^{-x}x^{-1}\right)^r dx<\infty$ 可得

$$B(n)\leq c_1A_n^{2-r}n^{-r(s+1)/2(s+2)}b_1+c_2A_n^{2-r}n^{-r(s+1)/2(s+2)}b_2+c_3A_n^2n^{-r(s+1)/2(s+2)}b_3,$$

其中

$$b_1=\int_1^\infty\left(e^{-x}x^{-1}\right)^r\left(f(x)\right)^{1-r}dx\leq\left(f(0)\right)^{1-r}\int_1^\infty\left(e^{-x}x^{-1}\right)^r dx\leq\left(f(0)\right)^{1-r}c_1<\infty.$$

由条件(ⅰ)及引理3.1.5可知

$$b_2=\int_1^\infty\left(x^{-1}\right)^r\left(f(x)\right)^{1-r}dx<b_3=\int_1^\infty\left(f(x)\right)^{1-r}dx<\infty.$$

将以上 b_1,b_2,b_3 代入 $B(n)$ 可得

$$B(n) \leqslant c_1 A_n^{2-r} n^{-r(s+1)/2(s+2)} + c_2 A_n^{2-r} n^{-r(s+1)/2(s+2)} + c_3 A_n^2 n^{-r(s+1)/2(s+2)}$$

$$\leqslant c A_n^2 n^{-r(s+1)/2(s+2)}. \tag{3.1.26}$$

由于 $0 \leqslant \phi_n^*(x) \leqslant A_n$,当 $rs > 2$ 时,有

$$C(n) \leqslant \int_0^{+\infty} \phi_B^2(x) I(\phi_B(x) - A_n) f(x) \mathrm{d}x \leqslant \frac{1}{A_n^{rs-2}} \int_0^{+\infty} \phi_B^{rs}(x) f(x) \mathrm{d}x$$

$$= \frac{1}{A_n^{rs-2}} E[\phi_B^{rs}(x)] = \frac{1}{A_n^{rs-2}} E[E(\theta|x)]^{rs} ,$$

$$\leqslant \frac{1}{A_n^{rs-2}} E(\theta^{rs}) \leqslant c \frac{1}{A_n^{rs-2}} \tag{3.1.27}$$

将(3.1.25)、(3.1.26)和(3.1.27)式代入(3.1.19)式可得

$$R_n - R_G = O\left(A_n^2 n^{-\frac{r(s+1)}{2(s+2)}} \right) + O\left(\frac{1}{A_n^{rs-2}} \right),$$

取 $A_n = n^{1/2(s+2)}$ 时,可得

$$R_n - R_G = O\left(n^{-\frac{rs-2}{2(s+2)}} \right).$$

注3.1.1 当 $r \to 1, s \to \infty$ 时,可以得到本文的收敛速度阶近似为 $O(n^{-1/2})$.

3.1.4 例 子

下面举例说明适合文中定理条件的非指数分布族和先验分布是存在的. 在模型(3.1.1)式中,取 $p(\theta) = 1$,此处 $x \in \chi = (0, \infty)$, $\theta \in \Omega = (0, +\infty)$.

其中,取 θ 的先验分布为

$$g(\theta) = \frac{a^b}{\Gamma(b)} \theta^{-(b+1)} \mathrm{e}^{-\frac{a}{\theta}} I_{[\theta>0]} , \tag{3.1.28}$$

a 和 b 为已知常数, $a > 0, b > 1$,所以有

(1) $\int_\Omega p(\theta) \mathrm{d}G(\theta) = \int_0^{+\infty} \frac{a^b}{\Gamma(b)} \theta^{-(b+1)} \mathrm{e}^{-\frac{a}{\theta}} \mathrm{d}\theta = 1 < \infty$;

(2) $\int_\Omega \theta^s p(\theta) \mathrm{d}G(\theta) = \frac{a^s \Gamma(b-s)}{\Gamma(b)} \int_0^\infty \frac{a^{b-s}}{\Gamma(b-s)} \theta^{-(b-s+1)} \mathrm{e}^{-\frac{a}{\theta}} \mathrm{d}\theta = \frac{a^s \Gamma(b-s)}{\Gamma(b)} < \infty$;

(3) $\int_\Omega \theta^{2rs} \mathrm{d}G(\theta) = \frac{a^{2rs} \Gamma(b-2rs)}{\Gamma(b)} \int_0^\infty \frac{a^{b-2rs}}{\Gamma(b-2rs)} \theta^{-(b-2rs+1)} \mathrm{e}^{-\frac{a}{\theta}} \mathrm{d}\theta = \frac{a^{2rs} \Gamma(b-2rs)}{\Gamma(b)} < \infty$.

由(1)、(2)和(3)式可知,定理3.1.1的条件均满足.

§3.2 Weibull 分布族刻度参数的
经验 Bayes 估计

3.2.1 引 言

考虑如下模型(见孙荣恒,2006),设随机变量 X 条件概率密度为

$$f(x|\theta) = (mx^{m-1}/\theta)\exp(-x^m/\theta)I_{(x>0)} , \qquad (3.2.1)$$

其中 m 和 θ 分别为形状参数和刻度参数($m > 0$),且本文假定 m 为已知常数,样本空间为 $\chi = \{x|x>0\}$,参数空间为 $\Omega = \{\theta|\theta>0\}$ .Weibull 分布是威布尔于 1939 年首次引入的,若形状参数 $m=1$,便得到通常的指数分布族.它在可靠性理论中有广泛的应用,如可以用它来描绘疲劳失效、真空失效和轴承失效等寿命分布;它在工程实践中、一些生存现象和气象预测等领域中也有广泛的应用;它还运用于由某一局部失效引起全部失效的现象(见邓永录,2005);同时,在气象预测等领域中它也有广泛的应用.另外,研究该分布刻度参数的 EB 估计,据本人所知,文献中很少涉及.因此基于 iid 样本下研究威布尔分布族刻度参数经验 Bayes 估计是非常有意义的.

取通常的损失函数为

$$L(\theta, d) = (\theta - d)^2 . \qquad (3.2.2)$$

在平方损失函数(3.2.2)下, θ 的 Bayes 估计为其后验均值,即

$$\begin{aligned}
\hat{\theta}_{BE} = E(\theta|x) &= \frac{\int_0^{+\infty} \theta f(x|\theta)\mathrm{d}G(\theta)}{f(x)} \\
&= \frac{u(x)\int_\Omega \exp(-x^m/\theta)\mathrm{d}G(\theta)}{f(x)} \\
&= \frac{u(x)\varphi(x)}{f(x)} \triangleq \phi_B(x) .
\end{aligned} \qquad (3.2.3)$$

其中

$$f(x) = \int_\Omega f(x|\theta)\mathrm{d}G(\theta) = \int_\Omega \theta^{-1}mx^{m-1}\exp(-x^m/\theta)\mathrm{d}G(\theta) = u(x)p(x) , \qquad (3.2.4)$$

为 r.v. X 的边缘分布,而

$$u(x) = mx^{m-1} , \quad p(x) = \int_\Omega \theta^{-1}\exp(-x^m/\theta)\mathrm{d}G(\theta) ,$$

$$\varphi(x) = \int_{\Omega} \exp(-x^m/\theta) dG(\theta). \tag{3.2.5}$$

$\hat{\theta}_{BE}$ 的 Bayes 风险为

$$R(G) = R_G = R\left(\hat{\theta}_{BE}, G\right) = E_{(x,\theta)}\left(\hat{\theta}_{BE} - \theta\right)^2. \tag{3.2.6}$$

由于先验分布 $G(\theta)$ 未知,故 $\hat{\theta}_{BE}$ 不能确定,因此无使用价值,从而导致考虑该参数的经验 Bayes 估计.

3.2.2 经验 Bayes 估计

设 $X_1, X_2, \cdots, X_n$ 和 X 是同分布 iid 样本,它们具有共同的边缘密度函数如 (3.2.4)式所示,通常称 $X_1, X_2, \cdots, X_n$ 为历史样本,称 X 为当前样本.令 $f(x)$ 为 X_1 的概率密度函数.本文假定,此处 $C_{s,\alpha}$ 表示 $\mathbb{R}^1$ 中一族概率密度函数,其 s 阶导数存在,连续且绝对值不超过 α, $s > 1$ 且为正整数.

为了估计 $f(x)$,引入核函数.令 $K(x)(r = 0, 1, \cdots, s-1)$ 是 Borel 可测的有界函数,在区间 $(0,1)$ 之外为零,且满足下列条件(C):

(C$_1$) $\dfrac{1}{t!}\int_0^1 y^t K(y) dy = \begin{cases} 1, t = 0, \\ 0, t \neq 0, t = 1, 2, \cdots s-1, s \geq 2. \end{cases}$

(C$_2$)对 $x \in \chi = (0, \infty)$, $|K(x)| \leq c$.

(C$_3$) $K(x)$ 在 $\mathbb{R}^1$ 上除有限点集 E_0 外是可微的,且 $\sup_{x \in \mathbb{R}^1 - E_0} |K'(x)| \leq c < \infty$.

定义

$$f_n(x) = \frac{1}{nh_n} \sum_{i=1}^n K\left(\frac{X_i - x}{h_n}\right), \tag{3.2.7}$$

作为 $f(x)$ 的核估计,其中 $\{h_n\}$ 为正数序列,且 $\lim_{n \to \infty} h_n = 0$, $K(x)$ 是满足条件(C)的核函数.

由于

$$\varphi(x) = \int_x^\infty f(y) dy = E\left\{I_{[X_1 > x]}\right\},$$

因此 $\varphi(x)$ 的估计量定义为

$$\varphi_n(x) = \frac{1}{n} \sum_{i=1}^n \left\{I_{[X_i > x]}\right\}. \tag{3.2.8}$$

则可定义 θ 的经验 Bayes 估计

$$\hat{\theta}_{EB} = \phi_n(x) = u(x)\left[\frac{\varphi_n(x)}{f_n(x)}\right]_{n^v}. \tag{3.2.9}$$

此处 $0 < v < 1$ 待定，$[b]_L = \begin{cases} b, |b| \leq L, \\ 0, |b| > L. \end{cases}$

记 E_* 表示对 $(X_1, X_2, \cdots, X_n, (X, \theta))$ 的联合分布求均值，E_n 表示对 $X_1, X_2, \cdots, X_n$ 的联合分布求均值，在平方损失下，$\hat{\theta}_{EB}$ 的全面 Bayes 风险为

$$R_n = R_n(\hat{\theta}_{EB}, G) = E_*(\hat{\theta}_{EB} - \theta)^2. \tag{3.2.10}$$

按定义，若 $\lim_{n \to \infty} R_n = R(G)$，则称 $\hat{\theta}_{EB}$ 为渐近最优(a.o.)的 EB 估计，$R_n - R(G) = O(n^{-q}), q > 0$ 则称 θ 的 EB 估计 $\hat{\theta}_{EB}$ 的收敛速度阶为 $O(n^{-q})$.

本节中令 $c, c_0, c_1, \cdots$ 表示与 n 无关的正常数，即使在同一表达式中它们也可取不同的值.

3.2.3 若干引理及主要结果

引理 3.2.1 设 $f_n(x)$ 由 (3.2.7) 式定义，其中 $X_1, X_2, \cdots, X_n$ 为同分布 iid 样本，$s > 1$ 为任意确定的自然数，若条件 (C) 成立，当取 $h_n = n^{-\frac{1}{1+2s}}$ 时，对 $0 < r \leq 1$ 有

$$E_n|f_n(x) - f(x)|^{2r} \leq cn^{-\frac{2rs}{2s+1}}.$$

证明 见黄金超等(2012b)引理1.

引理 3.2.2 若 $R_G < \infty$，则对任何 EB 估计 $\hat{\theta}_{EB}$ 的风险有

$$R_n - R_G = E_*(\hat{\theta}_{EB} - \hat{\theta}_{BE})^2. \tag{3.2.11}$$

证明 见文献 Singh (1979) 引理2.1.

引理 3.2.3 对随机变量(r.v.) (Y, Z) 和实数 $y, z \neq 0$，$0 < L < \infty$ 且 $0 < \lambda \leq 2$，则有

$$E\left[\left|\frac{Y}{Z} - \frac{y}{z}\right| \wedge L\right]^{\lambda} \leq \frac{2}{|z|^{\lambda}}\left\{E[|Y - y|^{\lambda}] + \left(\left|\frac{y}{z}\right| + L\right)^{\lambda} E[|Z - z|^{\lambda}]\right\}.$$

证明 见文献 Sing 和 Wei(1992).

引理 3.2.4 如果对 $t \geq 1$，$E|\theta|^t < \infty$，则对 (3.2.3) 式定义的 $\hat{\theta}_{BE}(X)$，有 $E_*|\hat{\theta}_{BE}(X)|^t < \infty$，即 $E_*|\phi_B(x)|^t < \infty$.

证明　由凸函数和 Jensen 不等式可知

$$E_*\left|\hat\theta_{BE}(X)\right|^t=\int_0^{+\infty}\left|\hat\theta_{BE}(x)\right|^t f(x)\mathrm{d}x=\int_0^{+\infty}\left|E_{(\theta|x)}(\theta)\right|^t f(x)\mathrm{d}x$$

$$\leq\int_0^{+\infty}\left(E_{(\theta|x)}|\theta|^t\right)f(x)\mathrm{d}x=\int_0^{+\infty}\int_0^{+\infty}|\theta|^t f(x|\theta)\mathrm{d}G(\theta)\mathrm{d}x$$

$$=\int_0^{+\infty}|\theta|^t\mathrm{d}G(\theta)=E|\theta|^t<\infty.$$

引理 3.2.5　设 $\varphi_n(x)$ 由（3.2.8）式定义，其中 $X_1,X_2,\cdots,X_n$ 为同分布 iid 样本，则对 $0<\lambda\leq1$，有 $E_n\left|\varphi_n(x)-\varphi(x)\right|^{2\lambda}\leq n^{-\lambda}$.

证明　由于 $E_n\{\varphi_n(x)\}=E_n\{I_{[X_1>x]}\}=\int_x^\infty f(y)\mathrm{d}y=\varphi(x)$，故 $\varphi_n(x)$ 为 $\varphi(x)$ 的无偏估计，由 Jensen 不等式可知

$$E_n\left|\varphi_n(x)-\varphi(x)\right|^{2\lambda}=E_n\left\{\left[\varphi_n(x)-\varphi(x)\right]^2\right\}^\lambda\leq\left\{\mathrm{Var}\,\varphi_n(x)\right\}^\lambda.\qquad(3.2.12)$$

其中

$$\mathrm{Var}\,\varphi_n(x)=E_n\left\{\frac1n\sum_{i=1}^n\left[I_{[X_i>x]}-\varphi(x)\right]\right\}^2$$

$$=\frac1{n^2}\sum_{i=1}^n\mathrm{Var}\left[I_{[X_i>x]}\right]+\frac2{n^2}\sum_{1\leq i<j\leq n}\mathrm{Cov}\left(I_{[X_i>x]},I_{[X_j>x]}\right)$$

$$\triangleq Q_1+Q_2.\qquad(3.2.13)$$

由于 $I_{[X_i>x]}$ 为 X_i 的非降函数，故可知 $\varphi(X_i)=I_{[X_i>x]}$ 为 X_i 的非降函数，$i=1,2,\cdots,n$，由于 $X_1,X_2\cdots,X_n$ 为独立同分布(iid)r.v.，对一切 $i\neq j,j=1,2,\cdots,n$ 有

$$\mathrm{Cov}\left(I_{[X_i>x]},I_{[X_j>x]}\right)=0.$$

故由（3.2.13）式可知

$$\mathrm{Var}(\varphi_n(x))=Q_1+Q_2=Q_1=\frac1n\mathrm{Var}(\varphi(X_1))\leq\frac1n E_n\left[\varphi(X_1)\right]^2$$

$$=\frac1n\int_x^\infty f(y)\mathrm{d}y\leq\frac1n.\qquad(3.2.14)$$

将（3.2.14）式代入（3.2.12）式，引理得证.

定理 3.2.1　设 R_G,R_n 分别由（3.2.6）和（3.2.10）式定义，$\hat\theta_{EB}$ 由（3.2.9）式定义，$X_1,X_2,\cdots,X_n$ 为同分布 iid 样本，$s>1$ 为任意确定的自然数，$1/s<r<1$ 且条件(C)成立，且

（1）$f(x)\in C_{s,\alpha}$，(2) $\int_0^{+\infty}\theta^{2rs}\mathrm{d}G(\theta)<\infty$，(3) $\int_0^{+\infty}(u(x))^r(f(x))^{1-r}\mathrm{d}x<\infty$，

则当 $h_n = n^{-1/(2s+1)}$，且 $v = \dfrac{1}{2(2s+1)}$，有 $R_n - R_G = O\left(n^{-\frac{rs-1}{2s+1}}\right)$．

证明 由引理3.2.2可知

$$R_n - R_G = E_*\left(\hat{\theta}_{EB} - \hat{\theta}_{BE}\right)^2 = \int_0^{+\infty} E_n\left[\phi_n(x) - \phi_B(x)\right]^2 f(x)\mathrm{d}x . \tag{3.2.15}$$

令

$$A_n = \left\{x \in \mathbf{R}^+ \middle| \left|\phi_B(x)\right| < \frac{1}{2}n^v\right\},\ B_n = \mathbf{R}^+ - A_n.$$

当 $x \in A_n$ 时，$\left|\phi_n(x) - \phi_B(x)\right| \leqslant \dfrac{3}{2}n^v$，此时由引理3.2.1、引理3.2.3及引理3.2.5

可得

$$E_n\left(\phi_n(x) - \phi_B(x)\right)^2 = E_n\left[\left|\phi_n(x) - \phi_B(x)\right|^{2-r}\left|\phi_n(x) - \phi_B(x)\right|^r\right]$$

$$\leqslant \left(\frac{3}{2}n^v\right)^{2-r} E_n\left[\left|\phi_n(x) - \phi_B(x)\right]_{\frac{3}{2}n^v}\right|^r$$

$$= \left(\frac{3}{2}n^v\right)^{2-r}\left(u(x)\right)^r E_n\left|\left[\frac{\varphi_n(x)}{f_n(x)} - \frac{\varphi(x)}{f(x)}\right]_{\frac{3}{2}n^v}\right|^r$$

$$\leqslant c_1 n^{v(2-r)}\left(u(x)\right)^r\left(f(x)\right)^{-r}\left\{E_n\left|\varphi_n(x) - \varphi(x)\right|^r + c_2 n^{vr} E_n\left|f_n(x) - f(x)\right|^r\right\}$$

$$\leqslant c_1 n^{v(2-r)}\left(u(x)\right)^r\left(f(x)\right)^{-r}\left\{n^{-\frac{r}{2}} + c_2 n^{vr - \frac{rs}{2s+1}}\right\} \leqslant cn^{-\left(\frac{rs}{2s+1} - 2v\right)}\left(u(x)\right)^r\left(f(x)\right)^{-r}.$$

由条件(3)可知

$$\int_{A_n} E_n\left[\phi_n(x) - \phi_B(x)\right]^2 f(x)\mathrm{d}x$$

$$\leqslant c_3 n^{-\left(\frac{rs}{2s+1} - 2v\right)}\int_0^{+\infty}\left(u(x)\right)^r\left(f(x)\right)^{1-r}\mathrm{d}x \leqslant cn^{-\left(\frac{rs}{2s+1} - 2v\right)}. \tag{3.2.16}$$

当 $x \in B_n$ 时，

$$\left(\phi_n(x) - \phi_B(x)\right)^2 \leqslant 2\phi^2_n(x) + 2\phi^2_B(x) \leqslant 2n^{2v} + 2\phi^2_B(x) \leqslant 10\phi^2_B(x). \tag{3.2.17}$$

故由 Holder 不等式、Markov 不等式及引理3.2.4可知

$$\int_{B_n} E_n\left[\phi_n(x) - \phi_B(x)\right]^2 f(x)\mathrm{d}x \leqslant 10\int_{B_n}\phi^2_B(x)f(x)\mathrm{d}x$$

$$= 10E_*\left[\phi^2_B(x)I_{\left[|\phi_B(x)| \geqslant \frac{1}{2}n^v\right]}\right] \leqslant \left[E_*\left(\phi_B(x)\right)^{2rs}\right]^{\frac{1}{rs}}\left[E_*\phi^2_B(x)I_{\left[|\phi_B(x)| \geqslant \frac{1}{2}n^v\right]}\right]^{\frac{rs-1}{rs}}$$

$$\leqslant 10\left[E_*\left(\phi_B(x)\right)^{2rs}\right]^{\frac{1}{rs}}\left[2^{2rs}n^{-2rsv}E_*\left(\phi_B(x)\right)^{2rs}\right]^{\frac{rs-1}{rs}} \leqslant cn^{-v(2rs-2)}. \tag{3.2.18}$$

令 $\dfrac{rs}{2s+1}-2v=2v(rs-1)$，即 $v=\dfrac{1}{2(2s+1)}$，综合(3.2.16)和(3.2.18)式有

$$R_n-R_G=\int_{A_n}E_n\big[\phi_n(x)-\phi_B(x)\big]^2f(x)\mathrm{d}x+\int_{B_n}E_n\big[\phi_n(x)-\phi_B(x)\big]^2f(x)\mathrm{d}x$$

$$=O\Big(n^{-\frac{rs-1}{2s+1}}\Big).$$

3.2.4 例 子

下面举例说明适合文中定理条件的 Weibull 族和先验分布是存在的. 在模型(3.2.1)式中, 令 m 为给定正整数, 其中, 取 θ 的先验分布为

$$g(\theta)=\dfrac{a^b}{\Gamma(b)}\theta^{-(b+1)}\mathrm{e}^{-\frac{a}{\theta}}I_{[\theta>0]}, \tag{3.2.19}$$

a 和 b 为已知常数, $a>0, b>1$. 所以有

$$f(x)=\int_\Omega f(x|\theta)\mathrm{d}G(\theta)$$

$$=-\dfrac{a^b\Gamma(b+1)mx^{m-1}}{\Gamma(b)(x^m+a)^{b+1}}\int_0^\infty\dfrac{(x^m+a)^{b+1}}{\Gamma(b+1)}\Big(\dfrac{1}{\theta}\Big)^b\exp\big((-x^m+a)/\theta\big)\mathrm{d}\Big(\dfrac{1}{\theta}\Big)$$

$$=\dfrac{mx^{m-1}ba^b}{(x^m+a)^{b+1}}.$$

(1)易见 $f(x)$ 为 x 任意阶可导函数, 导函数连续, 一致有界, 即 $f(x)\in C_{s,\alpha}$.

(2) $\int_\Omega\theta^{2rs}\mathrm{d}G(\theta)=\int_0^\infty\dfrac{a^b}{\Gamma(b)}\Big(\dfrac{1}{\theta}\Big)^{b+1-2rs}\mathrm{e}^{-\frac{a}{\theta}}\mathrm{d}\theta$

$$=-\dfrac{a^b\Gamma(b-2rs)}{\Gamma(b)a^{b-2rs}}\int_0^\infty\dfrac{a^{b-2rs}}{\Gamma(b-2rs)}\Big(\dfrac{1}{\theta}\Big)^{b-1-2rs}\mathrm{e}^{-\frac{a}{\theta}}\mathrm{d}\Big(\dfrac{1}{\theta}\Big)$$

$$=\dfrac{a^{2rs}\Gamma(b-2rs)}{\Gamma(b)}<\infty.$$

(3) $\int_X\big(u(x)\big)^rf(x)^{1-r}\mathrm{d}x\leqslant\int_0^\infty\dfrac{cx^{(m-1)}}{(x^m+a)^{(b+1)(1-r)}}\mathrm{d}x$, 由于 $a>0, b>1$, 这一积分为

第一类广义积分, 当 $m(b+1)(1-r)-(m-1)>1$ 时, 即 $0<r<\dfrac{mb}{mb+1}$, 上述积分收敛.

因此, 当 $0<r<\dfrac{mb}{mb+1}$ 时, $\int_0^{+\infty}\big(u(x)\big)^r\big(f(x)\big)^{1-r}\mathrm{d}x<\infty$ 成立.

由(1)~(3)可知, 定理3.2.1条件都成立.

第四章

独立样本下的经验 Bayes 检验

§4.1　Weibull 分布族刻度参数的 经验 Bayes 检验

4.1.1　引　言

经验 Bayes 检验函数问题在文献中已有许多研究,对于连续型单参数指数族参数的 EB 检验问题,如 Van Houwelingen(1976),Liang(2000)等对其做了不同程度的工作,魏莉等(2004)研究了刻度指数族参数的经验 Bayes 单侧检验问题.但以上这些文献中都是对指数族中的 x 一次幂条件下讨论参数的检验问题,本文与它们的不同之处是本文分别在"线性损失"和"加权平方损失"下,基于 iid 样本情形下研究了威布尔(Weibull)分布族刻度参数的经验 Bayes 单侧和双侧检验问题,把含有刻度参数指数族中的 x 次幂推广到任意的 m 次方($m>0$).

本节继续研究 3.2 节威布尔(Weibull)分布族.设随机变量 X 条件概率密度为

$$f(x|\theta) = (mx^{m-1}/\theta)\exp(-x^m/\theta)I_{(x>0)}. \tag{4.1.1}$$

设参数 θ 的先验分布为 $G(\theta)$,本文首先考虑分布族(4.1.1)中参数 θ 的如下 EB 单侧检验问题:

$$H_0 : \theta \geqslant \theta_0 \leftrightarrow H_1 : \theta < \theta_0, \tag{4.1.2}$$

此处 $\theta_0 > 0$ 为已知常数.

$$L_j(\theta, d_j) = (1-j)a(\theta_0 - \theta)I_{[\theta-\theta_0<0]} + ja(\theta - \theta_0)I_{[\theta-\theta_0\geq 0]} \quad (j=0,1), \qquad (4.1.3)$$

此处 a 是正常数，$D=\{d_0, d_1\}$ 是行动空间，d_0 表示接受 H_0，d_1 表示否定 H_0，$I_{[A]}$ 表示集合 A 的示性函数，设

$$\delta(x) = P(\text{接受} H_0 | X = x), \qquad (4.1.4)$$

为随机化判别函数，则在先验分布 $G(\theta)$ 下 $\delta(x)$ 的风险函数为

$$R(\delta, G) = \int_\Omega \int_\chi \left[L_0(\theta, d_0)f(x|\theta)\delta(x) + L_1(\theta, d_1)f(x|\theta)(1-\delta(x)) \right] \mathrm{d}x \mathrm{d}G(\theta)$$

$$= \int_\Omega \int_\chi \left[L_0(\theta, d_0) - L_1(\theta, d_1) \right] f(x|\theta)\delta(x)\mathrm{d}x\mathrm{d}G(\theta) + \int_\Omega \int_\chi L_1(\theta, d_1)f(x|\theta)\mathrm{d}x\mathrm{d}G(\theta)$$

$$= a\int_\chi \alpha(x)\delta(x)\mathrm{d}x + C_G, \qquad (4.1.5)$$

此处

$$C_G = \int_\Omega L_1(\theta, d_1)\mathrm{d}G(\theta), \quad \alpha(x) = \int_\Omega [\theta_0 - \theta]f(x|\theta)\mathrm{d}G(\theta). \qquad (4.1.6)$$

其中

$$f(x) = \int_\Omega f(x|\theta)\mathrm{d}G(\theta) = \int_\Omega \theta^{-1}mx^{m-1}\exp(-x^m/\theta)\mathrm{d}G(\theta) = u(x)p(x), \qquad (4.1.7)$$

为 r.v.X 的边缘分布，而

$$u(x) = mx^{m-1}, \quad p(x) = \int_\Omega \theta^{-1}\exp(-x^m/\theta)\mathrm{d}G(\theta).$$

由于 $\int_\Omega \theta f(x|\theta)\mathrm{d}G(\theta) = u(x)\int_\Omega \exp(-x^m/\theta)\mathrm{d}G(\theta) = u(x)\varphi(x)$，

$$\varphi'(x) = -\int_\Omega \theta^{-1}mx^{m-1}\exp(-x^m/\theta)\mathrm{d}G(\theta) = -f(x), \qquad (4.1.8)$$

$$\varphi(x) = \int_x^\infty f(y)\mathrm{d}y = E\{I_{[X_i>x]}\}, \qquad (4.1.9)$$

故由(4.1.6)式可知，$\alpha(x) = -u(x)\varphi(x) + \theta_0 f(x)$，定义 Bayes 判决函数为

$$\delta_G(x) = \begin{cases} 1, & \alpha(x) \leq 0, \\ 0, & \alpha(x) > 0. \end{cases} \qquad (4.1.10)$$

其 Bayes 风险为

$$R(G) = \inf_\delta R(\delta, G) = R(\delta_G, G) = a\int_\chi \alpha(x)\delta_G(x)\mathrm{d}x + C_G. \qquad (4.1.11)$$

上述风险当先验分布 $G(\theta)$ 已知，且 $\delta(x) = \delta_G(x)$ 是可以达到的，但此处 $G(\theta)$ 未知，因而 $\delta_G(x)$ 无使用价值，于是考虑引入 EB 方法．

4.1.2　EB 检验函数的构造

设 $X_1, X_2, \cdots, X_n$ 和 X 是同分布 iid 样本，它们具有共同的边缘密度函数如

贝叶斯统计分析

(4.1.7)式所示,通常称 $X_1, X_2, \cdots, X_n$ 为历史样本,称 X 为当前样本.令 $f(x)$ 为 X_1 的概率密度函数,本文假定,此处 $C_{s,\alpha}$ 表示 $\mathbb{R}^1$ 中一族概率密度函数,其 s 阶导数存在,连续且绝对值不超过 α,$s > 1$ 且为正整数,首先要构造 $\alpha(x)$ 的估计量.

令 $K_r(x)(r = 0, 1, \cdots, s-1)$ 是 Borel 可测的有界函数,在区间 $(0, 1)$ 之外为零,且满足下列条件(C):

(C_1) $\frac{1}{t!}\int_0^1 y^t K_r(y)\mathrm{d}y = \begin{cases} 1, t = r, \\ 0, t \neq r, t = 1, 2, \cdots s-1. \end{cases}$

(C_2) $K_r(x)$ 在 $\mathbb{R}^1$ 上除有限点集 E_0 外是可微的,且 $\sup\limits_{x \in \mathbb{R}^1 - E_0} \left| K_r'(x) \right| \leqslant C < \infty$.

记 $f^{(0)}(x) = f(x)$,$f^{(r)}(x)$ 表示 $f(x)$ 的第 r 阶导数对 $r = 0, 1, \cdots, s$.由 Rao (1983)定义密度函数 $f(x)$ 的核估计为

$$f^{(r)}_n(x) = \frac{1}{nh_n^{1+r}}\sum_{i=1}^n K_r\left(\frac{x - X_i}{h_n}\right). \tag{4.1.12}$$

其中 $\{h_n\}$ 为正整数序列,且 $\lim\limits_{n \to \infty} h_n = 0$,$K_r(x)$ 是满足条件(C)的核函数.

由于

$$\varphi(x) = \int_x^\infty f(y)\mathrm{d}y = E\left\{I_{[X_i > x]}\right\},$$

因此 $\varphi(x)$ 的估计定义为

$$\varphi_n(x) = \frac{1}{n}\sum_{i=1}^n \left\{I_{[X_i > x]}\right\}. \tag{4.1.13}$$

所以 $\alpha(x)$ 的估计量由下式给出

$$\alpha_n(x) = -u(x)\varphi_n(x) + \theta_0 f_n(x), \tag{4.1.14}$$

其中 $f_n(x)$ 由(4.1.12)式给出,故 EB 检验函数定义为

$$\delta_n(x) = \begin{cases} 1, \alpha_n(x) \leqslant 0, \\ 0, \alpha_n(x) > 0. \end{cases} \tag{4.1.15}$$

本文中令 E_n 表示对 r.v. $X_1, X_2, \cdots, X_n$ 的联合分布求均值,则 $\delta_n(x)$ 的全面 Bayes 风险为

$$R_n = R_n(\delta_n, G) = a\int_x \alpha(x)E_n[\delta_n(x)]\mathrm{d}x + C_G. \tag{4.1.16}$$

若 $\lim\limits_{n \to \infty} R_n = R(G)$,则称 $\{\delta_n(x)\}$ 为 a.o. 的 EB 检验函数,$R_n - R(G) = O(n^{-q})$,$q > 0$,则称 EB 检验函数 $\{\delta_n(x)\}$ 的收敛速度阶为 $O(n^{-q})$.为导出 δ_n 的 a.o.性和收

敛速度,我们给出下述引理.

本文中令 $c, c_0, c_1, \cdots$ 表示常数,即使在同一表达式中它们也可取不同的值.

引理4.1.1　设 $f_n^{(r)}(x)$ 由 (4.1.12) 式定义,其中 $X_1, X_2, \cdots, X_n$ 为 iid 样本,若条件 (C) 成立且 $f(x)$ 连续,对 $\forall x \in \chi$

(1) 若 $f^{(r)}(x)$ 关于 x 连续,则当 $\lim_{n \to \infty} h_n = 0$ 且 $nh_n^{2r+4} \to \infty$ 时,有

$$\lim_{n \to \infty} E_n \left| f_n^{(r)}(x) - f^{(r)}(x) \right|^2 = 0 .$$

(2) 若 $f(x) \in C_{s,\alpha}$,当取 $h_n = n^{-\frac{1}{4+2s}}$ 时,对 $0 < \lambda \le 1$,有

$$E_n \left| f_n^{(r)}(x) - f^{(r)}(x) \right|^{2\lambda} \le cn^{-\frac{\lambda(s-r)}{s+2}} .$$

证明类似黄金超等 (2012b) 引理 1 证明.

引理4.1.2　令 $R(G)$ 和 R_n 分别由 (4.1.11) 和 (4.1.16) 式给出,则

$$0 < R_n - R(G) \le a \int_\chi \left| \alpha(x) \right| P\left(\left| \alpha_n(x) - \alpha(x) \right| \ge \left| \alpha(x) \right| \right) dx .$$

证明　见 Johns (1972) 引理 1.

引理4.1.3　设 $\varphi_n(x)$ 由 (4.1.13) 式定义,其中 $X_1, X_2, \cdots, X_n$ 为 iid 样本,则对 $0 < \lambda \le 1$,有 $E_n \left| \varphi_n(x) - \varphi(x) \right|^{2\lambda} \le n^{-\lambda}$.

证明　见引理 3.2.5.

4.1.3　EB 检验函数的渐近最优性及其收敛速度

定理4.1.1　设 $\delta_n(x)$ 由 (4.1.15) 式给出,其中 $X_1, X_2, \cdots, X_n$ 为 iid 样本,假定 (C) 成立,若 $E(\theta) < \infty$ 且 $f(x)$ 连续,则当 $\lim_{n \to \infty} nh_n^4 = \infty$ 时,有 $\lim_{n \to \infty} R_n(\delta_n, G) = \lim_{n \to \infty} R_n = R(G)$.

证明　由引理 4.1.2 可知

$$0 \le R_n - R(G) \le a \int_\chi \left| \alpha(x) \right| P\left(\left| \alpha_n(x) - \alpha(x) \right| \ge \left| \alpha(x) \right| \right) dx . \tag{4.1.17}$$

记 $B_n(x) = \left| \alpha(x) \right| P\left(\left| \alpha_n(x) - \alpha(x) \right| \ge \left| \alpha(x) \right| \right)$,显见 $B_n(x) \le \left| \alpha(x) \right|$.所以

$$\int_\chi \left| \alpha(x) \right| dx \le \int_\chi u(x) \varphi(x) dx + \left| \theta_0 \right| \int_\chi f(x) dx = \int_\chi \int_\Theta \theta f(x | \theta) dG(\theta) dx + \left| \theta_0 \right|$$

$$= \int_\Theta \theta \int_\chi \left[f(x | \theta) dx \right] dG(\theta) + \left| \theta_0 \right| = E(\theta) + \left| \theta_0 \right| < \infty. \tag{4.1.18}$$

由控制收敛定理,可知

$$0 \le \lim_{n \to \infty} \left(R_n - R(G) \right) \le a \int_\chi \left(\lim_{n \to \infty} B_n(x) \right) dx . \tag{4.1.19}$$

故要使定理成立,只要证明 $\lim_{n\to\infty} B_n(x) = 0$ 对 a.s. x 成立即可.由 Markov 不等式和 Jensen 不等式知

$$
\begin{aligned}
B_n(x) &\leq E_n \left| \alpha_n(x) - \alpha(x) \right| \\
&\leq u(x) E_n \left| \varphi_n(x) - \varphi(x) \right| + \left| \theta_0 \right| E_n \left| f_n(x) - f(x) \right| \\
&\leq u(x) \left[E_n \left| \varphi_n(x) - \varphi(x) \right|^2 \right]^{1/2} + \left| \theta_0 \right| \left[E_n \left| f_n(x) - f(x) \right|^2 \right]^{1/2}.
\end{aligned}
$$

再由引理 4.1.1(1)($r=0$)和引理 4.1.3 可知,对任何固定的 $x \in \chi$ 有

$$
0 \leq \lim_{n\to\infty} B_n(x) \leq \lim_{n\to\infty} n^{(-1/2)} u(x) + \left| \theta_0 \right| \left[\lim_{n\to\infty} E_n \left| f_n(x) - f(x) \right|^2 \right]^{1/2} = 0. \tag{4.1.20}
$$

将(4.1.20)式代入(4.1.19)式,定理得证.

定理 4.1.2 设 $\delta_n(x)$ 由(4.1.15)式定义,其中 $X_1, X_2, \cdots, X_n$ 为 iid 样本,且假定(C)成立,若 $0 < \lambda \leq 1$,有

(1) $f(x) \in C_{s,\alpha}$, (2) $\int_\chi \left| \alpha(x) \right|^{1-\lambda} u^\lambda(x) \mathrm{d}x < \infty$, (3) $\int_\chi \left| \alpha(x) \right|^{1-\lambda} \mathrm{d}x < \infty$,

则当取 $h_n = n^{-\frac{1}{4+2s}}$ 时,有 $R_n - R(G) = O\left(n^{-\frac{\lambda s}{2(2+s)}} \right)$,此处 $s > 1$ 为给定的一个正整数.

证明 由引理 4.1.2 和 Markov 不等式可知

$$
0 \leq R_n - R(G) \leq a \int_\chi \left| \alpha(x) \right|^{1-\lambda} E_n \left| \alpha_n(x) - \alpha(x) \right|^\lambda \mathrm{d}x
$$

$$
\leq c_1 \int_\chi \left| \alpha(x) \right|^{1-\lambda} u^\lambda(x) E_n \left| \varphi_n(x) - \varphi(x) \right|^\lambda \mathrm{d}x + c_2 \int_\chi \left| \alpha(x) \right|^{1-\lambda} E_n \left| f_n(x) - f(x) \right|^\lambda \mathrm{d}x
$$

$$
\triangleq T_1 + T_2. \tag{4.1.21}
$$

由引理 4.1.3 和条件(2)可知

$$
T_1 \leq c_1 n^{-\frac{\lambda}{2}} \int_\chi \left| \alpha(x) \right|^{1-\lambda} u^\lambda(x) \mathrm{d}x \leq c_1' n^{-\frac{\lambda}{2}}. \tag{4.1.22}
$$

由引理 4.1.1(2)($r=0$)和条件(3)可知

$$
T_2 \leq c_2 n^{-\frac{\lambda s}{2(s+s)}} \int_\chi \left| \alpha(x) \right|^{1-\lambda} \mathrm{d}x \leq c_2' n^{-\frac{\lambda s}{2(2+s)}}. \tag{4.1.23}
$$

将(4.1.22)和(4.1.24)式代入(4.1.21)式,定理得证.

注 4.1.1 当 $\lambda \to 1, s \to \infty$ 时,$O\left(n^{-\frac{\lambda s}{2(2+s)}} \right)$ 可任意接近 $O\left(n^{-\frac{1}{2}} \right)$.

4.1.4 双侧检验问题

本节考虑模型(4.1.1)参数 θ 的如下 EB 双侧检验问题:

$$H_0 : \theta_1 \leqslant \theta \leqslant \theta_2 \leftrightarrow H_1 : \theta < \theta_1 或 \theta > \theta_2 , \quad (4.1.24)$$

此处 θ_1 和 θ_2 为已知正常数,如果取

$$\theta_0 = 2\theta_1\theta_2/(\theta_1 + \theta_2), \gamma_0 = (\theta_2 - \theta_1)/(\theta_1 + \theta_2) ,$$

则双侧检验问题(4.1.24)等价于

$$H_0^* : \left|\frac{\theta_0 - \theta}{\theta}\right| \leqslant \gamma_0 \leftrightarrow H_1^* : \left|\frac{\theta_0 - \theta}{\theta}\right| > \gamma_0. \quad (4.1.25)$$

对假设检验问题(4.1.25),设损失函数为

$$L_j^*(\theta, d_j) = (1-j)a\left[\left(\frac{\theta - \theta_0}{\theta}\right)^2 - \gamma_0^2\right]I_{\left[\left|\frac{\theta - \theta_0}{\theta}\right| > \gamma_0\right]} + ja\left[\gamma_0^2 - \left(\frac{\theta_0 - \theta}{\theta}\right)^2\right]I_{\left[\left|\frac{\theta - \theta_0}{\theta}\right| \leqslant \gamma_0\right]}. \quad (4.1.26)$$

之所以取"加权平方损失"函数是考虑到它对刻度参数更为合理,易于构造其 EB 检验函数. 此处 a 是正常数, $j = 0,1$, $D = \{d_0, d_1\}$ 是行动空间, d_0 表示接受 H_0^*, d_1 表示否定 H_0^*, $I_{[A]}$ 表示集合 A 的示性函数.

设

$$\delta^*(x) = P(接受 H_0^* | X = x), \quad (4.1.27)$$

为随机化判别函数,则在先验分布 $G(\theta)$ 下 $\delta^*(x)$ 的 Bayes 风险函数为

$$R^*(\delta^*, G) = a\int_{\mathscr{X}} \alpha^*(x)\delta^*(x)\mathrm{d}x + C_G^* , \quad (4.1.28)$$

此处

$$C_G^* = \int_{\Omega} L_1^*(\theta, d_1)\mathrm{d}G(\theta) ,$$

$$\alpha^*(x) = \int_{\Omega}\left[\left(\frac{\theta - \theta_0}{\theta}\right)^2 - \gamma_0^2\right]f(x|\theta)\mathrm{d}G(\theta) , \quad (4.1.29)$$

其中

$$f(x) = \int_{\Omega} f(x|\theta)\mathrm{d}G(\theta) = \int_{\Omega} \theta^{-1} m x^{m-1} \exp(-x^m/\theta)\mathrm{d}G(\theta) , \quad (4.1.30)$$

为 r.v.X 的边缘分布,故由(4.1.29)式得

$$\alpha^*(x) = A(x)f^{(2)}(x) + B(x)f^{(1)}(x) + C(x)f(x). \quad (4.1.31)$$

其中 $f^{(1)}(x)$, $f^{(2)}(x)$ 分别表示 $f(x)$ 的一阶和二阶导数,且

$$A(x) = \frac{\theta_0^2}{m^2}x^{2-2m} , \; B(x) = -\frac{3(m-1)\theta_0^2}{m^2}x^{1-2m} + \frac{2\theta_0}{m}x^{1-m} ,$$

$$C(x) = \frac{(2m^2 - 3m + 1)\theta_0^2}{m^2}x^{-2m} - \frac{2(m-1)\theta_0}{m}x^{-m} + 1 - \gamma_0^2 .$$

定义 Bayes 判决函数为

$$\delta_G^*(x) = \begin{cases} 1, & \alpha^*(x) \leqslant 0, \\ 0, & \alpha^*(x) > 0. \end{cases} \tag{4.1.32}$$

其 Bayes 风险为

$$R^*(G) = \inf_\delta R^*(\delta, G) = R^*(\delta_G, G) = a\int_X \alpha^*(x)\delta_G^*(x)\mathrm{d}x + C_G^*. \tag{4.1.33}$$

为了构造 EB 判决函数 $\delta_n^*(x)$ ，同理由 (4.1.12) 式可分别获得 $f^{(2)}(x), f^{(1)}(x)$ 和 $f(x)$ 的核估计为 $f_n^{(2)}(x), f_n^{(1)}(x)$ 和 $f_n(x)$. 故 $\alpha_n^*(x)$ 的估计量为

$$\alpha_n^*(x) = A(x)f_n^{(2)}(x) + B(x)f_n^{(1)}(x) + C(x)f_n(x). \tag{4.1.34}$$

故 EB 检验函数定义为

$$\delta_n^*(x) = \begin{cases} 1, & \alpha_n^*(x) \leqslant 0, \\ 0, & \alpha_n^*(x) > 0. \end{cases} \tag{4.1.35}$$

则 $\delta_n(x)$ 的全面 Bayes 风险为

$$R_n^* = R_n(\delta_n^*, G) = a\int_X \alpha^*(x)E_n[\delta_n^*(x)]\mathrm{d}x + C_G^*, \tag{4.1.36}$$

$\{\delta_n^*(x)\}$ 的渐近最优性可由下面的定理给出.

定理 4.1.3 设 $\delta_n^*(x)$ 由 (4.1.35) 式给出，其中 $X_1, X_2, \cdots, X_n$ 为 iid 样本，且假定 (C) 成立，若

(1) $\{h_n\}$ 为正整数序列，且 $\lim\limits_{n\to\infty} h_n = 0$ ， $\lim\limits_{n\to\infty} nh_n^8 = \infty$ ；

(2) $\int_\Omega \theta^{-2}\mathrm{d}G(\theta) < \infty$ ；

(3) $f^{(2)}(x)$ 为 x 的连续函数，则有 $\lim\limits_{n\to\infty} R_n(\delta_n^*, G) = \lim\limits_{n\to\infty} R_n^* = R^*(G)$.

证明 由引理 4.1.2 可知

$$0 \leqslant R_n^* - R^*(G) \leqslant a\int_X |\alpha^*(x)| P\big(|\alpha_n^*(x) - \alpha^*(x)| \geqslant |\alpha^*(x)|\big)\mathrm{d}x, \tag{4.1.37}$$

记 $B_n^*(x) = |\alpha^*(x)| P\big(|\alpha_n^*(x) - \alpha^*(x)| \geqslant |\alpha^*(x)|\big)$ ，显见 $B_n^*(x) \leqslant |\alpha^*(x)|$.

由 (4.1.31) 式和 Fubini 定理得

$$\int_X |\alpha^*(x)|\mathrm{d}x \leqslant |1 - \gamma_0^2| \int_X f(x)\mathrm{d}x + \int_X \int_\Omega \left(\frac{\theta_0^2}{\theta^2} + 2\frac{|\theta_0|}{\theta}\right) f(x|\theta)\mathrm{d}G(\theta)\mathrm{d}x$$

$$= |1 - \gamma_0^2| + \int_\Omega \left(\frac{\theta_0^2}{\theta^2} + 2\frac{|\theta_0|}{\theta}\right)\mathrm{d}x \int_X f(x|\theta)\mathrm{d}G(\theta)$$

$$= |1 - \gamma_0^2| + \theta_0^2 \int_\Omega \theta^{-2}\mathrm{d}G(\theta) + 2|\theta_0| \int_\Omega \theta^{-1}\mathrm{d}G(\theta) < \infty.$$

由控制收敛定理可知

$$0 \leqslant \lim_{n \to \infty} \left(R_n^* - R^*(G) \right) \leqslant a \int_\chi \left(\lim_{n \to \infty} B_n^*(x) \right) \mathrm{d}x. \tag{4.1.38}$$

故要使定理成立,只要证明 $\lim_{n \to \infty} B_n^*(x) = 0$ 对 a.s. x 成立即可. 由 Markov 不等式和 Jensen 不等式知

$$B_n^*(x) \leqslant E_n \left| \alpha_n^*(x) - \alpha^*(x) \right|$$

$$\leqslant A(x) E_n \left| f_n^{(2)}(x) - f^{(2)}(x) \right| + \left| B(x) \right| E_n \left| f_n^{(1)}(x) - f^{(1)}(x) \right| + \left| C(x) \right| E_n \left| f_n(x) - f(x) \right|$$

$$\leqslant A(x) \left[E_n \left| f_n^{(2)}(x) - f^{(2)}(x) \right|^2 \right]^{1/2} + \left| B(x) \right| \left[E_n \left| f_n^{(1)}(x) - f^{(1)}(x) \right|^2 \right]^{1/2}$$

$$+ \left| C(x) \right| \left[E_n \left| f_n(x) - f(x) \right|^2 \right]^{1/2}.$$

再由引理 4.1.1(1) 可知,对 $x \in \chi$, 当 $r = 0, 1, 2$ 时有

$$0 \leqslant \lim_{n \to \infty} B_n^*(x)$$

$$\leqslant A(x) \left[\lim_{n \to \infty} E_n \left| f_n^{(2)}(x) - f^{(2)}(x) \right|^2 \right]^{1/2} + \left| B(x) \right| \left[\lim_{n \to \infty} E_n \left| f_n^{(1)}(x) - f^{(1)}(x) \right|^2 \right]^{1/2}$$

$$+ \left| C(x) \right| \left[\lim_{n \to \infty} E_n \left| f_n(x) - f(x) \right|^2 \right]^{1/2}$$

$$= 0, \tag{4.1.39}$$

将 (4.1.39) 式代入 (4.1.38) 式,定理得证.

注 4.1.2 对本文中的模型,考虑参数 θ 的另外一个双侧检验问题:

$$H_0' : \theta = \theta_0 \leftrightarrow H_1' : \theta \neq \theta_0. \tag{4.1.40}$$

我们不能直接考虑 (4.1.40) 式的 EB 检验,但从实用的观点看,可运用本节的方法得到 (4.1.40) 式的 EB 估计的一个近似估计结果,即对充分小的正数 ε 考虑如下的假设检验问题:

$$H_0^\varepsilon : \theta_0 - \varepsilon \leqslant \theta \leqslant \theta_0 + \varepsilon \leftrightarrow H_1^\varepsilon : \theta < \theta_0 - \varepsilon \text{ 或 } \theta > \theta_0 + \varepsilon. \tag{4.1.41}$$

注 4.1.3 对相依样本情形也可以运用本文的方法证明其 EB 检验函数的渐近性和获得 EB 检验函数的收敛速度.

4.1.5 例 子

下面举例说明适合文中定理条件的 Weibull 族和先验分布是存在的. 在模型 (4.1.1) 式中,令 m 为给定正整数,其中取 θ 的先验分布为

$$g(\theta) = \frac{a^b}{\Gamma(b)} \theta^{-(b+1)} e^{-\frac{a}{\theta}} I_{[\theta>0]} \,, \qquad (4.1.42)$$

a 和 b 为已知常数，$a>0, b>1$. 所以有

$$
\begin{aligned}
f(x) &= \int_\Omega f(x|\theta) \mathrm{d}G(\theta) \\
&= -\frac{a^b \Gamma(b+1) m x^{m-1}}{\Gamma(b)(x^m+a)^{b+1}} \int_0^\infty \frac{(x^m+a)^{b+1}}{\Gamma(b+1)} \left(\frac{1}{\theta}\right)^b \exp\big((-x^m+a)/\theta\big) \mathrm{d}\left(\frac{1}{\theta}\right) \\
&= \frac{m x^{m-1} b a^b}{(x^m+a)^{b+1}}.
\end{aligned}
$$

同理

$$\varphi(x) = \int_\Omega \exp(-x^m/\theta) g(\theta) \mathrm{d}\theta = \frac{a^b}{(x^m+a)^b} \,,$$

$$
\begin{aligned}
\alpha(x) &= -u(x)\varphi(x) + \theta_0 f(x) \\
&= -\frac{m x^{m-1} b a^b}{(x^m+a)^b} + \theta_0 \frac{m x^{m-1} b a^b}{(x^m+a)^{b+1}} \,,
\end{aligned}
$$

$$\alpha(x) \le \frac{m x^{m-1}}{(x^m+a)^b}\left(m a^b + \frac{\theta_0 b a^b}{a} \right)$$

$$\le c \frac{m x^{m-1}}{(x^m+a)^b}.$$

(1) 易见 $f(x)$ 为 x 任意阶可导函数，导函数连续，一致有界，即 $f(x) \in C_{s,\alpha}$.

(2) $\int_\Omega \theta^{-2} \mathrm{d}G(\theta) = -\frac{a^b \Gamma(b+2)}{\Gamma(b) a^{b+2}} \int_0^\infty \frac{a^{b+2}}{\Gamma(b+2)} \left(\frac{1}{\theta}\right)^{b+1} e^{-\frac{a}{\theta}} \mathrm{d}\left(\frac{1}{\theta}\right) = \frac{b(b+1)}{a^2} < \infty$.

同理 $E(\theta) = \frac{a}{b-1} < \infty$.

(3) $\int_X |\alpha(x)|^{1-\lambda} \mathrm{d}x \le \int_0^\infty \frac{c_1 x^{(1-\lambda)(m-1)}}{(x^m+a)^{b(1-\lambda)}} \mathrm{d}x$. 由于 $a>0, b>1$，这一积分为第一类广义

积分，当 $mb(1-\lambda)-(1-\lambda)(m-1)>1$ 时，即 $0<\lambda<\frac{m(b-1)}{m(b-1)+1}$，上述积分收敛.

(4) $\int_X |\alpha(x)|^{1-\lambda} u^\lambda(x) \mathrm{d}x \le \int_0^\infty \frac{c x^{m-1}}{(x^m+a)^{b(1-\lambda)}} \mathrm{d}x$. 类似(3)，当 $mb(1-\lambda)-(m-1)>1$

时，即 $0<\lambda<(b-1)/b$，上述积分收敛.

由(1)~(4)可知，定理 4.1.1、定理 4.1.2 和定理 4.1.3 条件都成立.

§4.2　连续型单参数指数族参数的经验 Bayes 检验

4.2.1　引　言

经验 Bayes 检验函数问题在文献中已有许多研究,黄金超等(2015)研究了威布尔分布族参数的经验 Bayes 双侧检验问题,彭家龙等(2012)在"线性损失"下研究了一类连续型单参数指数族参数的经验 Bayes 单侧检验问题,在适当的条件下获得的收敛速度的阶可任意接近 $O\left(n^{-\frac{1}{4}}\right)$.本文将在"平方损失"下利用密度函数的核估计来研究一类连续型单参数指数族参数的经验 Bayes 双侧检验问题.本文采用"平方损失"函数研究参数的双侧检验问题,这是与彭家龙等(2012)的主要不同之处.

考虑如下模型(见彭家龙等,2012),设随机变量 X 条件概率密度为

$$f\left(x|\theta\right)=c(\theta)e^{\int(u(x)+\theta w(x))\mathrm{d}x},\qquad(4.2.1)$$

其中 $u(x)$ 和 $w(x)$ 为连续函数,不妨设 $u(x)>0$, $w(x)<0$,样本空间为 $\chi=\{x|a<x<b\}$, $-\infty\leq a<x<b\leq+\infty$,参数空间为 $\Omega=\left\{\theta\Big|c(\theta)^{-1}=c(\theta)e^{\int(u(x)+\theta w(x))\mathrm{d}x}\right\}$.

由(4.2.1)式知, $f\left(x|\theta\right)$ 为一阶微分方程 $y'-\left(u(x)+\theta w(x)\right)y=0$ 的解,易知(4.2.1)式包含 Weibull、Gama、Pareto、BurrXII 等常见分布族,它在可靠理论、渗透理论、生存分析及气象等方面有着广泛的应用.另外,研究该分布参数的 EB 双侧检验,据本人所知,文献中还未出现,因此在"平方损失"下利用核估计研究一类连续型单参数指数族参数的经验 Bayes 双侧检验有非常重要的理论与实际意义.

设参数 θ 的先验分布为 $G(\theta)$,本文考虑分布族(4.2.1)式中参数 θ 的如下 EB 双侧检验问题:

$$H_0:\theta_1\leq\theta\leq\theta_2\leftrightarrow H_1:\theta<\theta_1或\theta>\theta_2.\qquad(4.2.2)$$

此处 θ_1 和 θ_2 为已知正常数,如果取 $\theta_0=\dfrac{\theta_1+\theta_2}{2}$ 和 $\gamma_0=\dfrac{\theta_2-\theta_1}{2}$,则双侧检验问题(4.2.2)等价于

$$H_0:\left|\theta_0-\theta\right|\leq\gamma_0\leftrightarrow H_1:\left|\theta_0-\theta\right|>\gamma_0.\qquad(4.2.3)$$

对假设检验问题(4.2.3),取下列"平方损失"函数

$$L(\theta, d_j) = (1-j)a\big[(\theta-\theta_0)^2 - \gamma_0^2\big]I_{[|(\theta-\theta_0)|>\gamma_0]} + ja\big[\gamma_0^2 - (\theta_0-\theta)^2\big]I_{[|\theta-\theta_0|\leq\gamma_0]}. \quad (4.2.4)$$

此处 a 是正常数, $j=0,1$, $D=\{d_0, d_1\}$ 是行动空间, d_0 表示接受 H_0 , d_1 表示否定 H_0 , $I_{[A]}$ 表示集合 A 的示性函数.

设

$$\delta(x) = P\big(\text{接受}H_0 | X = x\big) , \quad (4.2.5)$$

为随机化判别函数,则在先验分布 $G(\theta)$ 下 $\delta(x)$ 的 Bayes 风险函数为

$$R(\delta, G) = \int_\Omega \int_\chi \big[L(\theta, d_0)f(x|\theta)\delta(x) + L(\theta, d_1)f(x|\theta)(1-\delta(x))\big]dx dG(\theta)$$

$$= \int_\Omega \int_\chi \big[L(\theta, d_0) - L(\theta, d_1)\big]f(x|\theta)\delta(x)dx dG(\theta) + \int_\Omega \int_\chi L(\theta, d_1)f(x|\theta)dx dG(\theta)$$

$$= a\int_\chi \alpha(x)\delta(x)dx + C_G , \quad (4.2.6)$$

此处

$$C_G = \int_\Omega L(\theta, d_1)dG(\theta) , \quad (4.2.7)$$

$$\alpha(x) = \int_\Omega \big[(\theta-\theta_0)^2 - \gamma_0^2\big]f(x|\theta)dG(\theta) , \quad (4.2.8)$$

其中

$$f(x) = \int_\Omega f(x|\theta)dG(\theta) = \int_\Omega c(\theta)e^{\int(u(x)+\theta w(x))dx}dG(\theta) , \quad (4.2.9)$$

为 r.v. X 的边缘分布,故由(4.2.8)式经计算可得

$$\alpha(x) = p_1(x)f^{(2)}(x) + p_2(x)f^{(1)}(x) + p_3(x)f(x). \quad (4.2.10)$$

其中 $f^{(1)}(x)$, $f^{(2)}(x)$ 分别表示 $f(x)$ 的一阶和二阶导数,且

$$p_1(x) = \frac{1}{w^2(x)} , \quad p_2(x) = -\frac{w'(x)}{w^3(x)} - \frac{2u(x)}{w^2(x)} - \frac{2\theta_0}{w(x)} ,$$

$$p_3(x) = \frac{u(x)w'(x)}{w^3(x)} + \frac{u^2(x) - u'(x)}{w^2(x)} + \frac{2\theta_0 u(x)}{w(x)} + \theta_0^2 - \gamma_0^2 .$$

易见 Bayes 判决函数为

$$\delta_G(x) = \begin{cases} 1, & \alpha(x) \leq 0, \\ 0, & \alpha(x) > 0. \end{cases} \quad (4.2.11)$$

其 Bayes 风险为

$$R(G) = \inf_\delta R(\delta, G) = R(\delta_G, G) = a\int_\chi \alpha(x)\delta_G(x)dx + C_G. \quad (4.2.12)$$

上述风险当先验分布 $G(\theta)$ 已知,且 $\delta(x) = \delta_G(x)$ 是可以达到的,但此处 $G(\theta)$

未知,因而 $\delta_G(x)$ 无使用价值,于是考虑引入EB方法.

4.2.2 EB检验函数的构造

设 $X_1, X_2, \cdots, X_n$ 和 X 是独立同分布样本(iid),它们具有共同的边缘密度函数如(4.2.9)式所示,通常称 $X_1, X_2, \cdots, X_n$ 为历史样本,称 X 为当前样本. 令 $f(x)$ 为 X_1 的概率密度函数,独立同分布样本(iid)作如下假定:

(A) $f(x) \in C_{s,\alpha}$.

假定 $C_{s,\alpha}$ 表示 $\mathbb{R}^1$ 中一族概率密度函数,其 s 阶导数存在,连续且绝对值不超过 α, $s \geqslant 3$ 且为正整数.

令 $K_r(x)(r = 0, 1, \cdots, s-1)$ 是 Borel 可测的有界函数,在区间 $(0,1)$ 之外为零,且满足下列条件(B):

(B$_1$) $\dfrac{1}{t!} \int_0^1 y^t K_r(y) \mathrm{d}y = \begin{cases} 1, & t = r, \\ 0, & t \neq r, \end{cases} t = 1, 2, \cdots, s-1.$

(B$_2$) $K_r(x)$ 在 $\mathbb{R}^1$ 上除有限点集 E_0 外是可微的, 且 $\sup\limits_{x \in \mathbb{R}^1 - E_0} \left| K_r'(x) \right| \leqslant C < \infty.$

记 $f^{(0)}(x) = f(x)$, $f^{(r)}(x)$ 表示 $f(x)$ 的第 r 阶导数,对 $r = 0, 1, 2$ 定义密度函数 $f^{(r)}(x)$ 的核估计为

$$f_n^{(r)}(x) = \frac{1}{nh_n^{1+r}} \sum_{i=1}^n K_r\left(\frac{X_i - x}{h_n} \right), \tag{4.2.13}$$

其中 $\{h_n\}$ 为正数递减序列,且 $\lim\limits_{n \to \infty} h_n = 0$, $K_r(x)$ 是满足条件(B)的核函数.

由(4.2.10)和(4.2.13)式定义 $\alpha(x)$ 的估计量:

$$\alpha_n(x) = p_1(x) f_n^{(2)}(x) + p_2(x) f_n^{(1)}(x) + p_3(x) f_n(x). \tag{4.2.14}$$

故EB检验函数定义为

$$\delta_n(x) = \begin{cases} 1, & \alpha_n(x) \leqslant 0, \\ 0, & \alpha_n(x) > 0. \end{cases} \tag{4.2.15}$$

本文中令 E_n 表示对 r.v. $X_1, X_2, \cdots, X_n$ 的联合分布求均值,则 $\delta_n(x)$ 的全面 Bayes 风险为

$$R_n = R_n(\delta_n, G) = a \int_x \alpha(x) E_n[\delta_n(x)] \mathrm{d}x + C_G, \tag{4.2.16}$$

若 $\lim\limits_{n \to \infty} R_n = R(G)$,则称 $\{\delta_n(x)\}$ 为 a.o. 的 EB 检验函数, $R_n - R(G) = O(n^{-q})$, $q > 0$,

贝叶斯统计分析

则称 EB 检验函数 $\{\delta_n(x)\}$ 的收敛速度阶为 $O(n^{-q})$. 为导出 δ_n 的 a.o. 性和收敛速度,给出下述引理.

本文中令 $c, c_0, c_1, c_2, \cdots$ 表示不依赖 n 的正常数,即使在同一表达式中它们也可取不同的值.

引理 4.2.1 设 $f_n^{(r)}(x)$ 由 (4.2.13) 式定义,其中 $X_1, X_2, \cdots X_n$ 为独立同分布 iid 样本,若条件 (A) 和 (B) 成立且 $f_n^{(r)}(x)$ 连续,$s \geq 3$ 且为正整数,$r = 0, 1, 2$,对 $\forall x \in \chi$

(1) 当 $\lim\limits_{n \to \infty} h_n = 0$ 且 $nh_n^{2r+1} \to \infty$ 时,有

$$\lim_{n \to \infty} E_n \left| f_n^{(r)}(x) - f^{(r)}(x) \right|^2 = 0.$$

(2) 当取 $h_n = n^{-\frac{1}{2s+1}}$ 时,对 $0 < \lambda \leq 1$,则有

$$E_n \left| f_n^{(r)}(x) - f^{(r)}(x) \right|^{2\lambda} \leq cn^{-\frac{2\lambda(s-r)}{2s+1}}.$$

证明 先证结论 (1). 由 C_r 不等式可知,对 $r = 0, 1, 2$ 有

$$E_n \left| f_n^{(r)}(x) - f^{(r)}(x) \right|^2 \leq c_1 \left| E_n f_n^{(r)}(x) - f^{(r)}(x) \right|^2 + c_2 \left[\mathrm{Var}\left(f_n^{(r)}(x) \right) \right]$$

$$\triangleq c_1 I_1^2 + c_2 I_2. \tag{4.2.17}$$

由核函数的性质可知

$$E_n f_n^{(r)}(x) = \frac{1}{h_n^{1+r}} E_n \left(K_r \left(\frac{X_i - x}{h_n} \right) \right) = \frac{1}{h_n^{1+r}} \sum_{i=1}^n \int_x^{x+h_n} K_r \left(\frac{y-x}{h_n} \right) f(y) \mathrm{d}y$$

$$= \frac{1}{h_n^r} \int_0^1 K_r(t) f(x + th_n) \mathrm{d}t. \tag{4.2.18}$$

由 Taylor 展开得

$$f(x + th_n) = f(x) + \sum_{l=1}^{s-1} f^{(l)}(x) \frac{(th_n)^l}{l!} + f^{(s)}(x^*) \frac{(th_n)^s}{s!}, x \leq x^* \leq x + th_n. \tag{4.2.19}$$

将 (4.2.19) 式代入 (4.2.18) 式可得

$$E_n f_n^{(r)}(x) = \frac{1}{h_n^r} \left[f^{(r)}(x) h_n^r + \int_0^1 K_r(t) f^{(s)}(x^*) \frac{(th_n)^s}{s!} \mathrm{d}t \right]$$

$$= f^{(r)}(x) + h_n^{s-r} \int_0^1 K_r(t) \left[f^{(s)}(x^*) \frac{t^s}{s!} \mathrm{d}t \right]. \tag{4.2.20}$$

由 $f(x) \in C_{s,\alpha}$ 及 $|K_r(t)| \leq C$ 可知

$$I_1 = \left| E_n f_n^{(r)}(x) - f^{(r)}(x) \right| \le ch_n^{s-r} , \tag{4.2.21}$$

$$I_2 = \mathrm{Var}\left[\frac{1}{h_n^{1+r}} \sum_{i=1}^n K_r\left(\frac{X_i - x}{h_n} \right) \right] \le \frac{1}{nh_n^{2+2r}} E_n\left[K_r\left(\frac{X_i - x}{h_n} \right) \right]^2$$

$$= \frac{1}{nh_n^{1+2r}} \int_x^{x+h_n} K_r^2\left(\frac{y-x}{h_n} \right) f(y)\mathrm{d}y = \frac{1}{nh_n^{1+2r}} \int_0^1 K_r^2(t) f(x+th_n)\mathrm{d}t.$$

再由 $f(x) \in C_{s,\alpha}$ 及 $|K_r(t)| \le M, h_n$ 单调递减, $\lim_{n\to\infty} h_n = 0$ 可知

$$I_2 \le c\left(nh_n^{1+2r} \right)^{-1}. \tag{4.2.22}$$

由(4.2.21)式知, 当 $\lim_{n\to\infty} h_n^{s-r} = 0$ 时, 有

$$\lim_{n\to\infty} I_1^2 = 0 . \tag{4.2.23}$$

由(4.2.22)式知, 当 $\lim_{n\to\infty} nh_n^{1+2r} = \infty$ 时, 有

$$\lim_{n\to\infty} I_2 = 0 . \tag{4.2.24}$$

将(4.2.23)和(4.2.24)式代入(4.2.17)式, 结论(1)成立.

下面证明结论(2). 由 C_r 不等式可知

$$E_n\left| f_n^{(r)}(x) - f^{(r)}(x) \right|^{2\lambda} \le c_1\left| E_n f_n^{(r)}(x) - f^{(r)}(x) \right|^{2\lambda} + c_2\left[\mathrm{Var}\left(f_n^{(r)}(x) \right) \right]^\lambda$$

$$\triangleq c_1 I_1^{2\lambda} + c_2 I_2^\lambda. \tag{4.2.25}$$

由(4.2.21)式取 $h_n = n^{-\frac{1}{2s+1}}$ 时可知

$$I_1^{2\lambda} \le cn^{-\frac{2\lambda(s-r)}{2s+1}}. \tag{4.2.26}$$

由(4.2.22)式取 $h_n = n^{-\frac{1}{2s+1}}$ 时, 有

$$I_2^{2\lambda} \le cn^{-\frac{2\lambda(s-r)}{2s+1}}. \tag{4.2.27}$$

将(4.2.26)和(4.2.27)式代入(4.2.25)式, 结论(2)成立.

注4.2.1 当 $\lambda \to 1, s \to \infty$ 时, $O\left(n^{-\frac{2\lambda(s-r)}{2s+1}} \right)$ 可任意接近 $O(n^{-1})$.

引理4.2.2 令 $R(G)$ 和 R_n 分别由(4.2.12)和(4.2.16)式给出, 则

$$0 < R_n - R(G) \le a\int_x |a(x)| P\left(|a_n(x) - a(x)| \ge |a(x)| \right)\mathrm{d}x.$$

证明 见 Johns(1972)引理1.

4.2.3 EB检验函数的大样本性质

定理4.2.1   设 $\delta_n(x)$ 由(4.2.15)式定义,其中 $X_1,X_2,\cdots,X_n$ 为 iid 样本,假定条件(A)和(B)成立,若

(1) $\{h_n\}$ 为正数递减序列,且 $\lim\limits_{n\to\infty}h_n=0$, $nh_n^{2r+1}\to\infty$;

(2) $\int_\Omega\theta^2\mathrm{d}G(\theta)<\infty$;

(3) $f^{(r)}(x)$ 为 x 的连续函数,则有 $\lim\limits_{n\to\infty}R_n(\delta_n,G)=\lim\limits_{n\to\infty}R_n=R(G)$.

证明   由引理4.2.2可知

$$0\leqslant R_n-R(G)\leqslant a\int_\chi|\alpha(x)|P\big(|\alpha_n(x)-\alpha(x)|\geqslant|\alpha(x)|\big)\mathrm{d}x,\qquad(4.2.28)$$

记 $B_n(x)=|\alpha(x)|P\big(|\alpha_n(x)-\alpha(x)|\geqslant|\alpha(x)|\big)$,显见 $B_n(x)\leqslant|\alpha(x)|$.

由(4.2.8)式和 Fubini 定理得

$$\int_\chi|\alpha(x)|\mathrm{d}x\leqslant|\theta_0^2-\gamma_0^2|\int_\chi f(x)\mathrm{d}x+\int_\chi\int_\Omega\big(\theta^2+2|\theta_0|\theta|\big)f(x|\theta)\mathrm{d}G(\theta)\mathrm{d}x$$

$$=|\theta_0^2-\gamma_0^2|+\int_\Omega\big(\theta^2+2|\theta_0|\theta|\big)\mathrm{d}G(\theta)\int_\chi f(x|\theta)\mathrm{d}x$$

$$=|\theta_0^2-\gamma_0^2|+\int_\Omega\theta^2\mathrm{d}G(\theta)+2|\theta_0|\int_\Omega\theta\mathrm{d}G(\theta)<\infty.$$

由控制收敛定理可知

$$0\leqslant\lim_{n\to\infty}\big(R_n-R(G)\big)\leqslant a\int_\chi\Big(\lim_{n\to\infty}B_n(x)\Big)\mathrm{d}x,\qquad(4.2.29)$$

故要使定理成立,要证明 $\lim\limits_{n\to\infty}B_n(x)=0$ 对 a.s.x 成立即可. 由 Markov 不等式和 Jensen 不等式知

$$B_n(x)\leqslant E_n|\alpha_n(x)-\alpha(x)|$$

$$\leqslant p_1(x)E_n\big|f_n^{(2)}(x)-f^{(2)}(x)\big|+|p_2(x)|E_n\big|f_n^{(1)}(x)-f^{(1)}(x)\big|+|p_3(x)|E_n|f_n(x)-f(x)|$$

$$\leqslant p_1(x)\Big[E_n\big|f_n^{(2)}(x)-f^{(2)}(x)\big|^2\Big]^{\frac12}+|p_2(x)|\Big[E_n\big|f_n^{(1)}(x)-f^{(1)}(x)\big|^2\Big]^{\frac12}$$

$$+|p_3(x)|\Big[E_n|f_n(x)-f(x)|^2\Big]^{\frac12}.$$

再由引理4.2.1(1)可知,对 $x\in\chi$,当 $r=0,1,2$ 时有

$$0\leqslant\lim_{n\to\infty}B_n(x)$$

$$\leqslant p_1(x)\Big[\lim_{n\to\infty}E_n\big|f_n^{(2)}(x)-f^{(2)}(x)\big|^2\Big]^{\frac12}+|p_2(x)|\Big[\lim_{n\to\infty}E_n\big|f_n^{(1)}(x)-f^{(1)}(x)\big|^2\Big]^{\frac12}$$

$$+\left|p_3(x)\right|\left[\lim_{n\to\infty}E_n\left|f_n(x)-f(x)\right|^2\right]^{\frac{1}{2}}=0 . \tag{4.2.30}$$

将(4.2.30)式代入(4.2.29)式,定理得证.

定理 4.2.2 设 $\delta_n(x)$ 由(4.2.15)式定义,其中 $X_1,X_2,\cdots,X_n$ 为 iid 样本,且假定(A)和(B)成立,若 $0<\lambda<1,s\geqslant3,s\in\mathbf{N}$ 有

$$\int_\chi\left|\alpha(x)\right|^{1-\lambda}p_i^\lambda(x)\mathrm{d}x<\infty,i=1,2,3,$$

则当取 $h_n=n^{-\frac{1}{2s+1}}$ 时,有 $R_n-R(G)=O\left(n^{-\frac{\lambda(s-2)}{2s+1}}\right)$.

证明 由引理 4.2.2 和 Markov 不等式可知

$$0\leqslant R_n-R(G)\leqslant a\int_\chi\left|\alpha(x)\right|^{1-\lambda}E_n\left|\alpha_n(x)-\alpha(x)\right|^\lambda\mathrm{d}x$$

$$\leqslant c_1\int_\chi\left|\alpha(x)\right|^{1-\lambda}p_1^\lambda(x)E_n\left|f_n^{(2)}(x)-f^{(2)}(x)\right|^\lambda\mathrm{d}x$$

$$+c_2\int_\chi\left|\alpha(x)\right|^{1-\lambda}p_2^\lambda(x)E_n\left|f_n^{(1)}(x)-f^{(1)}(x)\right|^\lambda\mathrm{d}x$$

$$+c_3\int_\chi\left|\alpha(x)\right|^{1-\lambda}p_3^\lambda(x)E_n\left|f_n(x)-f(x)\right|^\lambda\mathrm{d}x$$

$$\triangleq T_1+T_2+T_3. \tag{4.2.31}$$

由引理 4.2.1(2)和条件可知

$$T_1\leqslant c_1n^{-\frac{\lambda s}{2s+1}}\int_\chi\left|\alpha(x)\right|^{1-\lambda}p_1^\lambda(x)\mathrm{d}x\leqslant c_1'n^{-\frac{\lambda s}{2s+1}}, \tag{4.2.32}$$

$$T_2\leqslant c_2n^{-\frac{\lambda(s-1)}{2s+1}}\int_\chi\left|\alpha(x)\right|^{1-\lambda}p_2^\lambda(x)\mathrm{d}x\leqslant c_2'n^{-\frac{\lambda(s-1)}{2s+1}}, \tag{4.2.33}$$

$$T_3\leqslant c_3n^{-\frac{\lambda(s-2)}{2s+1}}\int_\chi\left|\alpha(x)\right|^{1-\lambda}p_3^\lambda(x)\mathrm{d}x\leqslant c_3'n^{-\frac{\lambda(s-2)}{2s+1}}. \tag{4.2.34}$$

将(4.2.32)、(4.2.33)和(4.2.34)式代入(4.2.31)式,定理得证.

注 4.2.2 当 $\lambda\to1,s\to\infty$ 时,$O\left(n^{-\frac{\lambda(s-2)}{2s+1}}\right)$ 可任意接近 $O\left(n^{-\frac{1}{2}}\right)$.

4.2.4　例　子

下面举例验证适合文中定理 4.2.1 与定理 4.2.2 条件的分布族和先验分布是存在的.在模型(4.2.1)式中,令 $c(\theta)=\theta,u(x)=0,w(x)=-1$,则随机变量 X 分布为 $f(x|\theta)=\theta\mathrm{e}^{-\theta x}I_{(x>0)}$,取 θ 的先验分布为 Gamma 分布族

$$g(\theta)=\frac{\beta^r}{\Gamma(r)}\theta^{r-1}\mathrm{e}^{-\beta\theta}I_{[\theta>0]} , \tag{4.2.35}$$

β和r为已知常数，$\beta > 0, r > 0$，所以有

$$f(x) = \int_\Omega f(x|\theta)\mathrm{d}G(\theta) = \int_0^\infty \frac{\beta^r}{\Gamma(r)}\theta^r \mathrm{e}^{-(x+\beta)\theta}\mathrm{d}\theta = \frac{r\beta^r}{(x+\beta)^{r+1}}. \tag{4.2.36}$$

当$u(x) = 0, w(x) = -1$时，由$(4.2.10)$式知

$$p_1(x) = 1, \; p_2(x) = 2\theta_0, \; p_3(x) = \theta_0^{\,2} - \gamma_0^{\,2},$$

则

$$\begin{aligned}
\alpha(x) &= f^{(2)}(x) + 2\theta_0 f^{(1)}(x) + \left(\theta_0^{\,2} - \gamma_0^{\,2}\right)f(x) \\
&= \frac{r\beta^r}{(x+\beta)^{r+1}}\left(\frac{(r+1)(r+2)}{(x+\beta)^2} - 2\theta_0\frac{(r+1)}{(x+\beta)} + \left(\theta_0^{\,2} - \gamma_0^{\,2}\right)\right).
\end{aligned}$$

因此

$$\left|\alpha(x)\right| \leqslant \frac{r\beta^b}{(x+\beta)^{b+1}}\left(\frac{(r+1)(r+2)}{\beta^2} - 2|\theta_0|\frac{(r+1)}{\beta} + \left|\theta_0^{\,2} - \gamma_0^{\,2}\right|\right) \leqslant \frac{c}{(x+\beta)^{r+1}}.$$

(1) 由$(4.2.36)$式易见，$f(x)$为x任意阶可导函数，导函数连续，一致有界，即$f(x) \in C_{s,\alpha}$.

(2) $E\left(\theta^2\right) = \int_\Omega \frac{\beta^r}{\Gamma(r)}\theta^{r+1}\mathrm{e}^{-\beta\theta}\mathrm{d}\theta = \frac{r(r+1)}{\beta^2} < \infty$.

(3) $\int_X \left|\alpha(x)\right|^{1-\lambda}p_i^\lambda(x)\mathrm{d}x \leqslant \int_0^\infty \frac{c}{(x+\beta)^{(r+1)(1-\lambda)}}\mathrm{d}x$.

由于$\beta > 0, r > 0$，这一积分为第一类广义积分，当$(r+1)(1-\lambda) > 1$时，即$0 < \lambda < \dfrac{r}{r+1}$，上述积分收敛.

由(1)~(3)可知，定理4.2.1与定理4.2.2条件均成立.

§4.3 一类Cox模型参数的经验Bayes检验

4.3.1 引 言

经验Bayes检验函数问题在文献中已有许多研究，如陈家清等(2008)研究了线性指数分布族参数的经验Bayes检验问题，彭家龙等(2014a)在"线性损失"下研究了Cox模型参数的经验Bayes单侧检验问题，在适当的条件下获得

的收敛速度的阶可任意接近 $O\left(n^{-1}\right)$. 本节将在"平方损失"下利用密度函数的核估计来讨论一类广义指数族 Cox 模型参数的经验 Bayes 双侧检验问题. 本文采用"平方损失"函数研究参数的双侧检验问题, 这是与彭家龙等 (2014a) 的主要不同之处.

考虑如下模型 (见彭家龙等, 2014a), 设随机变量 X 条件概率密度为

$$f\left(x|\theta\right) = \theta q(x) \mathrm{e}^{-\theta Q(x)}, \tag{4.3.1}$$

其中 $q(x)$ 和 $Q(x)$ 为连续函数且 $q(x) = Q'(x) > 0, Q(x)$ 非负, $\lim\limits_{x \to +\infty} Q(x) = \infty, \theta$ 为模型参数, 样本空间为 $\chi = \{x | x > 0\}$, 参数空间为 $\Omega = \left\{\theta > 0 \big| \int_0^{+\infty} f(x|\theta) \mathrm{d}x = 1\right\}$.

Cox 模型是一类重要参数模型, 由 (4.3.1) 式易知, Cox 模型包含多种常见分布族, 如

（ⅰ）当 $Q(x) = x^{\alpha}, f\left(x|\theta\right) = \alpha\theta x^{\alpha-1} \mathrm{e}^{-\theta x^{\alpha}}, x > 0, \theta > 0, \alpha$ 为已知正常数, 该分布为 Weibull 分布族, 当 $\alpha = 1$ 时, 该分布为指数分布族, 当 $\alpha = 2$ 时, 该分布为 Rayleigh 分布族.

（ⅱ）当 $Q(x) = \ln\left(1 + x^{\alpha}\right), f\left(x|\theta\right) = \alpha\theta x^{\alpha-1}\left(1 + x^{\alpha}\right)^{-(1+\theta)}, x > 0, \theta > 0, \alpha$ 为已知正常数, 该分布为 Burrtype XII 分布族.

（ⅲ）当 $Q(x) = \ln(\alpha + x) - \ln\alpha, f\left(x|\theta\right) = \theta\alpha^{\theta}\left(\alpha + x\right)^{-(1+\theta)}, x > 0, \theta > 0, \alpha$ 为已知正常数, 该分布为 Lomax 分布族.

它在可靠理论、渗透理论、生存分析及气象等方面有着广泛的应用, 另外, 利用密度函数的递归核估计来研究该分布参数的 EB 双侧检验问题, 据本人所知, 文献中还未出现, 因此, 在"平方损失"下研究一类广义指数族 Cox 模型参数的经验 Bayes 双侧检验有非常重要的理论与实际意义.

设参数 θ 的先验分布为 $G(\theta)$, 本文考虑分布族 (4.3.1) 式参数 θ 的如下 EB 双侧检验问题:

$$H_0 : \theta_1 \leq \theta \leq \theta_2 \leftrightarrow H_1 : \theta < \theta_1 或 \theta > \theta_2, \tag{4.3.2}$$

此处 θ_1 和 θ_2 为已知正常数, 如果取 $\theta_0 = (\theta_1 + \theta_2)/2$ 和 $\gamma_0 = (\theta_1 - \theta_2)/2$, 则双侧检验问题 (4.3.2) 等价于

$$H_0 : |\theta_0 - \theta| \leq \gamma_0 \leftrightarrow H_1 : |\theta_0 - \theta| > \gamma_0. \tag{4.3.3}$$

对假设检验问题 (4.3.3), 取下列"平方损失"函数

$$L_j(\theta, d_j) = (1-j)a\left[(\theta-\theta_0)^2 - \gamma_0^2\right]I_{\left[|(\theta-\theta_0)|>\gamma_0\right]} + ja\left[\gamma_0^2 - (\theta_0-\theta)^2\right]I_{\left[|\theta-\theta_0|\leq\gamma_0\right]}, \qquad (4.3.4)$$

此处 a 是正常数, $j=0,1$, $D=\{d_0, d_1\}$ 是行动空间, d_0 表示接受 H_0, d_1 表示否定 H_0, $I_{[A]}$ 表示集合 A 的示性函数.

设

$$\delta(x) = P\left(\text{接受} H_0 \mid X = x\right), \qquad (4.3.5)$$

为随机化判别函数,则在先验分布 $G(\theta)$ 下 $\delta(x)$ 的 Bayes 风险函数为

$$R(\delta, G) = \int_\Omega \int_X \left[L_0(\theta, d_0)f(x|\theta)\delta(x) + L_1(\theta, d_1)f(x|\theta)(1-\delta(x))\right]\mathrm{d}x\mathrm{d}G(\theta)$$

$$= \int_\Omega \int_X \left[L_0(\theta, d_0) - L_1(\theta, d_1)\right]f(x|\theta)\delta(x)\mathrm{d}x\mathrm{d}G(\theta) + \int_\Omega \int_X L_1(\theta, d_1)f(x|\theta)\mathrm{d}x\mathrm{d}G(\theta)$$

$$= a\int_X \alpha(x)\delta(x)\mathrm{d}x + C_G, \qquad (4.3.6)$$

此处

$$C_G = \int_\Omega L_1(\theta, d_1)\mathrm{d}G(\theta), \qquad (4.3.7)$$

$$\alpha(x) = \int_\Omega \left[(\theta-\theta_0)^2 - \gamma_0^2\right]f(x|\theta)\mathrm{d}G(\theta), \qquad (4.3.8)$$

其中

$$f(x) = \int_\Omega f(x|\theta)\mathrm{d}G(\theta) = \int_\Omega \theta q(x)\mathrm{e}^{-\theta Q(x)}\mathrm{d}G(\theta), \qquad (4.3.9)$$

为 r.v.X 的边缘分布,故由 (4.3.8) 式经计算可得

$$\alpha(x) = p_1(x)f^{(2)}(x) + p_2(x)f^{(1)}(x) + p_3(x)f(x). \qquad (4.3.10)$$

其中 $f^{(1)}(x)$, $f^{(2)}(x)$ 分别表示 $f(x)$ 的一阶和二阶导数,且

$$p_1(x) = \frac{1}{q^2(x)}, \quad p_2(x) = -\frac{2\theta_0}{q(x)} - \frac{3q'(x)}{q^3(x)},$$

$$p_3(x) = \frac{3(q'(x))^2}{q^4(x)} - \frac{q''(x)}{q^3(x)} - \frac{2\theta_0 q'(x)}{q^2(x)} + \theta_0^2 - \gamma_0^2.$$

由 (4.3.6) 式易见 Bayes 判决函数为

$$\delta_G(x) = \begin{cases} 1, & \alpha(x) \leq 0, \\ 0, & \alpha(x) > 0. \end{cases} \qquad (4.3.11)$$

其 Bayes 风险为

$$R(G) = \inf_\delta R(\delta, G) = R(\delta_G, G) = a\int_X \alpha(x)\delta_G(x)\mathrm{d}x + C_G. \qquad (4.3.12)$$

上述风险当先验分布 $G(\theta)$ 已知,且 $\delta(x) = \delta_G(x)$ 是可以达到的,但此处 $G(\theta)$

未知,因而 $\delta_G(x)$ 无使用价值,于是考虑引入EB方法.

4.3.2 EB检验函数的构造

设 $X_1,X_2,\cdots,X_n$ 和 X 是独立同分布样本(iid),它们具有共同的边缘密度函数如(4.3.9)式所示,通常称 $X_1,X_2,\cdots,X_n$ 为历史样本,称 X 为当前样本.令 $f(x)$ 为 X_1 的概率密度函数,独立同分布样本(iid)作如下假定:

(A) $f(x)\in C_{s,\alpha}$,假定 $C_{s,\alpha}$ 表示 $\mathbb{R}^1$ 中一族概率密度函数,其 s 阶导数存在,连续且绝对值不超过 $\alpha,s\geqslant 3$ 且为正整数.

令 $K_r(x)(r=0,1,\cdots,s-1)$ 是Borel可测的有界函数,在区间 $(0,1)$ 之外为零,且满足下列条件(B):

(B$_1$) $\dfrac{1}{t!}\int_0^1 y^t K_r(y)\mathrm{d}y=\begin{cases}1,t=r,\\0,t\neq r,t=1,2,\cdots,s-1.\end{cases}$

(B$_2$) $K_r(x)$ 在 $\mathbb{R}^1$ 上除有限点集 E_0 外是可微的,且 $\sup\limits_{x\in\mathbb{R}^1-E_0}\left|K_r'(x)\right|\leqslant C<\infty$.

记 $f^{(0)}(x)=f(x)$,$f^{(r)}(x)$ 表示 $f(x)$ 的第 r 阶导数,定义密度函数 $f^{(r)}(x)$ 的核估计为

$$f_n^{(r)}(x)=\frac{1}{nh_n^{1+r}}\sum_{i=1}^n K_r\left(\frac{X_i-x}{h_n}\right),\qquad(4.3.13)$$

其中 $\{h_n\}$ 为正数递减序列,且 $\lim\limits_{n\to\infty}h_n=0$,$K_r(x)$ 是满足条件(B)的核函数.

由(4.3.10)和(4.3.13)式定义 $\alpha(x)$ 的估计量:

$$\alpha_n(x)=p_1(x)f_n^{(2)}(x)+p_2(x)f_n^{(1)}(x)+p_3(x)f_n(x).\qquad(4.3.14)$$

故EB检验函数定义为

$$\delta_n(x)=\begin{cases}1,\alpha_n(x)\leqslant 0,\\0,\alpha_n(x)>0.\end{cases}\qquad(4.3.15)$$

本文中令 E_n 表示对r.v. $X_1,X_2,\cdots,X_n$ 的联合分布求均值,则 $\delta_n(x)$ 的全面Bayes风险为

$$R_n=R_n(\delta_n,G)=a\int_x\alpha(x)E_n[\delta_n(x)]\mathrm{d}x+C_G.\qquad(4.3.16)$$

若 $\lim\limits_{n\to\infty}R_n=R(G)$,则称 $\{\delta_n(x)\}$ 为a.o.的EB验函数,$R_n-R(G)=O(n^{-q})$,$q>0$,则称EB检验函数 $\{\delta_n(x)\}$ 的收敛速度阶为 $O(n^{-q})$.为导出 δ_n 的a.o.性 和 收敛速

度,我们给出下述引理.

本文中令 $c, c_0, c_1, c_2, \cdots$ 表示不依赖 n 的正常数,即使在同一表达式中它们也可取不同的值.

引理 4.3.1　设 $f_n^{(r)}(x)$ 由(4.3.13)式定义,其中 $X_1, X_2, \cdots, X_n$ 为独立同分布 iid 样本,若条件(A)和(B)成立且 $f_n^{(r)}(x)$ 连续,$s \geq 3$ 且为正整数,$r = 0, 1, 2$,对 $\forall x \in \chi$

(1)当 $\lim\limits_{n \to \infty} h_n = 0$ 且 $nh_n^{2r+1} \to \infty$ 时,有

$$\lim_{n \to \infty} E_n \left| f_n^{(r)}(x) - f^{(r)}(x) \right|^2 = 0.$$

(2)当取 $h_n = n^{-\frac{1}{2s+1}}$ 时,对 $0 < \lambda \leq 1$,则有

$$E_n \left| f_n^{(r)}(x) - f^{(r)}(x) \right|^{2\lambda} \leq c n^{-\frac{2\lambda(s-r)}{2s+1}}.$$

证明　先证结论(1).由 C_r 不等式可知,对 $r = 0, 1, 2$ 有

$$E_n \left| f_n^{(r)}(x) - f^{(r)}(x) \right|^2 \leq c_1 \left| E_n f_n^{(r)}(x) - f^{(r)}(x) \right|^2 + c_2 \left[\mathrm{Var}\left(f_n^{(r)}(x) \right) \right]$$

$$\triangleq c_1 I_1^2 + c_2 I_2. \tag{4.3.17}$$

由核函数的性质可知

$$E_n f_n^{(r)}(x) = \frac{1}{h_n^{1+r}} E_n \left(K_r \left(\frac{X_i - x}{h_n} \right) \right) = \frac{1}{h_n^r} \sum_{i=1}^{n} \int_x^{x+h_n} K_r \left(\frac{y - x}{h_n} \right) f(y) \mathrm{d}y$$

$$= \frac{1}{h_n^r} \int_0^1 K_r(t) f(x + th_n) \mathrm{d}t, \tag{4.3.18}$$

由 Taylor 展开得

$$f(x + th_n) = f(x) + \sum_{l=1}^{s-1} f^{(l)}(x) \frac{(th_n)^l}{l!} + f^{(s)}(x^*) \frac{(th_n)^s}{s!}, \quad x \leq x^* \leq x + th_n. \tag{4.3.19}$$

将(4.3.19)式代入(4.3.18)式可得

$$E_n f_n^{(r)}(x) = \frac{1}{h_n^r} \left[f^{(r)}(x) h_n^r + \int_0^1 K_r(t) f^{(s)}(x^*) \frac{(th_n)^s}{s!} \mathrm{d}t \right]$$

$$= f^{(r)}(x) + h_n^{s-r} \int_0^1 K_r(t) \left[f^{(s)}(x^*) \frac{t^s}{s!} \mathrm{d}t \right]. \tag{4.3.20}$$

由 $f(x) \in C_{s,\alpha}$ 及 $\left| K_r(t) \right| \leq C$ 可知

$$I_1 = \left| E_n f_n^{(r)}(x) - f^{(r)}(x) \right| \leq c h_n^{s-r}, \tag{4.3.21}$$

$$I_2 = \mathrm{Var}\left[\frac{1}{h_n^{1+r}}\sum_{i=1}^{n}K_r\left(\frac{X_i-x}{h_n}\right)\right] \leqslant \frac{1}{nh_n^{2+2r}}E_n\left[K_r\left(\frac{X_i-x}{h_n}\right)\right]^2$$

$$= \frac{1}{nh_n^{1+2r}}\int_x^{x+h_n}K_r^2\left(\frac{y-x}{h_n}\right)f(y)\mathrm{d}y = \frac{1}{nh_n^{1+2r}}\int_0^1 K_r^2(t)f(x+th_n)\mathrm{d}t.$$

再由 $f(x)\in C_{s,\alpha}$ 及 $|K_r(t)|\leqslant M, h_n$ 单调递减, $\lim\limits_{n\to\infty}h_n=0$ 可知

$$I_2 \leqslant c\left(nh_n^{1+2r}\right)^{-1}. \tag{4.3.22}$$

由(4.3.21)式知,当 $\lim\limits_{n\to\infty}h_n^{s-r}=0$ 时,有

$$\lim\limits_{n\to\infty}I_1^2=0. \tag{4.3.23}$$

由(4.3.22)式知,当 $\lim\limits_{n\to\infty}nh_n^{1+2r}=\infty$ 时,有

$$\lim\limits_{n\to\infty}I_2=0. \tag{4.3.24}$$

将(4.3.23)和(4.3.24)式代入(4.3.17)式,结论(1)成立.

下面证明结论(2). 由 C_r 不等式可知

$$E_n\left|f_n^{(r)}(x)-f^{(r)}(x)\right|^{2\lambda} \leqslant c_1\left|E_nf_n^{(r)}(x)-f^{(r)}(x)\right|^{2\lambda}+c_2\left[\mathrm{Var}\left(f_n^{(r)}(x)\right)\right]^{\lambda}$$

$$\triangleq c_1 I_1^{2\lambda}+c_2 I_2^{\lambda}, \tag{4.3.25}$$

由(4.3.21)式取 $h_n=n^{-\frac{1}{2s+1}}$ 时可知

$$I_1^{2\lambda} \leqslant cn^{-\frac{2\lambda(s-r)}{2s+1}}. \tag{4.3.26}$$

由(4.3.22)式取 $h_n=n^{-\frac{1}{2s+1}}$ 时,有

$$I_2^{2\lambda} \leqslant cn^{-\frac{2\lambda(s-r)}{2s+1}}. \tag{4.3.27}$$

将(4.3.26)和(4.3.27)式代入(4.3.25)式,结论(2)成立.

注4.3.1　当 $\lambda\to1, s\to\infty$ 时, $O\left(n^{-\frac{2\lambda(s-r)}{2s+1}}\right)$ 可任意接近 $O(n^{-1})$.

引理4.3.2　令 $R(G)$ 和 R_n 分别由(4.3.12)和(4.3.16)式给出,则

$$0 < R_n-R(G)\leqslant a\int_{\mathcal{X}}|\alpha(x)|P\left(|\alpha_n(x)-\alpha(x)|\geqslant|\alpha(x)|\right)\mathrm{d}x.$$

证明　见Johns(1972)引理1.

4.3.2　EB检验函数的主要结果

定理4.3.1　设 $\delta_n(x)$ 由(4.3.15)式给出,其中 $X_1,X_2,\cdots,X_n$ 为独立同分布 iid

样本,假定条件(A)和(B)成立,若

（ⅰ）$\{h_n\}$为正数递减序列,且$\lim\limits_{n\to\infty}h_n=0$, $nh_n^{2r+1}\to\infty$;

（ⅱ）$\int_\Omega\theta^2\mathrm{d}G(\theta)<\infty$;

（ⅲ）$f^{(r)}(x)$为x的连续函数,则有$\lim\limits_{n\to\infty}R_n(\delta_n,G)=\lim\limits_{n\to\infty}R_n=R(G)$.

证明 由引理4.3.2可知

$$0\leqslant R_n-R(G)\leqslant a\int_\chi|\alpha(x)|P(|\alpha_n(x)-\alpha(x)|\geqslant|\alpha(x)|)\mathrm{d}x ,\tag{4.3.28}$$

记$B_n(x)=|\alpha(x)|P(|\alpha_n(x)-\alpha(x)|\geqslant|\alpha(x)|)$,显见$B_n(x)\leqslant|\alpha(x)|$.

由(4.3.8)式和Fubini定理得

$$\int_\chi|\alpha(x)|\mathrm{d}x\leqslant|\theta_0^2-\gamma_0^2|\int_\chi f(x)\mathrm{d}x+\int_\chi\int_\Omega(\theta^2+2|\theta_0||\theta|)f(x|\theta)\mathrm{d}G(\theta)\mathrm{d}x$$
$$=|\theta_0^2-\gamma_0^2|+\int_\Omega(\theta^2+2|\theta_0||\theta|)\mathrm{d}G(\theta)\int_\chi f(x|\theta)\mathrm{d}x$$
$$=|\theta_0^2-\gamma_0^2|+\int_\Omega\theta^2\mathrm{d}G(\theta)+2|\theta_0|\int_\Omega\theta\mathrm{d}G(\theta)<\infty,$$

由控制收敛定理可知

$$0\leqslant\lim\limits_{n\to\infty}(R_n-R(G))\leqslant a\int_\chi\left(\lim\limits_{n\to\infty}B_n(x)\right)\mathrm{d}x ,\tag{4.3.29}$$

故要使定理成立,只要证明$\lim\limits_{n\to\infty}B_n(x)=0$对a.s.$x$成立即可.由Markov不等式和Jensen不等式知

$$B_n(x)\leqslant E_n|\alpha_n(x)-\alpha(x)|$$
$$\leqslant p_1(x)E_n|f_n^{(2)}(x)-f^{(2)}(x)|+|p_2(x)|E_n|f_n^{(1)}(x)-f^{(1)}(x)|+|p_3(x)|E_n|f_n(x)-f(x)|$$
$$\leqslant p_1(x)\left[E_n|f_n^{(2)}(x)-f^{(2)}(x)|^2\right]^{\frac{1}{2}}+|p_2(x)|\left[E_n|f_n^{(1)}(x)-f^{(1)}(x)|^2\right]^{\frac{1}{2}}$$
$$+|p_3(x)|\left[E_n|f_n(x)-f(x)|^2\right]^{\frac{1}{2}}.$$

再由引理4.3.1(1)可知,对$x\in\chi$,当$r=0,1,2$时有

$$0\leqslant\lim\limits_{n\to\infty}B_n(x)$$
$$\leqslant p_1(x)\left[\lim\limits_{n\to\infty}E_n|f_n^{(2)}(x)-f^{(2)}(x)|^2\right]^{\frac{1}{2}}+|p_2(x)|\left[\lim\limits_{n\to\infty}E_n|f_n^{(1)}(x)-f^{(1)}(x)|^2\right]^{\frac{1}{2}}$$
$$+|p_3(x)|\left[\lim\limits_{n\to\infty}E_n|f_n(x)-f(x)|^2\right]^{\frac{1}{2}}=0 .\tag{4.3.30}$$

将(4.3.30)式代入(4.3.29)式,定理得证.

定理4.3.2 设$\delta_n(x)$由(4.3.15)式定义,其中$X_1,X_2,\cdots,X_n$为独立同分布iid

样本,且假定(A)和(B)成立,若 $0 < \lambda \leqslant 1$,有

$$\int_\chi |\alpha(x)|^{1-\lambda} p_i^\lambda(x)\mathrm{d}x < \infty, i = 1, 2, 3,$$

则当取 $h_n = n^{-\frac{1}{2s+1}}$ 时,有 $R_n - R(G) = O\left(n^{-\frac{\lambda(s-2)}{2s+1}}\right)$,其中 $s \geqslant 3$ 为给定的一个正整数.

证明 由引理 4.3.2 和 Markov 不等式可知

$$0 \leqslant R_n - R(G) \leqslant a\int_\chi |\alpha(x)|^{1-\lambda} E_n |\alpha_n(x) - \alpha(x)|^\lambda \mathrm{d}x$$

$$\leqslant c_1 \int_\chi |\alpha(x)|^{1-\lambda} p_1^\lambda(x) E_n \left|f_n^{(2)}(x) - f^{(2)}(x)\right|^\lambda \mathrm{d}x$$

$$+ c_2 \int_\chi |\alpha(x)|^{1-\lambda} p_2^\lambda(x) E_n \left|f_n^{(1)}(x) - f^{(1)}(x)\right|^\lambda \mathrm{d}x$$

$$+ c_3 \int_\chi |\alpha(x)|^{1-\lambda} p_3^\lambda(x) E_n \left|f_n(x) - f(x)\right|^\lambda \mathrm{d}x$$

$$\triangleq T_1 + T_2 + T_3. \tag{4.3.31}$$

由引理 4.3.1(2) 和条件可知

$$T_1 \leqslant c_1 n^{-\frac{\lambda s}{2s+1}} \int_\chi |\alpha(x)|^{1-\lambda} p_1^\lambda(x)\mathrm{d}x \leqslant c_4 n^{-\frac{\lambda s}{2s+1}}, \tag{4.3.32}$$

$$T_2 \leqslant c_2 n^{-\frac{\lambda(s-1)}{2s+1}} \int_\chi |\alpha(x)|^{1-\lambda} p_2^\lambda(x)\mathrm{d}x \leqslant c_5 n^{-\frac{\lambda(s-1)}{2s+1}}, \tag{4.3.33}$$

$$T_3 \leqslant c_3 n^{-\frac{\lambda(s-2)}{2s+1}} \int_\chi |\alpha(x)|^{1-\lambda} p_3^\lambda(x)\mathrm{d}x \leqslant c_6 n^{-\frac{\lambda(s-2)}{2s+1}}. \tag{4.3.34}$$

将 (4.3.32)、(4.3.33) 和 (4.3.34) 式代入 (4.3.31) 式,定理得证.

注 4.3.2 当 $\lambda \to 1, s \to \infty$ 时, $O\left(n^{-\frac{\lambda(s-2)}{2s+1}}\right)$ 可任意接近 $O\left(n^{-\frac{1}{2}}\right)$.

4.3.4 例 子

下面举例验证适合文中定理 4.3.1 与定理 4.3.2 条件的分布族和先验分布是存在的. 在模型 (4.3.1) 式中,令 $q(x) = 1, Q(x) = x$,则随机变量 X 分布为 $f(x|\theta) = \theta \mathrm{e}^{-\theta x} I_{(x>0)}$,取 θ 的先验分布为 Gamma 分布族

$$g(\theta) = \frac{\beta^r}{\Gamma(r)} \theta^{r-1} \mathrm{e}^{-\beta\theta} I_{[\theta>0]}, \tag{4.3.35}$$

β 和 r 为已知常数, $\beta > 0, r > 0$,所以有

$$f(x) = \int_\Omega f(x|\theta)\mathrm{d}G(\theta) = \int_0^\infty \frac{\beta^r}{\Gamma(r)} \theta^r \mathrm{e}^{-(x+\beta)\theta}\mathrm{d}\theta = \frac{r\beta^r}{(x+\beta)^{r+1}}, \tag{4.3.36}$$

当 $q(x) = 1$ 时,由 $(4.3.10)$ 式知

$$p_1(x) = 1 , \; p_2(x) = 2\theta_0, \; p_3(x) = \theta_0^2 - \gamma_0^2 ,$$

则

$$\alpha(x) = f^{(2)}(x) + 2\theta_0 f^{(1)}(x) + \left(\theta_0^2 - \gamma_0^2\right) f(x)$$

$$= \frac{r\beta^r}{(x+\beta)^{r+1}} \left(\frac{(r+1)(r+2)}{(x+\beta)^2} - 2\theta_0 \frac{(r+1)}{(x+\beta)} + \left(\theta_0^2 - \gamma_0^2\right) \right).$$

因此

$$\left| \alpha(x) \right| \le \frac{r\beta^b}{(x+\beta)^{b+1}} \left(\frac{(r+1)(r+2)}{\beta^2} + 2|\theta_0| \frac{(r+1)}{\beta} + \left| \theta_0^2 - \gamma_0^2 \right| \right) \le \frac{c}{(x+\beta)^{r+1}} .$$

(1)由 $(4.3.36)$ 式易见, $f(x)$ 为 x 任意阶可导函数,导函数连续,一致有界,即 $f(x) \in C_{s,\alpha}$.

(2) $E(\theta^2) = \int_\Omega \frac{\beta^r}{\Gamma(r)} \theta^{r+1} \mathrm{e}^{-\beta\theta} \mathrm{d}\theta = \frac{r(r+1)}{\beta^2} < \infty$.

(3) $\int_x \left| \alpha(x) \right|^{1-\lambda} p_i^\lambda(x) \mathrm{d}x \le \int_0^\infty \frac{c}{(x+\beta)^{(r+1)(1-\lambda)}} \mathrm{d}x$.

由于 $\beta > 0, r > 0$,这一积分为第一类广义积分,当 $(r+1)(1-\lambda) > 1$ 时,即 $0 < \lambda < \frac{r}{r+1}$,上述积分收敛.

由(1)~(3)可知,定理 4.3.1 和定理 4.3.2 条件均成立.

第五章

递归核估计下几类分布族参数的经验 Bayes 检验

§5.1 Weibull 分布族刻度参数的经验Bayes 检验函数的收敛速度

5.1.1 引 言

经验 Bayes 检验函数问题在文献中已有许多研究,对于连续型单参数指数族参数的EB检验问题,如 Johns(1972),Van Houwelingen(1976),Liang(2000)等对其做了不同程度的工作,魏莉等(2007)研究了刻度指数族参数的经验 Bayes 检验的收敛速度,陈玲等(2009)研究了连续型单参数指数族参数的经验 Bayes 检验的收敛速度,黄金超等(2012b)在"线性损失"下利用普通核估计研究了威布尔(Weibull)分布族刻度参数的经验 Bayes 检验问题,在适当的条件下获得的收敛速度的阶可任意接近 $O(n^{-\frac{1}{2}})$. 但以上几乎所有研究EB检验问题的文献中,都是利用密度函数的通常核估计来研究的. 与以上文献的主要不同之处是,本文利用递归核估计构造威布尔(Weibull)分布族刻度参数的经验 Bayes 检验函数,并在"加权平方损失"下利用密度函数的递归核估计和 Bayes 检验函数的单调性,修改 EB 检验函数的构造方法,在较弱的条件下极大改进了黄金超等(2012b)的收敛速度阶的结果,在适当的条件下收敛速度的阶可任意接近 $O(n^{-1})$,且证明方法较简单.

考虑如下模型(见黄金超等,2012b),设随机变量 X 条件概率密度为

$$f(x|\theta) = (mx^{m-1}/\theta)\exp(-x^m/\theta)I_{(x>0)} , \tag{5.1.1}$$

其中 m 和 θ 分别为形状参数和刻度参数（ $m>0$ ），且本文假定 m 为已知常数，样本空间为 $\chi=\{x|x>0\}$，参数空间为 $\Omega=\{\theta|\theta>0\}$．

本文考虑分布族(5.1.1)式中参数 θ 的如下 EB 检验问题：

$$H_0:\theta\leq\theta_0\leftrightarrow H_1:\theta>\theta_0,\tag{5.1.2}$$

其中 $\theta_0>0$，为已知常数．

对检验函数(5.1.2)，取损失函数为下列"加权线性损失"：

$$L_j(\theta,d_j)=(1-j)a\big((\theta-\theta_0)/\theta\big)I_{[\theta-\theta_0>0]}+ja\big((\theta_0-\theta)/\theta\big)I_{[\theta-\theta_0\leq0]}\ \ (j=0,1),\tag{5.1.3}$$

其中 a 是正常数，$D=\{d_0,d_1\}$ 是行动空间，d_0 表示接受 H_0，d_1 表示否定 H_0，$I_{[A]}$ 表示集合 A 的示性函数．之所以取"加权线性损失"函数是考虑到它对刻度参数更合理，易于构造其 EB 检验函数．

设

$$\delta(x)=P(\text{接受}H_0|X=x),\tag{5.1.4}$$

为随机化判别函数，则在先验分布 $G(\theta)$ 下 $\delta(x)$ 的风险函数为

$$
\begin{aligned}
R(\delta,G)&=\int_\Omega\int_\chi\big[L_0(\theta,d_0)f(x|\theta)\delta(x)+L_1(\theta,d_1)f(x|\theta)(1-\delta(x))\big]\mathrm{d}x\mathrm{d}G(\theta)\\
&=\int_\Omega\int_\chi\big[L_0(\theta,d_0)-L_1(\theta,d_1)\big]f(x|\theta)\delta(x)\mathrm{d}x\mathrm{d}G(\theta)+\int_\Omega\int_\chi L_1(\theta,d_1)f(x|\theta)\mathrm{d}x\mathrm{d}G(\theta)\\
&=a\int_\chi\alpha(x)\delta(x)\mathrm{d}x+C_G,
\end{aligned}\tag{5.1.5}
$$

此处

$$C_G=\int_\Omega\int_\chi L_1(\theta,d_1)f(x|\theta)\mathrm{d}x\mathrm{d}G(\theta)=\int_\Omega L_1(\theta,d_1)\mathrm{d}G(\theta),$$

$$
\begin{aligned}
\alpha(x)&=\int_\Omega\big[(\theta-\theta_0)/\theta\big]f(x|\theta)\mathrm{d}G(\theta)=\int_\Omega[1-\theta_0/\theta]f(x|\theta)\mathrm{d}G(\theta)\\
&=\theta_0 p^{(1)}(x)+f(x)=\theta_0 f(x)\big(\theta_0^{-1}-\varphi(x)\big).
\end{aligned}\tag{5.1.6}
$$

其中

$$f(x)=\int_\Omega f(x|\theta)\mathrm{d}G(\theta)=\int_\Omega\theta^{-1}mx^{m-1}\exp(-x^m/\theta)\mathrm{d}G(\theta)=u(x)p(x),\tag{5.1.7}$$

为 r.v. X 的边缘分布，而

$$u(x)=mx^{m-1}\ ,\ p(x)=\int_\Omega\theta^{-1}\exp(-x^m/\theta)\mathrm{d}G(\theta),$$

$$\varphi(x)=-\frac{p^{(1)}(x)}{f(x)}=\frac{\int_\Omega\theta^{-2}\exp(-x^m/\theta)\mathrm{d}G(\theta)}{\int_\Omega\theta^{-1}\exp(-x^m/\theta)\mathrm{d}G(\theta)}=E(\theta^{-1}|x),\tag{5.1.8}$$

$$p^{(1)}(x)=-mx^{m-1}\int_\Omega\theta^{-2}\exp(-x^m/\theta)\mathrm{d}G(\theta).$$

由(5.1.6)和(5.1.7)式, $\alpha(x)$ 的另一表达式为

$$\alpha(x) = \theta_0 f(x)\left(\theta_0^{-1} - \varphi(x)\right) = \left(1 - \theta_0 \frac{u^{(1)}(x)}{u^2(x)}\right)f(x) + \frac{\theta_0}{u(x)}f^{(1)}(x)$$

$$= g(x)f(x) + \frac{\theta_0}{u(x)}f^{(1)}(x). \tag{5.1.9}$$

其中 $g(x) = 1 - \theta_0 \dfrac{u^{(1)}(x)}{u^2(x)}$, $u(x)$ 由(5.1.7)式给出, $u^{(1)}(x) = m(m-1)x^{m-2}$.

由 Cuchy-Schwarz 不等式和(5.1.8)式可得

$$\varphi^{(1)}(x) = \frac{mx^{m-1}\left[-\int_\Omega \theta^{-3}\exp\left(-\frac{x^m}{\theta}\right)\mathrm{d}G(\theta)\int_\Omega \theta^{-1}\exp\left(-\frac{x^m}{\theta}\right)\mathrm{d}G(\theta) + \left(\int_\Omega \theta^{-2}\exp\left(-\frac{x^m}{\theta}\right)\mathrm{d}G(\theta)\right)^2\right]}{\left[\int_\Omega \theta^{-1}\exp\left(-\frac{x^m}{\theta}\right)\mathrm{d}G(\theta)\right]^2}$$

$$\leqslant 0, \tag{5.1.10}$$

所以,对于 $0 < x < \infty$, $\varphi(x)$ 是单调连续函数.

本文假定

$$\lim_{x \to +\infty} \varphi(x) < \theta_0^{-1} < \lim_{x \to 0^+} \varphi(x). \tag{5.1.11}$$

在假定(5.1.11)下先验 G 是非退化的,故 $\varphi(x)$ 是严格单调下降的.再由 $\varphi(x)$ 的连续性和连续函数的介值定理可知,必存在点 $a_G \in (0, +\infty)$,使得 $\varphi(a_G) = \theta_0^{-1}$.又由(5.1.9)式可知

$$\alpha(x) \leqslant 0 \Leftrightarrow \varphi(x) \geqslant \theta_0^{-1} \Leftrightarrow x \leqslant a_G, \ \alpha(x) > 0 \Leftrightarrow \varphi(x) < \theta_0^{-1} \Leftrightarrow x > a_G.$$

因此,由(5.1.5)式可知 Bayes 判决函数为

$$\delta_G(x) = \begin{cases} 1, & \alpha(x) \leqslant 0, \\ 0, & \alpha(x) > 0 \end{cases} = \begin{cases} 1, & \varphi(x) \geqslant \theta_0^{-1}, \\ 0, & \varphi(x) < \theta_0^{-1} \end{cases} = \begin{cases} 1, & x \leqslant a_G, \\ 0, & x > a_G. \end{cases} \tag{5.1.12}$$

其 Bayes 风险为

$$R(G) = \inf_\delta R(\delta, G) = R(\delta_G, G) = a\int_\mathcal{X} \alpha(x)\delta_G(x)\mathrm{d}x + C_G. \tag{5.1.13}$$

在(5.1.13)式中,当先验分布 $G(\theta)$ 已知,且 $\delta(x) = \delta_G(x)$ 是可以达到的,但此处 $G(\theta)$ 未知,因而 $\delta_G(x)$ 无使用价值,于是考虑引入 EB 方法.

5.1.2 EB 检验函数的构造

设 $X_1, X_2, \cdots, X_n$ 和 X 是独立同分布样本(iid),它们具有共同的边缘密度函

数如(5.1.7)式所示,通常称 $X_1, X_2, \cdots, X_n$ 为历史样本,称 X 为当前样本.令 $f(x)$ 为 X_1 的概率密度函数,同分布样本(iid)作如下假定:

(A) $f^{(r)}(x) \in C_{s,\alpha}, x \in (0, +\infty)$.

假定 $C_{s,\alpha}$ 表示 $\mathbb{R}^1$ 中一族概率密度函数,其 s 阶导数存在,连续且绝对值不超过 α, $s > 2$ 且为正整数.

令 $K_r(x)(r = 0, 1, \cdots, s-1)$ 是 Borel 可测的有界函数,在区间 $(0,1)$ 之外为零,且满足下列条件(B):

(B$_1$) $\dfrac{1}{t!}\displaystyle\int_0^1 y^t K_r(y)\mathrm{d}y = \begin{cases} 1, & t = r, \\ 0, & t \neq r, \end{cases} t = 1, 2, \cdots, s-1.$

(B$_2$) $K_r(x)$ 在 $\mathbb{R}^1$ 上除有限点集 E_0 外是可微的,且 $\displaystyle\sup_{x \in \mathbb{R}^1 - E_0} \left| K_r'(x) \right| \leq C < \infty$.

本文假定先验分布 $G(\theta)$ 非退化,且属于下列先验分布类:

(C) $\Gamma(A_1, A_2) = \left\{ G(\theta) \middle| A_1 < a_G < A_2 \right\}$.

记 $f^{(0)}(x) = f(x)$,$f^{(r)}(x)$ 表示 $f(x)$ 的第 r 阶导数,$r = 0, 1, \cdots, s$. 类似樊家琨(1992),定义密度函数 $f^{(r)}(x)$ 的递归核估计为

$$f_n^{(r)}(x) = \frac{1}{n}\sum_{i=1}^n \frac{1}{h_i^{1+r}} K_r\left(\frac{X_i - x}{h_i}\right), \tag{5.1.14}$$

其中 $\{h_n\}$ 为正数递减序列,且 $\lim\limits_{n \to \infty} h_n = 0$,$K_r(x)$ 是满足条件(B)的核函数,这种估计具有一种递归性质,即

$$f_n^{(r)}(x) = \frac{n-1}{n} f_{n-1}^{(r)}(x) + \frac{1}{nh_n^{1+r}} K_r\left(\frac{X_n - x}{h_n}\right).$$

由上式递推关系可知,用递归核估计去估计 $f^{(r)}(x)$ 时,只需通过上式进行递归计算,即在增加样本点的情形下不必重新计算所有项,只需计算新的添加项,而用普通的核估计的话必须重新计算所有项,所以上式可以大大减少计算量.另一方面,递归核估计在不同区间能取不同的适当窗宽,克服了估计的过度平滑和过度锐化,能够较全面地刻画密度函数,因此提高了估计的效率.

定义 $\alpha(x)$ 的估计量由下式给出:

$$a_n(x) = g(x)f_n(x) + \frac{\theta_0}{u(x)} f_n^{(1)}(x). \tag{5.1.15}$$

由先验假设(C)给出的 A_1, A_2,结合(5.1.12)式,EB 检验函数定义为

$$\delta_n(x) = \begin{cases} 1, & x \le A_1 \left(\text{或} A_1 < x < A_2 \text{且} \alpha_n(x) \le 0\right), \\ 0, & x \ge A_2 \left(\text{或} A_1 < x < A_2 \text{且} \alpha_n(x) > 0\right). \end{cases} \tag{5.1.16}$$

本文中令 E_n 表示对 r.v. $X_1, X_2, \cdots, X_n$ 的联合分布求均值,则 $\delta_n(x)$ 的全面 Bayes 风险为

$$R_n = R_n(\delta_n, G) = a\int_x \alpha(x) E_n[\delta_n(x)]\mathrm{d}x + C_G. \tag{5.1.17}$$

若 $\lim\limits_{n \to \infty} R_n = R(G)$,则称 $\{\delta_n(x)\}$ 为 a.o. 的 EB 检验函数,$R_n - R(G) = O(n^{-q})$,$q > 0$,则称 EB 检验函数 $\{\delta_n(x)\}$ 的收敛速度阶为 $O(n^{-q})$. 为导出 δ_n 的收敛速度,我们给出下述引理.

令 $c, c_0, c_1, c_2, \cdots$ 表示常数,即使在同一式子中它们也可能取不同的数值.

引理 5.1.1　设 $f_n^{(r)}(x)$ 由 (5.1.14) 式定义,$s \ge 3$ 且为正整数,其中 $X_1, X_2, \cdots, X_n$ 为独立同分布 iid 样本,若条件 (A) 和 (B) 成立且 $f_n^{(r)}(x)$ 连续,$h_n \downarrow 0$,当取 $h_n = n^{-\frac{1}{2(s-1)}}$ 时,对 $0 < \lambda \le 1$,则有

$$E_n\left|f_n^{(r)}(x) - f^{(r)}(x)\right|^{2\lambda} \le cn^{-\frac{\lambda(s-r-1.5)}{s-1}}, r = 0, 1.$$

证明　由 C_r 不等式可知,对 $r = 0, 1$ 有

$$E_n\left|f_n^{(r)}(x) - f^{(r)}(x)\right|^{2\lambda} \le c_1\left|E_n f_n^{(r)}(x) - f^{(r)}(x)\right|^{2\lambda} + c_2\left[\operatorname{Var}\left(f_n^{(r)}(x)\right)\right]^{\lambda}$$

$$\triangleq c_1 I_1^{2\lambda} + c_2 I_2^{\lambda}. \tag{5.1.18}$$

由递归函数的核估计和核函数的性质可知

$$E_n f_n^{(r)}(x) = \frac{1}{n}\sum_{i=1}^{n}\frac{1}{h_i^{1+r}}E_n\left(K_r\left(\frac{X_i - x}{h_i}\right)\right) = \frac{1}{n}\sum_{i=1}^{n}\frac{1}{h_i^{1+r}}\int_x^{x+h_i}K_r\left(\frac{y-x}{h_i}\right)f(y)\mathrm{d}y$$

$$= \frac{1}{n}\sum_{i=1}^{n}\frac{1}{h_i^{r}}\int_0^1 K_r(t)f(x+th_i)\mathrm{d}t. \tag{5.1.19}$$

由 Taylor 展开得

$$f(x+th_n) = f(x) + \sum_{l=1}^{s-1}f^{(l)}(x)\frac{(th_n)^l}{l!} + f^{(s)}(x^*)\frac{(th_n)^s}{s!}, x \le x^* \le x+th_n. \tag{5.1.20}$$

将 (5.1.20) 式代入 (5.1.19) 式可得

$$E_n f_n^{(r)}(x) = \frac{1}{n}\sum_{i=1}^{n}\frac{1}{h_i^{r}}\left[f^{(r)}(x)h_i^r + \int_0^1 K_r(t)f^{(s)}(x^*)\frac{(th_i)^s}{s!}\mathrm{d}t\right]$$

$$= f^{(r)}(x) + \frac{1}{n}\left[\sum_{i=1}^{n} h_i^{s-r}\int_0^1 K_r(t)f^{(s)}(x^*)\frac{t^s}{s!}\mathrm{d}t\right]. \tag{5.1.21}$$

由 $f(x)\in C_{s,\alpha}$ 及 $|K_r(t)|\le C$ 可知

$$I_1 = \left|E_n f_n^{(r)}(x) - f^{(r)}(x)\right| \le c\frac{1}{n}\sum_{i=1}^{n} h_i^{s-r}, \tag{5.1.22}$$

$$I_2 = \mathrm{Var}\left[\frac{1}{n}\sum_{i=1}^{n}\frac{1}{h_n^{1+r}}K_r\left(\frac{X_i-x}{h_i}\right)\right] = \sum_{i=1}^{n}\frac{1}{n^2 h_i^{2+2r}}E_n\left[K_r\left(\frac{X_i-x}{h_i}\right)\right]^2$$

$$= \sum_{i=1}^{n}\frac{1}{n^2 h_i^{2+2r}}\int_x^{x+h_i}K_r^2\left(\frac{y-x}{h_i}\right)f(y)\mathrm{d}y = \frac{1}{n^2}\sum_{i=1}^{n}\frac{1}{h_i^{1+2r}}\int_0^1 K_r^2(t)f(x+th_i)\mathrm{d}t.$$

再由 $f(x)\in C_{s,\alpha}$ 及 $|K_r(t)|\le M$，h_n 单调递减，$\lim_{n\to\infty}h_n=0$ 可知

$$I_2 \le c\left(nh_n^{1+2r}\right)^{-1}. \tag{5.1.23}$$

取 $h_i = i^{-\frac{1}{2(s-1)}}$ 时可知

$$h_i = i^{-\frac{1}{2(s-2)}} \le i^{-\frac{1}{2(s-r)}}\,(r=0,1).$$

由(5.1.22)式可得

$$I_1 \le c\frac{1}{n}\sum_{i=1}^{n} h_i^{s-r} \le c\frac{1}{n}\sum_{i=1}^{n} i^{-\frac{1}{2}} \le c\frac{1}{n}\int_0^\infty x^{-\frac{1}{2}}\mathrm{d}x \le cn^{-\frac{1}{2}}.$$

故有

$$I_1^{2\lambda} \le cn^{-\lambda}. \tag{5.1.24}$$

由(5.1.23)式，取 $h_n = n^{-\frac{1}{2(s-1)}}$ 时，有

$$I_2^{\lambda} \le c\left(nh_n^{1+2r}\right)^{-\lambda} \le cn^{-\frac{\lambda(s-r-1.5)}{s-1}}. \tag{5.1.25}$$

将(5.1.24)和(5.1.25)式代入(5.1.18)式，结论成立.

注5.1.1 当 $0<\lambda\le 1$ 时，$O\left(n^{-\frac{\lambda(s-r-1.5)}{s-1}}\right)$ 可任意接近 $O(n^{-1})$.

5.1.3 EB检验函数的收敛速度

定理5.1.1 设 $\delta_n(x)$ 由(5.1.16)式定义，其中 $X_1, X_2, \cdots, X_n$ 为独立同分布样本，且假定(A)~(C)成立，且 $f_n^{(r)}(x)$ 连续，$h_n\downarrow 0$，若 $0<\lambda\le 1$，取 $h_n = n^{-\frac{1}{2(s-1)}}$ 时，则有

$$R_n - R(G) = O\left(n^{-\frac{\lambda(s-2.5)}{s-1}}\right).$$

此处 $s > 2$ 为给定的一个正整数.

证明　由(5.1.13)和(5.1.17)式可知

$$0 \leqslant R_n - R(G) = a\int_0^\infty \alpha(x)\big(E_n(\delta_n(x)) - \delta_G(x)\big)\mathrm{d}x$$

$$= a\int_0^{A_1}\alpha(x)\big(E_n(\delta_n(x)) - \delta_G(x)\big)\mathrm{d}x + a\int_{A_1}^{a_G}\alpha(x)\big(E_n(\delta_n(x)) - \delta_G(x)\big)\mathrm{d}x$$

$$+ a\int_{a_G}^{A_2}\alpha(x)\big(E_n(\delta_n(x)) - \delta_G(x)\big)\mathrm{d}x + a\int_{A_2}^\infty \alpha(x)\big(E_n(\delta_n(x)) - \delta_G(x)\big)\mathrm{d}x$$

$$= a\sum_{i=1}^4 J_i. \tag{5.1.26}$$

由(5.1.9)和(5.1.15)式、C_r 不等式与引理 5.1.1 可知

$$E\big|\alpha_n(x) - \alpha(x)\big|^{2\lambda} \leqslant E\left|\big[f_n(x) - f(x)\big]g(x) + \frac{\theta_0}{u(x)}\big[f_n^{(1)}(x) - f^{(1)}(x)\big]\right|^{2\lambda}$$

$$\leqslant c_1\big|g(x)\big|^{2\lambda}E\big|f_n(x) - f(x)\big|^{2\lambda} + c_2\left(\frac{\theta_0}{u(x)}\right)^{2\lambda}E\big|f_n^{(1)}(x) - f^{(1)}(x)\big|^{2\lambda}$$

$$\leqslant \Big[c_1\big|g(x)\big|^{2\lambda} + c_2\big(u(x)\big)^{-2\lambda}\Big]n^{-\frac{\lambda(s-2.5)}{s-1}}, \tag{5.1.27}$$

其中 $g(x)$ 和 $u(x)$ 分别由(5.1.7)和(5.1.9)式给出.

当 $x \in (0, A_1)$ 时，由(5.1.12)和(5.1.16)式可知，$\delta_n(x) = 1$，$\delta_G(x) = 1$；当 $x \in (A_2, \infty)$ 时，$\delta_n(x) = 0$，$\delta_G(x) = 0$. 故 $E_n(\delta_n(x)) - \delta_G(x) = 0$，因此

$$J_1 = \int_0^{A_1}\alpha(x)\big(E_n(\delta_n(x)) - \delta_G(x)\big)\mathrm{d}x = 0, \tag{5.1.28}$$

$$J_4 = \int_{A_4}^\infty \alpha(x)\big(E_n(\delta_n(x)) - \delta_G(x)\big)\mathrm{d}x = 0. \tag{5.1.29}$$

当 $x \in (A_1, a_G)$ 时，由(5.1.12)和(5.1.16)式可知

$$\delta_G(x) = 1, E_n\delta_n(x) = P(\alpha_n(x) < 0).$$

利用 Markov 不等式和(5.1.27)式有

$$J_2 = \int_{A_1}^{a_G}\alpha(x)\big(E_n(\delta_n(x)) - \delta_G(x)\big)\mathrm{d}x = \int_{A_1}^{a_G}\alpha(x)\big(P(\alpha_n(x) \leqslant 0) - 1\big)\mathrm{d}x$$

$$\leqslant \int_{A_1}^{a_G}\big|\alpha(x)\big|P\big(\big|\alpha_n(x) - \alpha(x)\big| \geqslant \big|\alpha(x)\big|\big)\mathrm{d}x \leqslant \int_{A_1}^{a_G}\big|\alpha(x)\big|^{1-2\lambda}E\big|\alpha_n(x) - \alpha(x)\big|^{2\lambda}\mathrm{d}x$$

$$\leqslant cn^{-\frac{\lambda(s-2.5)}{s-1}}\left(c_1\int_{A_1}^{a_G}\big|\alpha(x)\big|^{1-2\lambda}\big|u(x)\big|^{-2\lambda}\mathrm{d}x + c_2\int_{A_1}^{a_G}\big|\alpha(x)\big|^{1-2\lambda}\big|g(x)\big|^{2\lambda}\mathrm{d}x\right).$$

当 $0 < \lambda \leq \dfrac{1}{2}$ 时，$0 \leq 1 - 2\lambda < 1$，且 $\big|\alpha(x)\big|^{1-2\lambda}$，$\big|u(x)\big|^{-2\lambda}$ 和 $\big|g(x)\big|^{2\lambda}$ 关于 x 在闭区间 $[A_1, a_G]$ 上是连续函数，由闭区间上连续函数的有界性知

$$\int_{A_1}^{a_G} \big|\alpha(x)\big|^{1-2\lambda} \big|u(x)\big|^{-2\lambda} \mathrm{d}x < \infty, \quad \int_{A_1}^{a_G} \big|\alpha(x)\big|^{1-2\lambda} \big|g(x)\big|^{2\lambda} \mathrm{d}x < \infty,$$

因此

$$J_2 \leq cn^{-\frac{\lambda(s-2.5)}{s-1}}.$$

当 $\dfrac{1}{2} < \lambda \leq 1$ 时，$\lim\limits_{x \to a_G} \big|\alpha(x)\big| = \lim\limits_{x \to a_G} \theta_0 f(x) \big|\big(\theta_0^{-1} - \varphi(x)\big)\big| = 0$，且 $\int_{A_1}^{a_G} \big|\alpha(x)\big|^{1-2\lambda} \mathrm{d}x = \int_{A_1}^{a_G} \dfrac{1}{\big|\alpha(x)\big|^{2\lambda-1}} \mathrm{d}x$ 是第二类瑕积分，瑕点为 $x = a_G$. 由 (5.1.8)、(5.1.10) 式和第二类瑕积分的比较判别法则知

$$\lim_{x \to a_G} \frac{(a_G - x)^{2\lambda-1}}{\big|\alpha(x)\big|^{2\lambda-1}} = \lim_{x \to a_G} \left(\frac{1}{f(x)} \frac{x - a_G}{\theta_0 \varphi(x) - 1} \right)^{2\lambda-1}$$

$$= \left(\frac{1}{\theta_0 f(a_G)} \lim_{x \to a_G} \left(\frac{-1}{\varphi^{(1)}(x)} \right) \right)^{2\lambda-1}$$

$$= \left(\frac{1}{\theta_0 f(a_G)} \frac{1}{\big|\varphi^{(1)}(a_G)\big|} \right)^{2\lambda-1} > 0,$$

$\int_{A_1}^{a_G} \dfrac{1}{\big|\alpha(x)\big|^{2\lambda-1}} \mathrm{d}x$ 与 $\int_{A_1}^{a_G} \dfrac{1}{(a_G - x)^{2\lambda-1}} \mathrm{d}x$ 同敛散. 因为 $\dfrac{1}{2} < \lambda \leq 1$ 时 $\int_{A_1}^{a_G} \dfrac{1}{(a_G - x)^{2\lambda-1}} \mathrm{d}x$ 是收敛的，$\dfrac{1}{u(x)}$，$\dfrac{u^{(1)}(x)}{u^2(x)}$ 均为闭区间 $[A_1, a_G]$ 上的连续函数，故由连续函数有界性知，$\int_{A_1}^{a_G} \big|u(x)\big|^{-2\lambda} \mathrm{d}x \leq M_1$，$\big|g(x)\big|^{2\lambda} \leq M_2$，故

$$J_2 \leq cn^{-\frac{\lambda(s-2.5)}{s-1}} \left(c_1 M_1 \int_{A_1}^{a_G} \frac{1}{(a_G - x)^{2\lambda-1}} \mathrm{d}x + c_2 M_2 \int_{A_1}^{a_G} \frac{1}{(a_G - x)^{2\lambda-1}} \mathrm{d}x \right)$$

$$\leq cn^{-\frac{\lambda(s-2.5)}{s-1}}. \tag{5.1.30}$$

同理可证

$$J_3 = \int_{a_G}^{A_2} \alpha(x) \big(E_n(\delta_n(x)) - \delta_G(x)\big) \mathrm{d}x \leq \int_{a_G}^{A_2} \alpha(x) \big|P\big(\big|\alpha_n(x) - \alpha(x)\big| \geq \big|\alpha(x)\big|\big)\big| \mathrm{d}x$$

$$\leq \int_{a_G}^{A_2} \big|\alpha(x)\big|^{1-2\lambda} E\big|\alpha_n(x) - \alpha(x)\big|^{2\lambda} \mathrm{d}x \leq cn^{-\frac{\lambda(s-2.5)}{s-1}}. \tag{5.1.31}$$

所以,将(5.1.28)~(5.1.31)式代入(5.1.26)式可得

$$R_n - R(G) = a\sum_{i=1}^{4} J_i = O\left(n^{-\frac{\lambda(s-2.5)}{s-1}}\right).$$

注5.1.2 黄金超等(2012b)在 iid 样本下给出的经验 Bayes(EB)检验函数,收敛速度的阶为 $O\left(n^{-\frac{\lambda s}{2s+1}}\right)$,其中 $0<\lambda\le 1$,$s\ge 2$,当 $\lambda\to 1$,$s\to\infty$ 时,收敛速度的阶可任意接近 $O\left(n^{-\frac{1}{2}}\right)$.本文在 iid 样本下利用递归核估计和 EB 检验函数的单调性构造 EB 检验函数,得到收敛速度的阶为 $O\left(n^{-\frac{\lambda(s-2.5)}{s-1}}\right)$,其中 $0<\lambda\le 1$,$s\ge 3$,当 $\lambda\to 1$,$s\to\infty$ 时,收敛速度的阶可任意接近 $O(n^{-1})$,比黄金超等(2012b)文中的收敛速度几乎快了1倍,极大改进了黄金超等(2012b)文中的结果.

5.1.4　例　子

下面举例说明适合文中定理条件的 Weibull 族和先验分布是存在的.在模型(5.1.1)式中,令 m 为给定已知正整数,其中,取 θ 的先验分布为

$$g(\theta) = \frac{a^b}{\Gamma(b)}\theta^{-(b+1)}e^{-\frac{a}{\theta}}I_{[\theta>0]},\tag{5.1.32}$$

a 和 b 为已知常数,$a>0$,$b>0$.所以有

$$\begin{aligned}f(x) &= \int_\Omega f(x|\theta)\mathrm{d}G(\theta)\\&= -\frac{a^b\Gamma(b+1)mx^{m-1}}{\Gamma(b)(x^m+a)^{b+1}}\int_0^\infty \frac{(x^m+a)^{b+1}}{\Gamma(b+1)}\left(\frac{1}{\theta}\right)^b\exp\left((-x^m+a)/\theta\right)\mathrm{d}\left(\frac{1}{\theta}\right)\\&= \frac{mx^{m-1}ba^b}{(x^m+a)^{b+1}}.\end{aligned}\tag{5.1.33}$$

由(5.1.33)式易见 $f(x)$ 为 x 任意阶可导函数,导函数连续,一致有界,即 $f(x)\in C_{s,\alpha}$,条件(A)成立,在假定 iid 样本下所加条件(B)成立,因此只需验证条件(C)成立即可.

$$\varphi(x) = \frac{\int_\Omega \theta^{-2}\exp(-x^m/\theta)\mathrm{d}G(\theta)}{\int_\Omega \theta^{-1}\exp(-x^m/\theta)\mathrm{d}G(\theta)} = \frac{\Gamma(b+2)/(x^m+a)^{b+2}}{\Gamma(b+1)/(x^m+a)^{b+1}} = \frac{b+1}{x^m+a},\tag{5.1.34}$$

$$\varphi'(x) = -\frac{b+1}{\left(x^m + a\right)^2} m x^{m-1} \leqslant 0 .$$

故 $\varphi(x)$ 在 $x > 0$ 时单调递减，$\lim_{x \to 0^+} \varphi(x) = \frac{b+1}{a}$, $\lim_{x \to +\infty} \varphi(x) = 0$. 不妨假设 $A_1 = 10^{-8}$, $A_2 = 10^8$, $\theta_0(b+1) \geqslant a$, 因为 $a_G = \sqrt[m]{\theta_0(b+1) - a}$,

所以

$$\max\left\{\theta_0(b+1) - 10^{8m}, 0\right\} < a \leqslant \theta_0(b+1) - 10^{-8m} ,$$

有

$$\lim_{x \to 0^+} \varphi(x) > \theta_0^{-1} = \varphi(a_G) > \lim_{x \to +\infty} \varphi(x).$$

即假设条件(C)也成立,故定理5.1.1结论成立.

§5.2 Lomax分布族形状参数的 经验Bayes检验函数的收敛速度

5.2.1 引 言

经验 Bayes 检验函数问题在文献中已有许多研究,对于连续型单参数指数族参数的 EB 检验问题,如 Johns(1972),Van Houwelingen(1976),Liang(2000)等对其做了不同程度的工作,魏莉等(2007)研究了刻度指数族参数的经验 Bayes 检验的收敛速度,陈玲等(2009)研究了连续型单参数指数族参数的经验 Bayes 检验的收敛速度,彭家龙等(2014b)研究了 Lomax 分布族形状参数的经验 Bayes 检验问题,在适当的条件下获得的收敛速度的阶可任意接近 $O\left(n^{-\frac{1}{2}}\right)$. 与以上文献的主要不同之处是,本文利用递归核估计构造 Lomax 分布族形状参数的经验 Bayes 检验函数,并利用密度函数的递归核估计和 Bayes 检验函数的单调性,修改 EB 检验函数的构造方法,在较弱的条件下极大改进了文献彭家龙等(2014b)的收敛速度阶的结果,在适当的条件下收敛速度的阶可任意接近 $O(n^{-1})$,且证明方法较简单.

考虑如下模型(见彭家龙等,2014b),设随机变量 X 条件概率密度为

$$f(x|\theta) = \frac{\theta}{m}\left(1 + \frac{x}{m}\right)^{-(\theta+1)} I_{(x>0)}, \tag{5.2.1}$$

其中 m 和 θ 分别为尺度参数和形状参数（$m>0$），且本文假定 m 为已知常数，样本空间为 $\chi=\{x|x>0\}$，参数空间为 $\Omega=\{\theta|\theta>0\}$．

本文考虑分布族(5.2.1)式中参数 θ 的如下 EB 检验问题：

$$H_0:\theta\leqslant\theta_0\leftrightarrow H_1:\theta>\theta_0，\tag{5.2.2}$$

其中 $\theta_0>0$，为已知常数．

对检验函数(5.2.2)，取损失函数为下列"线性损失"：

$$L_j(\theta,d_j)=(1-j)a(\theta-\theta_0)I_{[\theta-\theta_0>0]}+ja(\theta_0-\theta)I_{[\theta-\theta_0\leqslant0]}\ (j=0,1)，\tag{5.2.3}$$

其中 a 是正常数，$D=\{d_0,d_1\}$ 是行动空间，d_0 表示接受 H_0，d_1 表示否定 H_0，$I_{[A]}$ 表示集合 A 的示性函数．

设

$$\delta(x)=P(\text{接受}H_0|X=x)，\tag{5.2.4}$$

为随机化判别函数，则在先验分布 $G(\theta)$ 下 $\delta(x)$ 的风险函数为

$$
\begin{aligned}
R(\delta,G)&=\int_\Omega\int_\chi\Big[L_0(\theta,d_0)f(x|\theta)\delta(x)+L_1(\theta,d_1)f(x|\theta)(1-\delta(x))\Big]\mathrm{d}x\mathrm{d}G(\theta)\\
&=\int_\Omega\int_\chi\Big[L_0(\theta,d_0)-L_1(\theta,d_1)\Big]f(x|\theta)\delta(x)\mathrm{d}x\mathrm{d}G(\theta)+\int_\Omega\int_\chi L_1(\theta,d_1)f(x|\theta)\mathrm{d}x\mathrm{d}G(\theta)\\
&=a\int_\chi\alpha(x)\delta(x)\mathrm{d}x+C_G．
\end{aligned}\tag{5.2.5}
$$

此处

$$C_G=\int_\Omega\int_\chi L_1(\theta,d_1)f(x|\theta)\mathrm{d}x\mathrm{d}G(\theta)=\int_\Omega L_1(\theta,d_1)\mathrm{d}G(\theta)，$$

$$
\begin{aligned}
\alpha(x)&=\int_\Omega(\theta-\theta_0)f(x|\theta)\mathrm{d}G(\theta)=\int_\Omega\theta f(x|\theta)\mathrm{d}G(\theta)-\theta_0f(x)\\
&=f(x)(\varphi(x)-\theta_0)，
\end{aligned}\tag{5.2.6}
$$

其中

$$f(x)=\int_\Omega f(x|\theta)\mathrm{d}G(\theta)=\int_\Omega\frac{\theta}{m}\Big(1+\frac{x}{m}\Big)^{-(\theta+1)}\mathrm{d}G(\theta)，\tag{5.2.7}$$

为 r.v. X 的边缘分布．这里

$$\varphi(x)=\frac{\int_\Omega\theta f(x|\theta)\mathrm{d}G(\theta)}{f(x)}=\frac{\int_\Omega\theta\frac{\theta}{m}\Big(1+\frac{x}{m}\Big)^{-(\theta+1)}\mathrm{d}G(\theta)}{\int_\Omega\frac{\theta}{m}\Big(1+\frac{x}{m}\Big)^{-(\theta+1)}\mathrm{d}G(\theta)}=E(\theta|x)，\tag{5.2.8}$$

$$\int_\Omega\theta f(x|\theta)\mathrm{d}G(\theta)=\int_\Omega\theta\frac{\theta}{m}\Big(1+\frac{x}{m}\Big)^{-(\theta+1)}\mathrm{d}G(\theta)=-f(x)-(m+x)f^{(1)}(x)，\tag{5.2.9}$$

$f^{(1)}(x)$ 为 $f(x)$ 一阶导数，由(5.2.6)和(5.2.9)式，$\alpha(x)$ 的另一表达式为

$$\alpha(x)=f(x)\big(\varphi(x)-\theta_0\big)=(-1-\theta_0)f(x)-(m+x)f^{(1)}(x). \qquad (5.2.10)$$

由 Cauchy–Schwarz 不等式和 (5.2.8) 式可得

$$\varphi^{(1)}(x)=\frac{\left[-\int_{\Omega}\theta^3\Big(1+\dfrac{x}{m}\Big)^{-(\theta+1)}\mathrm{d}G(\theta)\int_{\Omega}\theta\Big(1+\dfrac{x}{m}\Big)^{-(\theta+1)}\mathrm{d}G(\theta)+\left(\int_{\Omega}\theta^2\Big(1+\dfrac{x}{m}\Big)^{-(\theta+1)}\mathrm{d}G(\theta)\right)^2\right]}{(m+x)\left[\int_{\Omega}\theta\Big(1+\dfrac{x}{m}\Big)^{-(\theta+1)}\mathrm{d}G(\theta)\right]^2}$$

$$\leqslant 0, \qquad (5.2.11)$$

所以,对于 $m>0,0<x<+\infty$,$\varphi(x)$ 是单调递减连续函数.

本文假定

$$\lim_{x\to+\infty}\varphi(x)<\theta_0<\lim_{x\to 0^+}\varphi(x). \qquad (5.2.12)$$

在假定 (5.2.12) 下先验 $G(\theta)$ 是非退化的,故 $\varphi(x)$ 是严格单调降的.再由 $\varphi(x)$ 的连续性和连续函数的介值定理可知,必存在点 $a_G\in(0,+\infty)$,使得 $\varphi(a_G)=\theta_0$.又由 (5.2.10) 式可知

$$\alpha(x)\leqslant 0\Leftrightarrow\varphi(x)\leqslant\theta_0\Leftrightarrow x\geqslant a_G,\ \alpha(x)>0\Leftrightarrow\varphi(x)>\theta_0\Leftrightarrow x<a_G.$$

因此,由 (5.2.5) 式可知 Bayes 判决函数为

$$\delta_G(x)=\begin{cases}1,\ \alpha(x)\leqslant 0,\\0,\ \alpha(x)>0\end{cases}=\begin{cases}1,\ \varphi(x)\leqslant\theta_0,\\0,\ \varphi(x)>\theta_0\end{cases}=\begin{cases}1,\ x\geqslant a_G,\\0,\ x<a_G.\end{cases} \qquad (5.2.13)$$

其 Bayes 风险为

$$R(G)=\inf_{\delta}R(\delta,G)=R(\delta_G,G)=a\int_{\chi}\alpha(x)\delta_G(x)\mathrm{d}x+C_G. \qquad (5.2.14)$$

在 (5.2.14) 式中,当先验分布 $G(\theta)$ 已知,且 $\delta(x)=\delta_G(x)$ 是可以达到的,但此处 $G(\theta)$ 未知,因而 $\delta_G(x)$ 无使用价值,于是考虑引入 EB 方法.

5.2.2　EB 检验函数的构造

设 $X_1,X_2,\cdots,X_n$ 和 X 是独立同分布样本 (iid),它们具有共同的边缘密度函数如 (5.2.7) 式所示,通常称 $X_1,X_2,\cdots,X_n$ 为历史样本,称 X 为当前样本.令 $f(x)$ 为 X_1 的概率密度函数,同分布样本 (iid) 作如下假定:

(A) $f(x)\in C_{s,\alpha},x\in(0,+\infty)$.

假定 $C_{s,\alpha}$ 表示 $\mathbb{R}^1$ 中一族概率密度函数,其 s 阶导数存在,连续且绝对值不超过 $\alpha,s>2$ 且为正整数.

令 $K_r(x)(r=0,1,\cdots,s-1)$ 是 Borel 可测的有界函数,在区间 $(0,1)$ 之外为 0,且满足下列条件(B):

(B₁) $\dfrac{1}{t!}\displaystyle\int_0^1 y^t K_r(y)\mathrm{d}y = \begin{cases} 1, & t=r, \\ 0, & t\neq r, t=1,2,\cdots,s-1. \end{cases}$

(B₂) $K_r(x)$ 在 $\mathbb{R}^1$ 上除有限点集 E_0 外是可微的, 且 $\displaystyle\sup_{x\in\mathbb{R}^1-E_0}\left|K_r^{'}(x)\right|\leqslant C<\infty.$

本文假定先验分布 $G(\theta)$ 非退化,且属于下列先验分布类:

(C) $\Gamma(A_1,A_2)=\left\{G(\theta)\big| A_1<a_G<A_2\right\}.$

记 $f^{(0)}(x)=f(x)$, $f^{(r)}(x)$ 表示 $f(x)$ 的第 r 阶导数, $r=0,1,\cdots,s.$ 类似黄金超等(2014b),定义密度函数 $f^{(r)}(x)$ 的递归核估计为

$$f_n^{(r)}(x)=\frac{1}{n}\sum_{i=1}^n\frac{1}{h_i^{1+r}}K_r\left(\frac{X_i-x}{h_i}\right), \tag{5.2.15}$$

其中 $\{h_n\}$ 为正数递减序列,且 $\lim\limits_{n\to\infty}h_n=0$, $K_r(x)$ 是满足条件(B)的核函数,这种估计具有一种递归性质,即

$$f_n^{(r)}(x)=\frac{n-1}{n}f_{n-1}^{(r)}(x)+\frac{1}{nh_n^{1+r}}K_r\left(\frac{X_n-x}{h_n}\right).$$

由上式递推关系可知,用递归核估计去估计 $f^{(r)}(x)$ 时,只需通过上式进行递归计算,即在增加样本点的情形下不必重新计算所有项,只需计算新的添加项,而用普通的核估计的话必须重新计算所有项,所以上式可以大大减少计算量.另一方面,递归核估计在不同区间能取不同的适当窗宽,克服了估计的过度平滑和过度锐化,能够较全面地刻画密度函数,因此提高了估计的效率.

定义 $\alpha(x)$ 的估计量由下式给出:

$$\alpha(x)=(-1-\theta_0)f_n(x)-(m+x)f_n^{(1)}(x). \tag{5.2.16}$$

由先验假设(C)给出的 A_1,A_2 ,结合(5.2.13)式,EB 检验函数定义为

$$\delta_n(x)=\begin{cases} 1, & x\leqslant A_1(或 A_1<x<A_2 且 \alpha_n(x)\leqslant 0), \\ 0, & x\geqslant A_2(或 A_1<x<A_2 且 \alpha_n(x)>0). \end{cases} \tag{5.2.17}$$

本文中令 E_n 表示对 r.v. $X_1,X_2,\cdots,X_n$ 的联合分布求均值,则 $\delta_n(x)$ 的全面 Bayes 风险为

$$R_n=R_n(\delta_n,G)=a\int_x\alpha(x)E_n[\delta_n(x)]\mathrm{d}x+C_G, \tag{5.2.18}$$

若 $\lim\limits_{n\to\infty} R_n = R(G)$，则称 $\{\delta_n(x)\}$ 为 a.o. 的 EB 检验函数，$R_n - R(G) = O(n^{-q})$，$q > 0$，则称 EB 检验函数 $\{\delta_n(x)\}$ 的收敛速度为 $O(n^{-q})$. 为导出 δ_n 的收敛速度，我们给出下述引理.

令 $c, c_0, c_1, c_2, \cdots$ 表示常数，即使在同一式子中它们也可能取不同的数值.

引理 5.2.1 设 $f_n^{(r)}(x)$ 由 (5.2.15) 式定义，$s \geqslant 3$ 且为正整数，其中 $X_1, X_2, \cdots, X_n$ 为独立同分布 iid 样本，若条件 (A) 和 (B) 成立且 $f_n^{(r)}(x)$ 连续，$h_n \downarrow 0$，当取 $h_n = n^{-\frac{1}{2(s-1)}}$ 时，对 $0 < \lambda \leqslant 1$，则有

$$E_n \left| f_n^{(r)}(x) - f^{(r)}(x) \right|^{2\lambda} \leqslant c n^{-\frac{\lambda(s-r-1.5)}{s-1}}, \; r = 0, 1.$$

证明 由 C_r 不等式可知，对 $r = 0, 1$ 有

$$E_n \left| f_n^{(r)}(x) - f^{(r)}(x) \right|^{2\lambda} \leqslant c_1 \left| E_n f_n^{(r)}(x) - f^{(r)}(x) \right|^{2\lambda} + c_2 \left[\mathrm{Var}\left(f_n^{(r)}(x) \right) \right]^{\lambda}$$

$$\triangleq c_1 I_1^{2\lambda} + c_2 I_2^{\lambda}. \tag{5.2.19}$$

由递归函数的核估计和核函数的性质可知

$$E_n f_n^{(r)}(x) = \frac{1}{n} \sum_{i=1}^n \frac{1}{h_i^{1+r}} E_n \left(K_r \left(\frac{X_i - x}{h_i} \right) \right) = \frac{1}{n} \sum_{i=1}^n \frac{1}{h_i^{1+r}} \int_x^{x+h_i} K_r \left(\frac{y - x}{h_i} \right) f(y) \mathrm{d}y$$

$$= \frac{1}{n} \sum_{i=1}^n \frac{1}{h_i^r} \int_0^1 K_r(t) f(x + t h_i) \mathrm{d}t. \tag{5.2.20}$$

由 Taylor 展开得

$$f(x + t h_n) = f(x) + \sum_{l=1}^{s-1} f^{(l)}(x) \frac{(t h_n)^l}{l!} + f^{(s)}(x^*) \frac{(t h_n)^s}{s!}, \; x \leqslant x^* \leqslant x + t h_n. \tag{5.2.21}$$

将 (5.2.21) 式代入 (5.2.20) 式可得

$$E_n f_n^{(r)}(x) = \frac{1}{n} \sum_{i=1}^n \frac{1}{h_i^r} \left[f^{(r)}(x) h_i^r + \int_0^1 K_r(t) f^{(s)}(x^*) \frac{(t h_i)^s}{s!} \mathrm{d}t \right]$$

$$= f^{(r)}(x) + \frac{1}{n} \left[\sum_{i=1}^n h_i^{s-r} \int_0^1 K_r(t) f^{(s)}(x^*) \frac{t^s}{s!} \mathrm{d}t \right]. \tag{5.2.22}$$

由 $f(x) \in C_{s,\alpha}$ 及 $|K_r(t)| \leqslant C$ 可知

$$I_1 = \left| E_n f_n^{(r)}(x) - f^{(r)}(x) \right| \leqslant c \frac{1}{n} \sum_{i=1}^n h_i^{s-r}, \tag{5.2.23}$$

$$I_2 = \mathrm{Var}\left[\frac{1}{n}\sum_{i=1}^{n}\frac{1}{h_n^{1+r}}K_r\left(\frac{X_i-x}{h_i}\right)\right] = \sum_{i=1}^{n}\frac{1}{n^2 h_i^{2+2r}}E_n\left[K_r\left(\frac{X_i-x}{h_i}\right)\right]^2$$

$$= \sum_{i=1}^{n}\frac{1}{n^2 h_i^{2+2r}}\int_x^{x+h_i}K_r^2\left(\frac{y-x}{h_i}\right)f(y)\mathrm{d}y = \frac{1}{n^2}\sum_{i=1}^{n}\frac{1}{h_i^{1+2r}}\int_0^1 K_r^2(t)f(x+th_i)\mathrm{d}t.$$

再由 $f(x)\in C_{s,\alpha}$ 及 $|K_r(t)|\leqslant M$, h_n 单调递减, $\lim\limits_{n\to\infty}h_n=0$ 可知

$$I_2 \leqslant c\left(nh_n^{1+2r}\right)^{-1}. \tag{5.2.24}$$

取 $h_i = i^{-\frac{1}{2(s-1)}}$ 时可知

$$h_i = i^{-\frac{1}{2(s-2)}} \leqslant i^{-\frac{1}{2(s-r)}}(r=0,1).$$

由(5.2.23)式可得

$$I_1 \leqslant c\frac{1}{n}\sum_{i=1}^{n}h_i^{s-r} \leqslant c\frac{1}{n}\sum_{i=1}^{n}i^{-\frac{1}{2}} \leqslant c\frac{1}{n}\int_0^\infty x^{-\frac{1}{2}}\mathrm{d}x \leqslant cn^{-\frac{1}{2}}.$$

故有

$$I_1^{2\lambda} \leqslant cn^{-\lambda}. \tag{5.2.25}$$

由(5.2.24)式取 $h_n = n^{-\frac{1}{2(s-1)}}$ 时,有

$$I_2^{\lambda} \leqslant c\left(nh_n^{1+2r}\right)^{-\lambda} \leqslant cn^{-\frac{\lambda(s-r-1.5)}{s-1}}. \tag{5.2.26}$$

将(5.2.25)和(5.2.26)式代入(5.2.19)式,结论成立.

注5.2.1   当 $0<\lambda\leqslant 1$ 时, $O\left(n^{-\frac{\lambda(s-r-1.5)}{s-1}}\right)$ 可任意接近 $O\left(n^{-1}\right)$.

5.2.3 EB检验函数的收敛速度

定理5.2.1   设 $\delta_n(x)$ 由(5.2.17)式定义,其中 $X_1, X_2, \cdots, X_n$ 为独立同分布(iid)样本,假定(A)~(C)成立,且 $f_n^{(r)}(x)$ 连续, $h_n\downarrow 0$,若 $0<\lambda<1$,取 $h_n = n^{-\frac{1}{2(s-1)}}$ 时,则有

$$R_n - R(G) = O\left(n^{-\frac{\lambda(s-2.5)}{s-1}}\right).$$

此处 $s>2$ 为给定的一个正整数.

证明   由(5.2.14)和(5.2.18)式可知

$$0 \leqslant R_n - R(G) = a \int_0^\infty \alpha(x) \big(E_n(\delta_n(x)) - \delta_G(x) \big) \mathrm{d}x$$

$$= a \int_0^{A_1} \alpha(x) \big(E_n(\delta_n(x)) - \delta_G(x) \big) \mathrm{d}x + a \int_{A_1}^{a_G} \alpha(x) \big(E_n(\delta_n(x)) - \delta_G(x) \big) \mathrm{d}x$$

$$+ a \int_{a_G}^{A_2} \alpha(x) \big(E_n(\delta_n(x)) - \delta_G(x) \big) \mathrm{d}x + a \int_{A_2}^\infty \alpha(x) \big(E_n(\delta_n(x)) - \delta_G(x) \big) \mathrm{d}x$$

$$= a \sum_{i=1}^4 J_i. \tag{5.2.27}$$

由 (5.2.10) 和 (5.2.16) 式、C_r 不等式与引理 5.2.1 可知

$$E \big| \alpha_n(x) - \alpha(x) \big|^{2\lambda} = E \Big| \big[f_n(x) - f(x) \big] (-1 - \theta_0) - (m+x) \big[f_n^{(1)}(x) - f^{(1)}(x) \big] \Big|^{2\lambda}$$

$$\leqslant c_1 \big| 1 + \theta_0 \big|^{2\lambda} E \big| f_n(x) - f(x) \big|^{2\lambda} + c_2 (m+x)^{2\lambda} E \big| f_n^{(1)}(x) - f^{(1)}(x) \big|^{2\lambda}$$

$$\leqslant \big[c_1 + c_2 (m+x)^{2\lambda} \big] n^{-\frac{\lambda(s-2.5)}{s-1}}. \tag{5.2.28}$$

当 $x \in (0, A_1)$ 时，由 (5.2.13) 和 (5.2.17) 式可知，$\delta_n(x) = 0$，$\delta_G(x) = 0$；当 $x \in (A_2, \infty)$ 时，$\delta_n(x) = 1$，$\delta_G(x) = 1$. 故 $E_n(\delta_n(x)) - \delta_G(x) = 0$，因此

$$J_1 = \int_0^{A_1} \alpha(x) \big(E_n(\delta_n(x)) - \delta_G(x) \big) \mathrm{d}x = 0, \tag{5.2.29}$$

$$J_4 = \int_{A_4}^\infty \alpha(x) \big(E_n(\delta_n(x)) - \delta_G(x) \big) \mathrm{d}x = 0. \tag{5.2.30}$$

当 $x \in (A_1, a_G)$ 时，由 (5.2.13) 和 (5.2.17) 式可知

$$\delta_G(x) = 0, \quad E_n \delta_n(x) = P(\alpha_n(x) > 0).$$

利用 Markov 不等式和 (5.2.28) 式有

$$J_2 = \int_{A_1}^{a_G} \alpha(x) \big(E_n(\delta_n(x)) - \delta_G(x) \big) \mathrm{d}x = -\int_{A_1}^{a_G} \alpha(x) \big(P(\alpha_n(x) \leqslant 0) - 1 \big) \mathrm{d}x$$

$$\leqslant \int_{A_1}^{a_G} \big| \alpha(x) \big| P\big(\big| \alpha_n(x) - \alpha(x) \big| \geqslant \big| \alpha(x) \big| \big) \mathrm{d}x \leqslant \int_{A_1}^{a_G} \big| \alpha(x) \big|^{1-2\lambda} E \big| \alpha_n(x) - \alpha(x) \big|^{2\lambda} \mathrm{d}x$$

$$\leqslant c n^{-\frac{\lambda(s-2.5)}{s-1}} \Big(c_1 \int_{A_1}^{a_G} \big| \alpha(x) \big|^{1-2\lambda} \mathrm{d}x + c_2 \int_{A_1}^{a_G} \big| \alpha(x) \big|^{1-2\lambda} \big| m+x \big|^{2\lambda} \mathrm{d}x \Big).$$

当 $0 < \lambda \leqslant \frac{1}{2}$ 时，$0 \leqslant 1 - 2\lambda < 1$，且 $\big| \alpha(x) \big|^{1-2\lambda}$，$\big| m+x \big|^{2\lambda}$ 关于 x 在闭区间 $[A_1, a_G]$ 上是连续函数，由闭区间上连续函数的有界性知

$$\int_{A_1}^{a_G} \big| \alpha(x) \big|^{1-2\lambda} \mathrm{d}x < \infty, \quad \int_{A_1}^{a_G} \big| \alpha(x) \big|^{1-2\lambda} \big| m+x \big|^{2\lambda} \mathrm{d}x < \infty,$$

因此

$$J_2 \leqslant c n^{-\frac{\lambda(s-2.5)}{s-1}}.$$

当 $\dfrac{1}{2}<\lambda<1$ 时，$\lim\limits_{x\to a_G}\left|\alpha(x)\right|=\lim\limits_{x\to a_G}f(x)\left|\left(\varphi(x)-\theta\right)\right|_0=0$ ，且 $\int_{A_1}^{a_G}\left|\alpha(x)\right|^{1-2\lambda}\mathrm{d}x=$ $\int_{A_1}^{a_G}\dfrac{1}{\left|\alpha(x)\right|^{2\lambda-1}}\mathrm{d}x$ 是第二类瑕积分，瑕点为 $x=a_G$. 由 $(5.2.8)$、$(5.2.11)$ 式和第二类瑕积分的比较判别法则知

$$\lim_{x\to a_G}\frac{\left(a_G-x\right)^{2\lambda-1}}{\left|\alpha(x)\right|^{2\lambda-1}}=\lim_{x\to a_G}\left(\frac{1}{f(x)}\frac{a_G-x}{\varphi(x)-\theta_0}\right)^{2\lambda-1}$$

$$=\left(\frac{1}{\theta_0 f(a_G)}\lim_{x\to a_G}\left(\frac{-1}{\varphi^{(1)}(x)}\right)\right)^{2\lambda-1}$$

$$=\left(\frac{1}{\theta_0 f(a_G)}\frac{1}{\left|\varphi^{(1)}(a_G)\right|}\right)^{2\lambda-1}>0,$$

$\int_{A_1}^{a_G}\dfrac{1}{\left|\alpha(x)\right|^{2\lambda-1}}\mathrm{d}x$ 与 $\int_{A_1}^{a_G}\dfrac{1}{\left(a_G-x\right)^{2\lambda-1}}\mathrm{d}x$ 同敛散. 因为 $\dfrac{1}{2}<\lambda<1$ 时 $\int_{A_1}^{a_G}\dfrac{1}{\left(a_G-x\right)^{2\lambda-1}}\mathrm{d}x$ 是收敛的，$m+x$ 为闭区间 $\left[A_1,a_G\right]$ 上的连续函数，由连续函数的有界性知，$\left|m+x\right|^{2\lambda}\leqslant M$，故

$$J_2\leqslant cn^{-\frac{\lambda(s-2.5)}{s-1}}\left(c_1+c_2M\int_{A_1}^{a_G}\frac{1}{\left(a_G-x\right)^{2\lambda-1}}\mathrm{d}x\right)\leqslant cn^{-\frac{\lambda(s-2.5)}{s-1}}. \tag{5.2.31}$$

同理可证

$$J_3=\int_{a_G}^{A_2}\alpha(x)\left(E_n\left(\delta_n(x)\right)-\delta_G(x)\right)\mathrm{d}x\leqslant\int_{a_G}^{A_2}\left|\alpha(x)\right|P\left(\left|\alpha_n(x)-\alpha(x)\right|\geqslant\left|\alpha(x)\right|\right)\mathrm{d}x$$

$$\leqslant\int_{a_G}^{A_2}\left|\alpha(x)\right|^{1-2\lambda}E\left|\alpha_n(x)-\alpha(x)\right|^{2\lambda}\mathrm{d}x\leqslant cn^{-\frac{\lambda(s-2.5)}{s-1}}. \tag{5.2.32}$$

所以，将 $(5.2.29)\sim(5.2.32)$ 式代入 $(5.2.27)$ 式可得

$$R_n-R(G)=a\sum_{i=1}^{4}J_i=O\left(n^{-\frac{\lambda(s-2.5)}{s-1}}\right).$$

注 5.2.2　彭家龙等（2014b）在 iid 样本下给出的经验 Bayes（EB）检验函数，收敛速度的阶为 $O\left(n^{-\frac{\lambda s}{2s+1}}\right)$，其中 $0<\lambda\leqslant1$，$s\geqslant2$，当 $\lambda\to1$，$s\to\infty$ 时，收敛速度的阶可任意接近 $O\left(n^{-\frac{1}{2}}\right)$. 本文在 iid 样本下利用递归核估计和 EB 检验函数的单

调性构造 EB 检验函数,得到收敛速度的阶为 $O\left(n^{-\frac{\lambda(s-2.5)}{s-1}}\right)$,其中 $0<\lambda\leqslant 1, s\geqslant 3$,当 $\lambda\to 1, s\to\infty$ 时,收敛速度的阶可任意接近 $O(n^{-1})$,比彭家龙等(2014b)文中的收敛速度几乎快了 1 倍,极大改进了彭家龙等(2014b)文中的结果.

5.2.4 例 子

下面举例说明适合文中定理条件的 Lomax 分布族和先验分布是存在的.在模型(5.2.1)式中,令 $m=1$,则随机变量 X 分布为 $f(x|\theta)=\theta(1+x)^{-(\theta+1)}I_{(x>0)}$,取 θ 的先验分布为

$$g(\theta)=\mathrm{e}^{\beta}\mathrm{e}^{-\theta}I_{[\theta>\beta]},\qquad(5.2.33)$$

其中 $\beta>0, 0<\lambda<1$.所以有

$$f(x)=\int_{\Omega}f(x|\theta)\mathrm{d}G(\theta)=\frac{1}{(1+x)^{\beta+1}\ln(\mathrm{e}+\mathrm{e}x)}\left(\beta+\frac{1}{\ln(\mathrm{e}+\mathrm{e}x)}\right).\qquad(5.2.34)$$

由(5.2.34)式易见 $f(x)$ 为 x 任意阶可导函数,导函数连续,一致有界,即 $f(x)\in C_{s,\alpha}$,条件(A)成立,在假定 iid 样本下所加条件(B)成立,因此只需验证条件(C)成立即可.

$$\varphi(x)=\frac{\int_{\Omega}\theta f(x|\theta)\mathrm{d}G(\theta)}{f(x)}=\beta+\frac{1}{\ln(\mathrm{e}+\mathrm{e}x)}\left(1+\frac{1}{1+\beta\ln(\mathrm{e}+\mathrm{e}x)}\right),\qquad(5.2.35)$$

$$\varphi'(x)=-\frac{1}{(1+x)\ln^{2}(\mathrm{e}+\mathrm{e}x)}\left(1+\frac{1}{1+\beta\ln(\mathrm{e}+\mathrm{e}x)}\right)-\frac{\beta}{(1+x)\ln(\mathrm{e}+\mathrm{e}x)(1+\beta\ln(\mathrm{e}+\mathrm{e}x))^{2}}$$
$$<0.$$

故 $\varphi(x)$ 在 $\beta>0, x>0$ 时是关于 x 的严格单调递减函数,$\lim_{x\to 0^{+}}\varphi(x)=\beta+1+\frac{1}{\beta+1}$,$\lim_{x\to+\infty}\varphi(x)=\beta$.不妨设 $A_1=10^{-6}, A_2=10^{6}$,令 $\varphi(a_G)=\theta_0$,经计算得

$$a_G=a^{b-1}-1(b>1),$$

其中

$$b=\frac{2\beta-\theta_0+\sqrt{\theta_0^2+4\beta\theta_0-4\beta^2}}{2\beta(\theta_0-\beta)}.$$

当 $\ln\left(10^{-6}+1\right)+1<b<\ln\left(10^{6}+1\right)+1$ 时,有 $\lim\limits_{x\to 0^{+}}\varphi(x)>\theta_{0}=\varphi\left(a_{G}\right)>\lim\limits_{x\to +\infty}\varphi(x)$.

即假设条件(C)也成立,故定理5.2.1结论成立.

§5.3　一类连续型单参数指数族参数的经验 Bayes 检验函数

5.3.1　引　言

经验 Bayes 检验函数问题在文献中已有许多研究,对于连续型单参数指数族参数的 EB 检验问题,如 Johns(1972)、Van Houwelingen(1976)、Liang(2000)等对其做了不同程度的工作,魏莉等(2007)研究了刻度指数族参数的经验 Bayes 检验的收敛速度,陈玲等(2009)研究了连续型单参数指数族参数的经验 Bayes 检验的收敛速度,彭家龙等(2012)研究了一类连续型单参数指数族参数的经验 Bayes 检验,在适当的条件下获得的收敛速度的阶可任意接近 $O\left(n^{-\frac{1}{2}}\right)$.但以上几乎所有研究 EB 检验问题的文献中,都是利用密度函数的普通核估计来研究的.与以上文献的主要不同之处是,本文利用密度函数的递归核估计和 Bayes 检验函数的单调性,重新构造一类连续型单参数指数族参数的经验 Bayes 检验函数,修改 EB 检验函数的构造方法,在较弱的条件下极大改进了彭家龙等(2012)的收敛速度阶的结果,在适当的条件下收敛速度的阶可任意接近 $O\left(n^{-1}\right)$,且证明方法较简单.

考虑如下模型(见彭家龙等,2012),设随机变量 X 条件概率密度为

$$f\left(x|\theta\right)=c(\theta)\mathrm{e}^{\int\left(u(x)+\theta w(x)\right)\mathrm{d}x},\qquad(5.3.1)$$

其中 $u(x)$ 和 $w(x)$ 为连续函数,不妨设 $u(x)>0$ 和 $w(x)<0$,样本空间为 $\chi=\left\{x|a<x<b\right\}$,$-\infty\leqslant a<b\leqslant +\infty$,参数空间为 $\Omega=\left\{\theta\left|c(\theta)^{-1}=c(\theta)\mathrm{e}^{\int\left(u(x)+\theta w(x)\right)\mathrm{d}x}\right.\right\}$.

由(5.3.1)式知,$f\left(x|\theta\right)$ 为一阶微分方程 $y'-\left(u(x)+\theta w(x)\right)y=0$ 的解,易知(5.3.1)式包含 Weibull、Gama、Pareto、Burr XII 等常见分布族,它在可靠理论、渗透理论、生存分析及气象等方面有着广泛的应用,因此,研究此分布族有着重要的理论与实践意义.

本文考虑分布族(5.3.1)式中参数 θ 的如下 EB 检验问题:

$$H_0 : \theta \leq \theta_0 \leftrightarrow H_1 : \theta > \theta_0 , \qquad (5.3.2)$$

其中 $\theta_0 > 0$ 为已知常数.

对检验函数(5.3.2),取损失函数为下列"线性损失":

$$L(\theta, d_j) = (1-j)k(\theta - \theta_0)I_{[\theta - \theta_0 > 0]} + jk(\theta_0 - \theta)I_{[\theta - \theta_0 \leq 0]}(j = 0, 1), \qquad (5.3.3)$$

其中 k 为给定的正常数,$D = \{d_0, d_1\}$ 是行动空间,d_0 表示接受 H_0,d_1 表示否定 H_0,$I_{[A]}$ 表示集合 A 的示性函数.

设

$$\delta(x) = P(接受 H_0 | X = x), \qquad (5.3.4)$$

为随机化判别函数,则在先验分布 $G(\theta)$ 下 $\delta(x)$ 的风险函数为

$$R(\delta, G) = \int_\Omega \int_\chi \left[L(\theta, d_0)f(x|\theta)\delta(x) + L(\theta, d_1)f(x|\theta)(1-\delta(x)) \right] dx dG(\theta)$$

$$= \int_\Omega \int_\chi \left[L(\theta, d_0) - L(\theta, d_1) \right] f(x|\theta)\delta(x) dx dG(\theta) + \int_\Omega \int_\chi L(\theta, d_1)f(x|\theta) dx dG(\theta)$$

$$= k \int_\chi \alpha(x)\delta(x) dx + C_G. \qquad (5.3.5)$$

此处

$$C_G = \int_\Omega \int_\chi L(\theta, d_1)f(x|\theta) dx dG(\theta) = \int_\Omega L(\theta, d_1) dG(\theta) ,$$

$$\alpha(x) = \int_\Omega \left[(\theta - \theta_0) \right] f(x|\theta) dG(\theta)$$

$$= \int_\Omega \theta f(x|\theta) dG(\theta) - \theta_0 f(x)$$

$$= f(x)(\varphi(x) - \theta_0), \qquad (5.3.6)$$

其中

$$f(x) = \int_\Omega f(x|\theta) dG(\theta) = \int_\Omega c(\theta)e^{\int (u(x) + \theta w(x))dx} dG(\theta) , \qquad (5.3.7)$$

为 r.v. X 的边缘分布,而

$$\varphi(x) = \frac{\int_\Omega \theta f(x|\theta) dG(\theta)}{f(x)} = \frac{\int_\Omega \theta c(\theta)e^{\int \theta w(x)dx} dG(\theta)}{\int_\Omega c(\theta)e^{\int \theta w(x)dx} dG(\theta)} = E(\theta | x). \qquad (5.3.8)$$

由(5.3.6)~(5.3.8)式,经计算可得,$\alpha(x)$ 的另一表达式为

$$\alpha(x) = (v(x) - \theta_0)f(x) + \gamma(x)f^{(1)}(x) . \qquad (5.3.9)$$

其中 $f^{(1)}(x)$ 为 $f(x)$ 的一阶导数,$v(x) = -\dfrac{u(x)}{w(x)}$,$\gamma(x) = \dfrac{1}{w(x)}$.

由 Cauchy–Schwarz 不等式和 (5.3.8) 式可得

$$\varphi^{(1)}(x) = \frac{w(x)\left(\int_\Omega \theta^2 c(\theta) e^{\int \theta w(x) dx} dG(\theta) \int_\Omega c(\theta) e^{\int \theta w(x) dx} dG(\theta) - \left[\int_\Omega c(\theta) e^{\int \theta w(x) dx} dG(\theta) \right]^2 \right)}{\left(\int_\Omega c(\theta) e^{\int \theta w(x) dx} dG(\theta) \right)^2}$$

$$\leqslant 0, \tag{5.3.10}$$

其中 $\varphi^{(1)}(x)$ 为 $\varphi(x)$ 的一阶导数, 所以 $\varphi(x)$ 单调递减且为连续函数.

本文假定

$$\lim_{x \to a^+} \varphi(x) > \theta_0 > \lim_{x \to b^-} \varphi(x). \tag{5.3.11}$$

在假定 (5.3.11) 式下先验 $G(\theta)$ 是非退化的, 由 $\varphi(x)$ 的连续性和连续函数的介值定理可知, 必存在点 $a_G \in (a, b)$, 使得 $\varphi(a_G) = \theta_0$. 又由 (5.3.9) 式可知

$$\alpha(x) \leqslant 0 \Leftrightarrow \varphi(x) \leqslant \theta_0 \Leftrightarrow x \geqslant a_G, \ \alpha(x) > 0 \Leftrightarrow \varphi(x) > \theta_0 \Leftrightarrow x < a_G.$$

因此, 由 (5.3.5) 式可知 Bayes 判决函数为

$$\delta_G(x) = \begin{cases} 1, & \alpha(x) \leqslant 0, \\ 0, & \alpha(x) > 0 \end{cases} = \begin{cases} 1, & \varphi(x) \leqslant \theta_0, \\ 0, & \varphi(x) > \theta_0 \end{cases} = \begin{cases} 1, & x \geqslant a_G, \\ 0, & x < a_G. \end{cases} \tag{5.3.12}$$

其 Bayes 风险为

$$R(G) = \inf_\delta R(\delta, G) = R(\delta_G, G) = k \int_\chi \alpha(x) \delta_G(x) dx + C_G. \tag{5.3.13}$$

在 (5.3.13) 式中, 当先验分布 $G(\theta)$ 已知, 且 $\delta(x) = \delta_G(x)$ 是可以达到的, 但此处 $G(\theta)$ 未知, 因而 $\delta_G(x)$ 无使用价值, 于是考虑引入 EB 方法.

5.3.2　EB 检验函数的构造

设 $X_1, X_2, \cdots, X_n$ 和 X 是独立同分布 (iid) 样本, 它们具有共同的边缘密度函数如 (5.3.7) 式所示, 通常称 $X_1, X_2, \cdots, X_n$ 为历史样本, 称 X 为当前样本, 令 $f(x)$ 为 X_1 的概率密度函数, 同分布样本 (iid) 作如下假定:

(A) $f(x) \in C_{s,\alpha}, x \in (a, b)$.

假定 $C_{s,\alpha}$ 表示 $\mathbb{R}^1$ 中一族概率密度函数, 其 s 阶导数存在, 连续且绝对值不超过 α, $s \geqslant 3$ 且为正整数.

令 $K_r(x)(r = 0, 1, \cdots, s - 1)$ 是 Borel 可测的有界函数, 在区间 $(0, 1)$ 之外为零, 且满足下列条件 (B):

(B_1) $\dfrac{1}{t!}\displaystyle\int_0^1 y^t K_r(y)\mathrm{d}y=\begin{cases}1,\ t=r,\\ 0,\ t\neq r,\ t=1,2,\cdots,s-1.\end{cases}$

(B_2) $K_r(x)$ 在 $\mathbb{R}^1$ 上除有限点集 E_0 外是可微的，且 $\sup\limits_{x\in\mathbb{R}^1-E_0}\left|K_r'(x)\right|\leqslant C<\infty$.

本文假定先验分布 $G(\theta)$ 非退化,且属于下列先验分布类:

(C) $\Gamma(A_1,A_2)=\left\{G(\theta)\,\middle|\,a<A_1<a_G<A_2<b\right\}$,此处 A_1,A_2 为给定的常数,A_1 任意接近 a , A_2 任意接近 b.

注 5.3.1 假设(C)的条件 $A_1<a_G<A_2$ 等价于 $\varphi(A_1)>\varphi(a_G)=\theta_0>\varphi(A_2)$,这一条件实质是对先验分布提出的要求,当 θ_0 给定时,对任意先验分布,这一条件可能满足,也可能不满足,先验假设 $\Gamma(A_1,A_2)$ 是满足这一条件的先验分布的集合.本文最后例子说明先验分布的集合 $\Gamma(A_1,A_2)$ 不会是空集.

记 $f^{(0)}(x)=f(x)$, $f^{(r)}(x)$ 表示 $f(x)$ 的第 r 阶导数, $r=0,1,\cdots,s$. 定义密度函数 $f^{(r)}(x)$ 的递归核估计为

$$f_n^{(r)}(x)=\frac{1}{n}\sum_{i=1}^n\frac{1}{h_i^{1+r}}K_r\left(\frac{X_i-x}{h_i}\right),\qquad(5.3.14)$$

其中 $\{h_n\}$ 为正数递减序列,且 $\lim\limits_{n\to\infty}h_n=0$, $K_r(x)$ 是满足条件(B)的核函数,这种估计具有一种递归性质,由(5.3.14)式经计算可得

$$f_n^{(r)}(x)=\frac{n-1}{n}f_{n-1}^{(r)}(x)+\frac{1}{nh_n^{1+r}}K_r\left(\frac{X_n-x}{h_n}\right).$$

由上式递推关系可知,用递归核估计去估计 $f^{(r)}(x)$ 时,只需通过上式进行递归计算,即在增加样本点的情形下不必重新计算所有项,只需计算新的添加项,而用普通的核估计的话必须重新计算所有项,所以上式可以大大减少计算量.另一方面,递归核估计在不同区间能取不同的适当窗宽,克服了估计的过度平滑和过度锐化,能够较全面地刻画密度函数,因此提高了估计的效率.

定义 $\alpha(x)$ 的估计量由下式给出:

$$a_n(x)=(v(x)-q_0)f_n(x)+g(x)f_n^1(x).\qquad(5.3.15)$$

由先验假设(C)给出的 A_1,A_2 ,结合(5.3.12)式,EB检验函数定义为

$$\delta_n(x)=\begin{cases}1,\ x\geqslant A_2(或 A_1<x<A_2 且 \alpha_n(x)\leqslant0),\\ 0,\ x\leqslant A_1(或 A_1<x<A_2 且 \alpha_n(x)>0).\end{cases}\qquad(5.3.16)$$

本文中令 E_n 表示对 r.v. $X_1, X_2, \cdots, X_n$ 的联合分布求均值,则 $\delta_n(x)$ 的全面 Bayes 风险为

$$R_n = R_n(\delta_n, G) = k\int_x \alpha(x) E_n[\delta_n(x)]\mathrm{d}x + C_G . \tag{5.3.17}$$

若 $\lim_{n\to\infty} R_n = R(G)$,则称 $\{\delta_n(x)\}$ 为 a.o. 的 EB 检验函数,$R_n - R(G) = O(n^{-q})$,$q > 0$ 则称 EB 检验函数 $\{\delta_n(x)\}$ 的收敛速度阶为 $O(n^{-q})$. 为导出 δ_n 的收敛速度,我们给出下述引理.

令 $c_0, c_1, c_2, \cdots$ 表示常数,即使在同一式子中它们也可能取不同的数值.

引理 5.3.1　设 $f_n^{(r)}(x)$ 由 (5.3.14) 式定义,$s \geqslant 3$ 且为正整数,其中 $X_1, X_2, \cdots, X_n$ 为独立同分布 iid 样本,若条件 (A) 和 (B) 成立且 $f_n^{(r)}(x)$ 连续,$h_n \downarrow 0$,当取 $h_n = n^{-\frac{1}{2(s-1)}}$ 时,对 $0 < \lambda < 1$,则有

$$E_n\left| f_n^{(r)}(x) - f^{(r)}(x) \right|^{2\lambda} \leqslant c n^{-\frac{\lambda(s-r-1.5)}{s-1}}, r = 0, 1.$$

证明　由 C_r 不等式可知,对 $r = 0, 1$ 有

$$E_n\left| f_n^{(r)}(x) - f^{(r)}(x) \right|^{2\lambda} \leqslant c_1\left| E_n f_n^{(r)}(x) - f^{(r)}(x) \right|^{2\lambda} + c_2\left[\mathrm{Var}\left(f_n^{(r)}(x) \right) \right]^{\lambda}$$

$$\triangleq c_1 I_1^{2\lambda} + c_2 I_2^{\lambda}. \tag{5.3.18}$$

由 (5.3.14) 式和核函数的性质可知

$$E_n f_n^{(r)}(x) = \frac{1}{n}\sum_{i=1}^{n}\frac{1}{h_i^{1+r}} E_n\left(K_r\left(\frac{X_i - x}{h_i} \right) \right) = \frac{1}{n}\sum_{i=1}^{n}\frac{1}{h_i^{1+r}}\int_x^{x+h_i} K_r\left(\frac{y-x}{h_i} \right) f(y)\mathrm{d}y$$

$$= \frac{1}{n}\sum_{i=1}^{n}\frac{1}{h_i^{r}}\int_0^1 K_r(t) f(x + th_i)\mathrm{d}t . \tag{5.3.19}$$

由 Taylor 展开得

$$f(x + th_n) = f(x) + \sum_{l=1}^{s-1} f^{(l)}(x)\frac{(th_n)^l}{l!} + f^{(s)}(x^*)\frac{(th_n)^s}{s!} (x \leqslant x^* \leqslant x + th_n). \tag{5.3.20}$$

将 (5.3.20) 式代入 (5.3.19) 式可得

$$E_n f_n^{(r)}(x) = \frac{1}{n}\sum_{i=1}^{n}\frac{1}{h_i^{r}}\left[f^{(r)}(x)h_i^r + \int_0^1 K_r(t) f^{(s)}(x^*)\frac{(th_i)^s}{s!}\mathrm{d}t \right]$$

$$= f^{(r)}(x) + \frac{1}{n}\left[\sum_{i=1}^{n} h_i^{s-r}\int_0^1 K_r(t) f^{(s)}(x^*)\frac{t^s}{s!}\mathrm{d}t \right]. \tag{5.3.21}$$

由 $f(x) \in C_{s,\alpha}$ 及 $|K_r(t)| \leqslant C$ 可知

$$I_1 = \left| E_n f_n^{(r)}(x) - f^{(r)}(x) \right| \leq c \frac{1}{n} \sum_{i=1}^{n} h_i^{s-r}, \tag{5.3.22}$$

$$I_2 = \mathrm{Var}\left[\frac{1}{n} \sum_{i=1}^{n} \frac{1}{h_n^{1+r}} K_r\left(\frac{X_i - x}{h_i} \right) \right] = \sum_{i=1}^{n} \frac{1}{n^2 h_i^{2+2r}} E_n\left[K_r\left(\frac{X_i - x}{h_i} \right) \right]^2$$

$$= \sum_{i=1}^{n} \frac{1}{n^2 h_i^{2+2r}} \int_x^{x+h_i} K_r^{\,2}\left(\frac{y-x}{h_i} \right) f(y)\mathrm{d}y = \frac{1}{n^2} \sum_{i=1}^{n} \frac{1}{h_i^{1+2r}} \int_0^1 K_r^{\,2}(t) f(x + t h_i)\mathrm{d}t.$$

再由 $f(x) \in C_{s,\alpha}$ 及 $\left| K_r(t) \right| \leq M$，$h_n$ 单调递减，$\lim_{n \to \infty} h_n = 0$ 可知

$$I_2 \leq c\left(n h_n^{1+2r} \right)^{-1}. \tag{5.3.23}$$

取 $h_i = i^{-\frac{1}{2(s-1)}}$ 时可知

$$h_i = i^{-\frac{1}{2(s-1)}} \leq i^{-\frac{1}{2(s-r)}} \quad (r = 0, 1).$$

由 $(5.3.22)$ 式可得

$$I_1 \leq c \frac{1}{n} \sum_{i=1}^{n} h_i^{s-r} \leq c \frac{1}{n} \sum_{i=1}^{n} i^{-\frac{1}{2}} \leq c \frac{1}{n} \int_0^n x^{-\frac{1}{2}} \mathrm{d}x \leq c n^{-\frac{1}{2}}.$$

故有

$$I_1^{2\lambda} \leq c n^{-\lambda}. \tag{5.3.24}$$

由 $(5.3.23)$ 式取 $h_n = n^{-\frac{1}{2(s-1)}}$ 时，有

$$I_2^{\lambda} \leq c\left(n h_n^{1+2r} \right)^{-\lambda} \leq c n^{-\frac{\lambda(s-r-1.5)}{s-1}}. \tag{5.3.25}$$

将 $(5.3.24)$ 和 $(5.3.25)$ 式代入 $(5.3.18)$ 式，结论成立.

注 5.3.2 当 $0 < \lambda \leq 1$ 时，$O\left(n^{-\frac{\lambda(s-r-1.5)}{s-1}} \right)$ 可任意接近 $O(n^{-1})$.

5.3.3 EB 检验函数的主要结果

定理 5.3.1 设 $X_1, X_2, \cdots, X_n$ 为来自分布族 $(5.3.1)$ 独立同分布的样本，$R(G)$ 和 R_n 分别由 $(5.3.13)$ 和 $(5.3.17)$ 式给出，且假定 $(A) \sim (C)$ 成立，$0 < \lambda < 1$，当 $h_n = n^{-\frac{1}{2(s-1)}}$ 时，则有

$$R_n - R(G) = O\left(n^{-\frac{\lambda(s-2.5)}{s-1}} \right).$$

此处 $s \geq 3$ 为给定的一个正整数.

证明　由(5.3.13)和(5.3.17)式可知

$$0 \leqslant R_n - R(G) = k\int_a^b \alpha(x)\big(E_n(\delta_n(x)) - \delta_G(x)\big)\mathrm{d}x$$

$$= k\int_a^{A_1} \alpha(x)\big(E_n(\delta_n(x)) - \delta_G(x)\big)\mathrm{d}x + k\int_{A_1}^{a_G} \alpha(x)\big(E_n(\delta_n(x)) - \delta_G(x)\big)\mathrm{d}x$$

$$+ k\int_{a_G}^{A_2} \alpha(x)\big(E_n(\delta_n(x)) - \delta_G(x)\big)\mathrm{d}x + k\int_{A_2}^b \alpha(x)\big(E_n(\delta_n(x)) - \delta_G(x)\big)\mathrm{d}x$$

$$= k\sum_{i=1}^4 J_i. \tag{5.3.26}$$

由(5.3.9)和(5.3.15)式、C_r 不等式与引理 5.3.1 可知

$$E\big|\alpha_n(x) - \alpha(x)\big|^{2\lambda} = E\Big|\big[f_n(x) - f(x)\big](v(x) - \theta_0) + \gamma(x)\big[f_n^{(1)}(x) - f^{(1)}(x)\big]\Big|^{2\lambda}$$

$$\leqslant c_1\big|v(x) - \theta_0\big|^{2\lambda} E\big|f_n(x) - f(x)\big|^{2\lambda} + c_2\big|\gamma(x)\big|^{2\lambda} E\big|f_n^{(1)}(x) - f^{(1)}(x)\big|^{2\lambda}$$

$$\leqslant \Big[c_1\big|v(x) - \theta_0\big|^{2\lambda} + c_2\big|\gamma(x)\big|^{2\lambda}\Big] n^{-\frac{\lambda(s-2.5)}{s-1}}, \tag{5.3.27}$$

其中 $v(x) = -\dfrac{u(x)}{w(x)}$，$\gamma(x) = \dfrac{1}{w(x)}$．

当 $x \in (a, A_1)$ 时，由 (5.3.12) 和 (5.3.16) 式 可 知，$\delta_n(x) = 0$，$\delta_G(x) = 0$；当 $x \in (A_2, b)$ 时，$\delta_n(x) = 1$，$\delta_G(x) = 1$．故 $E_n(\delta_n(x)) - \delta_G(x) = 0$，因此

$$J_1 = \int_a^{A_1} \alpha(x)\big(E_n(\delta_n(x)) - \delta_G(x)\big)\mathrm{d}x = 0, \tag{5.3.28}$$

$$J_4 = \int_{A_2}^b \alpha(x)\big(E_n(\delta_n(x)) - \delta_G(x)\big)\mathrm{d}x = 0. \tag{5.3.29}$$

当 $x \in (A_1, a_G)$ 时，由 (5.3.12) 和 (5.3.16) 式 可 知，$\delta_G(x) = 0$，$E_n\delta_n(x) = P(\alpha_n(x) > 0)$．

利用 Markov 不等式和(5.3.27)式有

$$J_2 = \int_{A_1}^{a_G} \alpha(x)\big(E_n(\delta_n(x)) - \delta_G(x)\big)\mathrm{d}x = \int_{A_1}^{a_G} \alpha(x)\big(1 - P(\alpha_n(x) \leqslant 0)\big)\mathrm{d}x$$

$$\leqslant \int_{A_1}^{a_G} \big|\alpha(x)\big| P\big(\big|\alpha_n(x) - \alpha(x)\big| \geqslant \big|\alpha(x)\big|\big)\mathrm{d}x \leqslant \int_{A_1}^{a_G} \big|\alpha(x)\big|^{1-2\lambda} E\big|\alpha_n(x) - \alpha(x)\big|^{2\lambda}\mathrm{d}x$$

$$\leqslant n^{-\frac{\lambda(s-2.5)}{s-1}}\Big(c_1\int_{A_1}^{a_G} \big|\alpha(x)\big|^{1-2\lambda}\big|v(x) - \theta_0\big|^{2\lambda}\mathrm{d}x + c_2\int_{A_1}^{a_G} \big|\alpha(x)\big|^{1-2\lambda}\big|\gamma(x)\big|^{2\lambda}\mathrm{d}x\Big).$$

当 $0 < \lambda \leqslant \dfrac{1}{2}$ 时，$0 \leqslant 1 - 2\lambda < 1$，可知 $\big|\alpha(x)\big|^{1-2\lambda}$，$\big|v(x) - \theta_0\big|^{2\lambda}$ 和 $\big|\gamma(x)\big|^{2\lambda}$ 为闭区间 $[A_1, a_G]$ 上的连续函数，由闭区间上连续函数的有界性知

$$\int_{A_1}^{a_G} \big|\alpha(x)\big|^{1-2\lambda}\big|\gamma(x)\big|^{2\lambda}\mathrm{d}x < \infty, \quad \int_{A_1}^{a_G} \big|\alpha(x)\big|^{1-2\lambda}\big|v(x) - \theta_0\big|^{2\lambda}\mathrm{d}x < \infty.$$

贝叶斯统计分析

因此

$$J_2 \leq cn^{-\frac{\lambda(s-2.5)}{s-1}}.$$

当 $\frac{1}{2} < \lambda < 1$ 时, $\lim\limits_{x \to a_G^-}|\alpha(x)| = \lim\limits_{x \to a_G^-}f(x)|\varphi(x) - \theta_0| = 0$,且 $\int_{A_1}^{a_G}|\alpha(x)|^{1-2\lambda}dx = \int_{A_1}^{a_G}\frac{1}{|\alpha(x)|^{2\lambda-1}}dx$ 是第二类瑕积分,瑕点为 $x = a_G$.由(5.3.8)、(5.3.10)式和第二类瑕积分的比较判别法则知

$$\lim_{x \to a_G^-}\frac{(a_G - x)^{2\lambda-1}}{|\alpha(x)|^{2\lambda-1}} = \lim_{x \to a_G^-}\left(\frac{1}{f(x)}\frac{a_G - x}{\varphi(x) - \theta_0}\right)^{2\lambda-1}$$

$$= \left(\frac{1}{f(a_G)}\lim_{x \to a_G^-}\left(\frac{-1}{\varphi^{(1)}(x)}\right)\right)^{2\lambda-1}$$

$$= \left(\frac{1}{f(a_G)}\frac{1}{|\varphi^{(1)}(a_G)|}\right)^{2\lambda-1} > 0,$$

$\int_{A_1}^{a_G}\frac{1}{|\alpha(x)|^{2\lambda-1}}dx$ 与 $\int_{A_1}^{a_G}\frac{1}{(a_G-x)^{2\lambda-1}}dx$ 同敛散.因为 $\frac{1}{2} < \lambda < 1$ 时 $\int_{A_1}^{a_G}\frac{1}{(a_G-x)^{2\lambda-1}}dx$ 是收敛的, $v(x)$ 和 $\gamma(x)$ 均为闭区间 $[A_1, a_G]$ 上的连续函数,由连续函数有界性知, $|\gamma(x)|^{2\lambda} \leq M_1$, $|v(x) - \theta_0|^{2\lambda} \leq M_2$,故

$$J_2 \leq cn^{-\frac{\lambda(s-2.5)}{s-1}}\left(c_1 M_1\int_{A_1}^{a_G}\frac{1}{(a_G-x)^{2\lambda-1}}dx + c_2 M_2\int_{A_1}^{a_G}\frac{1}{(a_G-x)^{2\lambda-1}}dx\right)$$

$$\leq cn^{-\frac{\lambda(s-2.5)}{s-1}}. \tag{5.3.30}$$

同理可证

$$J_3 = \int_{a_G}^{A_2}\alpha(x)\left(E_n(\delta_n(x)) - \delta_G(x)\right)dx \leq \int_{a_G}^{A_2}|\alpha(x)|P(|\alpha_n(x) - \alpha(x)| \geq |\alpha(x)|)dx$$

$$\leq \int_{a_G}^{A_2}|\alpha(x)|^{1-2\lambda}E|\alpha_n(x) - \alpha(x)|^{2\lambda}dx \leq cn^{-\frac{\lambda(s-2.5)}{s-1}}. \tag{5.3.31}$$

将(5.3.28)~(5.3.31)式代入(5.3.26)式可得

$$R_n - R(G) = k\sum_{i=1}^{4}J_i = O\left(n^{-\frac{\lambda(s-2.5)}{s-1}}\right).$$

注5.3.3 彭家龙等(2012)在iid样本下给出的经验Bayes(EB)检验函数,收

敛速度的阶为 $O\left(n^{-\frac{\lambda(s-2.5)}{2(s-1)}}\right)$,其中 $0<\lambda<1$, $s\geq3$,当 $\lambda\to1,s\to\infty$ 时,收敛速度的阶可任意接近 $O\left(n^{-\frac{1}{2}}\right)$. 本文在 iid 样本下利用递归核估计和 EB 检验函数的单调性构造 EB 检验函数,得到收敛速度的阶为 $O\left(n^{-\frac{\lambda(s-2.5)}{s-1}}\right)$,其中 $0<\lambda<1$, $s\geq3$,当 $\lambda\to1,s\to\infty$ 时,收敛速度的阶可任意接近 $O(n^{-1})$,比彭家龙等(2012)文中的收敛速度几乎快了1倍,极大改进了彭家龙等(2012)文中的结果.

5.3.4 例 子

下面举例说明适合文中定理条件的分布族和先验分布是存在的. 在模型 (5.3.1) 式中,令 $c(\theta)=\theta,u(x)=0,w(x)=-1$,则随机变量 X 分布为 $f(x|\theta)=\theta\mathrm{e}^{-\theta x}I_{(x>0)}$,取 θ 的先验分布为 Gamma 分布族

$$g(\theta)=\frac{\beta^r}{\Gamma(r)}\theta^{r-1}\mathrm{e}^{-\beta\theta}I_{[\theta>0]},\tag{5.3.32}$$

其中 β 和 r 为已知常数, $\beta>0,r>0$. 所以有

$$f(x)=\int_\Omega f(x|\theta)\mathrm{d}G(\theta)=\int_0^\infty\frac{\beta^r}{\Gamma(r)}\theta^r\mathrm{e}^{-(x+\beta)\theta}\mathrm{d}\theta=\frac{r\beta^r}{(x+\beta)^{r+1}}.\tag{5.3.33}$$

由 (5.3.33) 式易见 $f(x)$ 为 x 任意阶可导函数,导函数连续,一致有界,即 $f(x)\in C_{s,\alpha}$,条件(A)成立,在假定 iid 样本下所加条件(B)成立,因此只需验证条件(C)成立即可.

$$\varphi(x)=\frac{\int_\Omega\theta f(x|\theta)\mathrm{d}G(\theta)}{f(x)}=\frac{\int_0^\infty\frac{\beta^r}{\Gamma(r)}\theta^{r+1}\mathrm{e}^{-(x+\beta)\theta}\mathrm{d}\theta}{\frac{r\beta^r}{(x+\beta)^{r+1}}}=\frac{r+1}{x+\beta},\tag{5.3.34}$$

$$\varphi'(x)=-\frac{r+1}{(x+\beta)^2}<0.$$

故 $\varphi(x)$ 在 $\beta>0,r>0,x>0$ 时单调递减, $\lim\limits_{x\to0^+}\varphi(x)=\frac{r+1}{\beta}$, $\lim\limits_{x\to+\infty}\varphi(x)=0$. 不妨设 $A_1=10^{-8}$, $A_2=10^8$,令 $\varphi(a_G)=\theta_0$,经计算得

$$a_c = \frac{r+1}{\theta_0} - \beta(r > 0).$$

当 $\max\left\{\frac{r+1}{\theta_0} - 10^8, 0\right\} < \beta \leq \frac{r+1}{\theta_0} - 10^{-8}$ 时，有 $\lim_{x \to 0^+} \varphi(x) > \theta_0 = \varphi(a_c) > \lim_{x \to +\infty} \varphi(x)$.

即假设条件(C)也成立，故定理5.3.1结论成立.

§5.4 Cox模型参数的经验Bayes检验函数的收敛速度

5.4.1 引　言

经验Bayes检验函数问题在文献中已有许多研究，对于连续型单参数指数族参数的EB检验问题，Johns(1972)，Van Houwelingen(1976)，Liang(2000)等对其做了不同程度的工作，魏莉等(2007)研究了刻度指数族参数的经验Bayes检验的收敛速度，黄金超等(2016b)研究了Lomax分布族形状参数的经验Bayes检验的收敛速度，彭家龙等(2014a)研究了Cox模型参数的经验Bayes检验，在适当的条件下获得的收敛速度的阶可任意接近 $O\left(n^{-\frac{1}{2}}\right)$. 但以上几乎所有研究EB检验问题的文献中，都是利用密度函数的核估计来研究的. 与以上文献的主要不同之处是，本文利用密度函数的递归核估计和Bayes检验函数的单调性，重新构造一类广义指数族Cox模型参数的经验Bayes检验函数，修改EB检验函数的构造方法，在较弱的条件下极大改进了彭家龙等(2014a)的收敛速度阶的结果，在适当的条件下收敛速度的阶可任意接近 $O\left(n^{-1}\right)$，且证明方法较简单.

考虑如下模型(见彭家龙等，2014a)，设随机变量 X 条件概率密度为

$$f(x|\theta) = \theta q(x)e^{-\theta Q(x)}, \tag{5.4.1}$$

其中 $q(x)$ 和 $Q(x)$ 为连续函数且 $q(x) = Q'(x) > 0$，$Q(x)$ 非负，$\lim_{x \to +\infty} Q(x) = \infty$，$\theta$ 为模型参数，样本空间为 $\chi = \{x | x > 0\}$，参数空间为 $\Omega = \left\{\theta > 0 \big| \int_0^{+\infty} f(x|\theta)dx = 1\right\}$.

Cox模型是一类重要参数模型，由(5.4.1)式易知Cox模型包含多种常见分布族，如

(1)当 $Q(x) = x^\alpha$ 时，$f(x|\theta) = \alpha\theta x^{\alpha-1}e^{-\theta x^\alpha}$，$x > 0$，$\theta > 0$，$\alpha$ 为已知正常数，该分布

为 Weibull 分布族, 当 $\alpha=1$ 时, 该分布为指数分布族, 当 $\alpha=2$ 时, 该分布为 Rayleigh 分布族.

(2) 当 $Q(x)=\ln(1+x^{\alpha})$ 时, $f(x|\theta)=\alpha\theta x^{\alpha-1}(1+x^{\alpha})^{-(1+\theta)}$, $x>0,\theta>0,\alpha$ 为已知正常数, 该分布为 Burrtype XII 分布族.

(3) 当 $Q(x)=\ln(\alpha+x)-\ln\alpha$ 时, $f(x|\theta)=\theta\alpha^{\theta}(\alpha+x)^{-(1+\theta)}$, $x>0,\theta>0,\alpha$ 为已知正常数, 该分布为 Lomax 分布族.

它在可靠理论、渗透理论、生存分析及气象等方面有着广泛的应用, 因此, 研究 Cox 模型参数 θ 经验 Bayes 检验函数有着重要的理论与实践意义.

本文考虑分布族(5.4.1)式中参数 θ 的如下 EB 检验问题

$$H_0:\theta\leqslant\theta_0\leftrightarrow H_1:\theta>\theta_0, \tag{5.4.2}$$

其中 $\theta_0>0$ 为已知常数.

对检验函数(5.4.2), 取损失函数为下列"线性损失":

$$L(\theta,d_j)=(1-j)k(\theta-\theta_0)I_{[\theta-\theta_0>0]}+jk(\theta_0-\theta)I_{[\theta-\theta_0\leqslant0]}(j=0,1). \tag{5.4.3}$$

其中 k 是正常数, $D=\{d_0,d_1\}$ 是行动空间, d_0 表示接受 H_0, d_1 表示否定 H_0, $I_{[A]}$ 表示集合 A 的示性函数.

设

$$\delta(x)=P(接受H_0|X=x), \tag{5.4.4}$$

为随机化判别函数, 则在先验分布 $G(\theta)$ 下 $\delta(x)$ 的风险函数为

$$\begin{aligned}R(\delta,G)&=\int_{\Omega}\int_{\chi}\big[L(\theta,d_0)f(x|\theta)\delta(x)+L(\theta,d_1)f(x|\theta)(1-\delta(x))\big]\mathrm{d}x\mathrm{d}G(\theta)\\&=\int_{\Omega}\int_{\chi}\big[L(\theta,d_0)-L(\theta,d_1)\big]f(x|\theta)\delta(x)\mathrm{d}x\mathrm{d}G(\theta)+\int_{\Omega}\int_{\chi}L(\theta,d_1)f(x|\theta)\mathrm{d}x\mathrm{d}G(\theta)\\&=k\int_{\chi}\alpha(x)\delta(x)\mathrm{d}x+C_G.\end{aligned} \tag{5.4.5}$$

此处

$$C_G=\int_{\Omega}\int_{\chi}L(\theta,d_1)f(x|\theta)\mathrm{d}x\mathrm{d}G(\theta)=\int_{\Omega}L(\theta,d_1)\mathrm{d}G(\theta),$$

$$\begin{aligned}\alpha(x)&=\int_{\Omega}[(\theta-\theta_0)]f(x|\theta)\mathrm{d}G(\theta)=\int_{\Omega}\theta f(x|\theta)\mathrm{d}G(\theta)-\theta_0 f(x)\\&=f(x)(\varphi(x)-\theta_0),\end{aligned} \tag{5.4.6}$$

其中

$$f(x)=\int_{\Omega}f(x|\theta)\mathrm{d}G(\theta)=\int_{\Omega}\theta q(x)\mathrm{e}^{-\theta Q(x)}\mathrm{d}G(\theta), \tag{5.4.7}$$

为 r.v. X 的边缘分布, 而

$$\varphi(x) = \frac{\int_\Omega \theta f(x|\theta) \mathrm{d}G(\theta)}{f(x)} = \frac{\int_\Omega \theta c(\theta) \mathrm{e}^{\int \theta w(x)\mathrm{d}x} \mathrm{d}G(\theta)}{\int_\Omega c(\theta) \mathrm{e}^{\int \theta w(x)\mathrm{d}x} \mathrm{d}G(\theta)} = E(\theta|x) , \qquad (5.4.8)$$

由 (5.4.6)~(5.4.8) 式, 经计算可得, $\alpha(x)$ 的另一表达式为

$$\alpha(x) = (u(x) - \theta_0) f(x) - v(x) f^{(1)}(x) , \qquad (5.4.9)$$

其中 $f^{(1)}(x)$、$q^{(1)}(x)$ 分别为 $f(x)$、$q(x)$ 的一阶导数, $u(x) = -\dfrac{q^{(1)}(x)}{q^2(x)}$, $v(x) = \dfrac{1}{q(x)}$.

由 Cauchy–Schwarz 不等式和 (5.4.8) 式可得

$$\varphi^{(1)}(x) = \frac{q(x)\left\{ -\int_\Omega \theta^3 \mathrm{e}^{-\theta Q(x)} \mathrm{d}G(\theta) \int_\Omega \theta \mathrm{e}^{-\theta Q(x)} \mathrm{d}G(\theta) + \left[\int_\Omega \theta^2 \mathrm{e}^{-\theta Q(x)} \mathrm{d}G(\theta)\right]^2 \right\}}{\left(\int_\Omega \theta \mathrm{e}^{-\theta Q(x)} \mathrm{d}G(\theta)\right)^2} \le 0 , \quad (5.4.10)$$

其中 $\varphi^{(1)}(x)$ 为 $\varphi(x)$ 的一阶导数, 由 (5.4.10) 式知, $\varphi(x)$ 单调递减且连续.

本文假定

$$\lim_{x \to 0^+} \varphi(x) > \theta_0 > \lim_{x \to +\infty} \varphi(x) . \qquad (5.4.11)$$

在假定 (5.4.11) 下先验 $G(\theta)$ 是非退化的, 由 $\varphi(x)$ 的连续性和连续函数的介值定理可知, 必存在点 $a_G \in (0, \infty)$, 使得 $\varphi(a_G) = \theta_0$. 又由 (5.4.9) 式可知

$$\alpha(x) \le 0 \Leftrightarrow \varphi(x) \le \theta_0 \Leftrightarrow x \ge a_G, \alpha(x) > 0 \Leftrightarrow \varphi(x) > \theta_0 \Leftrightarrow x < a_G.$$

因此, 由 (5.4.5) 式可知 Bayes 判决函数为

$$\delta_G(x) = \begin{cases} 1, \alpha(x) \le 0, \\ 0, \alpha(x) > 0 \end{cases} = \begin{cases} 1, \varphi(x) \le \theta_0, \\ 0, \varphi(x) > \theta_0 \end{cases} = \begin{cases} 1, x \ge a_G, \\ 0, x < a_G \end{cases} \qquad (5.4.12)$$

其 Bayes 风险为

$$R(G) = \inf_\delta R(\delta, G) = R(\delta_G, G) = k \int_\chi \alpha(x) \delta_G(x) \mathrm{d}x + C_G. \qquad (5.4.13)$$

在 (5.4.13) 式中, 当先验分布 $G(\theta)$ 已知, 且 $\delta(x) = \delta_G(x)$ 是可以达到的, 但此处 $G(\theta)$ 未知, 因而 $\delta_G(x)$ 无使用价值, 于是考虑引入 EB 方法.

5.4.2 EB 检验函数的构造

设 $X_1, X_2, \cdots, X_n$ 和 X 是独立同分布样本 (iid), 它们具有共同的边缘密度函数如 (5.4.7) 式所示, 通常称 $X_1, X_2, \cdots, X_n$ 为历史样本, 称 X 为当前样本, 令 $f(x)$ 为 X_1 的概率密度函数, 同分布样本 (iid) 作如下假定:

(A) $f(x) \in C_{s,\alpha}, x \in (0, +\infty)$.

假定 $C_{s,\alpha}$ 表示 $\mathbb{R}^1$ 中一族概率密度函数,其 s 阶导数存在,连续且绝对值不超过 α, $s \geqslant 3$ 且为正整数.

令 $K_r(x)(r = 0, 1, \cdots, s-1)$ 是 Borel 可测的有界函数,在区间 $(0,1)$ 之外为零,且满足下列条件(B):

(B$_1$) $\dfrac{1}{t!} \int_0^1 y^t K_r(y) \mathrm{d}y = \begin{cases} 1, & t = r, \\ 0, & t \neq r, t = 1, 2, \cdots, s-1. \end{cases}$

(B$_2$) $K_r(x)$ 在 $\mathbb{R}^1$ 上除有限点集 E_0 外是可微的, 且 $\sup\limits_{x \in \mathbb{R}^1 - E_0} \left| K_r'(x) \right| \leqslant C < \infty$.

本文假定先验分布 $G(\theta)$ 非退化,且属于下列先验分布类:

(C) $\Gamma(A_1, A_2) = \left\{ G(\theta) \mid A_1 < a_G < A_2 \right\}$,此处 A_1, A_2 为给定的常数且 $0 < A_1 < A_2 < +\infty$,通常取 A_1, A_2 分别为充分小和充分大的正数.

注 5.4.1　假设(C)的条件 $A_1 < a_G < A_2$ 等价于 $\varphi(A_1) > \varphi(a_G) = \theta_0 > \varphi(A_2)$,这一条件实质是对先验分布提出的要求,当 θ_0 给定时,对任意先验分布,这一条件可能满足,也可能不满足,先验假设 $\Gamma(A_1, A_2)$ 是满足这一条件的先验分布的集合.本文最后例子说明先验分布的集合 $\Gamma(A_1, A_2)$ 不会是空集.

记 $f^{(0)}(x) = f(x)$,$f^{(r)}(x)$ 表示 $f(x)$ 的第 r 阶导数,$r = 0, 1, \cdots, s$.定义密度函数 $f^{(r)}(x)$ 的递归核估计为

$$f_n^{(r)}(x) = \frac{1}{n} \sum_{i=1}^n \frac{1}{h_i^{1+r}} K_r\left(\frac{X_i - x}{h_i} \right), \tag{5.4.14}$$

其中 $\{h_n\}$ 为正数递减序列,且 $\lim\limits_{n \to \infty} h_n = 0$,$K_r(x)$ 是满足条件(B)的核函数,这种估计具有一种递归性质,即

$$f_n^{(r)}(x) = \frac{n-1}{n} f_{n-1}^{(r)}(x) + \frac{1}{nh_n^{1+r}} K_r\left(\frac{X_n - x}{h_n} \right).$$

由上式递推关系可知,用递归核估计去估计 $f^{(r)}(x)$ 时,只需通过上式进行递归计算,即在增加样本点的情形下不必重新计算所有项,只需计算新的添加项,而用普通的核估计的话必须重新计算所有项,所以上式可以大大减少计算量.另一方面,递归核估计在不同区间能取不同的适当窗宽,克服了估计的过度平滑和过度锐化,能够较全面地刻画密度函数,因此提高了估计的效率.

定义 $\alpha(x)$ 的估计量由下式给出:

$$\alpha_n(x) = \left(u(x) - \theta_0\right)f_n(x) - v(x)f_n^{(1)}(x). \tag{5.4.15}$$

由先验假设(C)给出的 A_1, A_2,结合(5.4.12)式,EB检验函数定义为

$$\delta_n(x) = \begin{cases} 1, x \geq A_2(\text{或}A_1 < x < A_2 \text{且} \alpha_n(x) \leq 0), \\ 0, x \leq A_1(\text{或}A_1 < x < A_2 \text{且} \alpha_n(x) > 0). \end{cases} \tag{5.4.16}$$

本文中令 E_n 表示对 r.v. $X_1, X_2, \cdots, X_n$ 的联合分布求均值,则 $\delta_n(x)$ 的全面 Bayes 风险为

$$R_n = R_n(\delta_n, G) = k\int \alpha(x)E_n\big[\delta_n(x)\big]\mathrm{d}x + C_G. \tag{5.4.17}$$

若 $\lim_{n\to\infty} R_n = R(G)$,则称 $\{\delta_n(x)\}$ 为 a.o. 的 EB 检验函数, $R_n - R(G) = O\left(n^{-q}\right)$, $q > 0$,则称 EB 检验函数 $\{\delta_n(x)\}$ 的收敛速度阶为 $O\left(n^{-q}\right)$. 为导出 δ_n 的收敛速度, 我们给出下述引理.

本文中令 $c, c_0, c_1, c_2, \cdots$ 表示与 n 无关的正常数,即使在同一式子中它们也 可能取不同的数值.

引理 5.4.1 设 $f_n^{(r)}(x)$ 由 (5.4.14) 式定义, $s \geq 3$ 且为正整数,其中 $X_1, X_2, \cdots, X_n$ 为独立同分布 iid 样本,若条件(A)和(B)成立且 $f_n^{(r)}(x)$ 连续, $h_n \downarrow 0$,当取 $h_n = n^{-\frac{1}{2(s-1)}}$ 时,对 $0 < \lambda \leq 1$,则有

$$E_n\left|f_n^{(r)}(x) - f^{(r)}(x)\right|^{2\lambda} \leq cn^{-\frac{\lambda(s-r-1.5)}{s-1}}, r = 0, 1.$$

证明 由 C_r 不等式可知,对 $r = 0, 1$ 有

$$E_n\left|f_n^{(r)}(x) - f^{(r)}(x)\right|^{2\lambda} \leq c_1\left|E_nf_n^{(r)}(x) - f^{(r)}(x)\right|^{2\lambda} + c_2\left[\mathrm{Var}\left(f_n^{(r)}(x)\right)\right]^{\lambda}$$

$$\triangleq c_1 I_1^{2\lambda} + c_2 I_2^{\lambda}. \tag{5.4.18}$$

由(5.4.14)式和核函数的性质可知

$$E_nf_n^{(r)}(x) = \frac{1}{n}\sum_{i=1}^{n}\frac{1}{h_i^{1+r}}E_n\left(K_r\left(\frac{X_i - x}{h_i}\right)\right) = \frac{1}{n}\sum_{i=1}^{n}\frac{1}{h_i^{1+r}}\int_x^{x+h_i}K_r\left(\frac{y - x}{h_i}\right)f(y)\mathrm{d}y$$

$$= \frac{1}{n}\sum_{i=1}^{n}\frac{1}{h_i^{r}}\int_0^1 K_r(t)f(x + th_i)\mathrm{d}t. \tag{5.4.19}$$

由 Taylor 展开得

$$f(x + th_n) = f(x) + \sum_{l=1}^{s-1}f^{(l)}(x)\frac{(th_n)^l}{l!} + f^{(s)}(x^*)\frac{(th_n)^s}{s!}\left(x \leq x^* \leq x + th_n\right). \tag{5.4.20}$$

将(5.4.20)式代入(5.4.19)式可得

$$E_n f_n^{(r)}(x) = \frac{1}{n}\sum_{i=1}^n \frac{1}{h_i^r}\left[f^{(r)}(x)h_i^r + \int_0^1 K_r(t)f^{(s)}(x^*)\frac{(th_n)^s}{s!}dt\right]$$

$$= f^{(r)}(x) + \frac{1}{n}\left[\sum_{i=1}^n h_i^{s-r}\int_0^1 K_r(t)f^{(s)}(x^*)\frac{t^s}{s!}dt\right]. \qquad (5.4.21)$$

由 $f(x)\in C_{s,\alpha}$ 及 $\left|K_r(t)\right|\le C$ 可知

$$I_1 = \left|E_n f_n^{(r)}(x) - f^{(r)}(x)\right| \le c\frac{1}{n}\sum_{i=1}^n h_i^{s-r}, \qquad (5.4.22)$$

$$I_2 = \mathrm{Var}\left[\frac{1}{n}\sum_{i=1}^n \frac{1}{h_n^{1+r}}K_r\left(\frac{X_i-x}{h_i}\right)\right] = \sum_{i=1}^n \frac{1}{n^2 h_i^{2+2r}}E_n\left[K_r\left(\frac{X_i-x}{h_i}\right)\right]^2$$

$$= \sum_{i=1}^n \frac{1}{n^2 h_i^{2+2r}}\int_x^{x+h_i} K_r^2\left(\frac{y-x}{h_i}\right)f(y)dy = \frac{1}{n^2}\sum_{i=1}^n \frac{1}{h_i^{1+2r}}\int_0^1 K_r^2(t)f(x+th_i)dt.$$

再由 $f(x)\in C_{s,\alpha}$ 及 $\left|K_r(t)\right|\le C$, h_n 单调递减, $\lim\limits_{n\to\infty}h_n=0$ 可知

$$I_2 \le c\left(nh_n^{1+2r}\right)^{-1}. \qquad (5.4.23)$$

取 $h_i = i^{-\frac{1}{2(s-1)}}$ 时可知

$$h_i = i^{-\frac{1}{2(s-1)}} \le i^{-\frac{1}{2(s-r)}}(r=0,1).$$

由(5.4.22)式可得

$$I_1 \le c\frac{1}{n}\sum_{i=1}^n h_i^{s-r} \le c\frac{1}{n}\sum_{i=1}^n i^{-\frac{1}{2}} \le c\frac{1}{n}\int_0^n x^{-\frac{1}{2}}dx \le cn^{-\frac{1}{2}}.$$

故有

$$I_1^{2\lambda} \le cn^{-\lambda}. \qquad (5.4.24)$$

由(5.4.23)式取 $h_n = n^{-\frac{1}{2(s-1)}}$ 时,有

$$I_2^{\lambda} \le c\left(nh_n^{1+2r}\right)^{-\lambda} \le cn^{-\frac{\lambda(s-r-1.5)}{s-1}}. \qquad (5.4.25)$$

将(5.4.24)和(5.4.25)式代入(5.4.18)式,结论成立.

注 5.4.2　当 $0<\lambda\le 1$ 时, $O\left(n^{-\frac{\lambda(s-r-1.5)}{s-1}}\right)$ 可任意接近 $O\left(n^{-1}\right)$.

5.4.3　EB检验函数的收敛速度

定理 5.4.1　设 $X_1, X_2, \cdots, X_n$ 为来自分布族(5.4.1)独立同分布的样本,

$R(G)$ 和 R_n 分别由 (5.4.13) 和 (5.4.17) 式给出，且假定 (A) ~ (C) 成立，$0 < \lambda < 1$，取 $h_n = n^{-\frac{1}{2(s-1)}}$ 时，则有

$$R_n - R(G) = O\left(n^{-\frac{\lambda(s-2.5)}{s-1}}\right).$$

此处 $s \geqslant 3$ 且为正整数.

证明　可类似定理 5.3.1 证明之.

注 5.4.3　彭家龙等 (2014a) 在舍入数据下给出的经验 Bayes (EB) 检验函数，收敛速度阶为 $O\left(n^{-\frac{\lambda(s-3)}{s-1}}\right)$，其中 $0 < \lambda < 1$，$s \geqslant 4$，当 $\lambda \to 1$，$s \to \infty$ 时，收敛速度的阶可任意接近 $O\left(n^{-\frac{1}{2}}\right)$. 本文在 iid 样本下利用递归核估计和 EB 检验函数的单调性构造 EB 检验函数，得到收敛速度的阶为 $O\left(n^{-\frac{\lambda(s-2.5)}{2(s-1)}}\right)$，其中 $0 < \lambda < 1$，$s \geqslant 3$，当 $\lambda \to 1$，$s \to \infty$ 时，收敛速度的阶可任意接近 $O(n^{-1})$. 彭家龙等 (2014a) 在舍入数据下构造的检验函数比我们构造的函数要复杂；彭家龙等 (2014a) 的定理的条件要求 $s \geqslant 4$ 比本文的 $s \geqslant 3$ 要强，且引理证明也较复杂. 本文利用 EB 检验函数的单调性在较弱条件下得到的收敛速度，比彭家龙等 (2014a) 文中的结果几乎快了 1 倍，改进了现有文献中的相应结果.

5.4.4　例　子

在模型 (5.4.1) 式中，令 $Q(x) = x^2$，则随机变量 X 为 Rayleigh 分布，即 $f(x|\theta) = 2x\theta e^{-\theta x^2} I_{(x>0)}$，取 θ 的先验分布为 Gamma 分布族

$$g(\theta) = \frac{\beta^r}{\Gamma(r)} \theta^{r-1} e^{-\beta\theta} I_{[\theta>0]}, \qquad (5.4.26)$$

其中 β 和 r 为已知常数，$\beta > 0$，$r > 0$. 所以有

$$f(x) = \int_\Omega f(x|\theta) dG(\theta) = \int_0^\infty \frac{2x\beta^r}{\Gamma(r)} \theta^r e^{-(x^2+\beta)\theta} d\theta = \frac{2xr\beta^r}{(x^2+\beta)^{r+1}}. \qquad (5.4.27)$$

由 (5.4.27) 式易见 $f(x)$ 为 x 任意阶可导函数，导函数连续，一致有界，即 $f(x) \in C_{s,\alpha}$，条件 (A) 成立，在假定 iid 样本下所加条件 (B) 成立，因此只需验证条

件(C)成立即可.

$$\varphi(x) = \frac{\int_\Omega \theta f(x|\theta)\mathrm{d}G(\theta)}{f(x)} = \frac{\int_0^\infty \frac{2x\beta^r}{\Gamma(r)}\theta^{r+1}\mathrm{e}^{-(x^2+\beta)\theta}\mathrm{d}\theta}{\dfrac{2xr\beta^r}{(x^2+\beta)^{r+1}}} = \frac{r+1}{x^2+\beta}, \tag{5.4.28}$$

$$\varphi'(x) = -\frac{2x(r+1)}{(x^2+\beta)^2} < 0.$$

故 $\varphi(x)$ 在 $\beta > 0, r > 0, x > 0$ 时单调递减, $\lim\limits_{x\to 0^+}\varphi(x) = \frac{r+1}{\beta}, \lim\limits_{x\to+\infty}\varphi(x) = 0$, 不妨

设 $A_1 = 10^{-8}, A_2 = 10^8$, $r > \theta_0\beta - 1$, 令 $\varphi(a_C) = \theta_0$, 经计算得 $a_C = \sqrt{\dfrac{r+1}{\theta_0} - \beta}$, 取

$A_1 = \min\{10^{-8}, a_C - 0.1\}$, $A_2 = \max\{10^8, a_C + 1\}$, 有 $0 < A_1 < a_C < A_2 < \infty$ 时, 当

$0 < \theta_0 < \dfrac{r+1}{\beta}$ 时, 先验分布满足

$$\lim_{x\to 0^+}\varphi(x) > \theta_0 = \varphi(a_C) > \lim_{x\to+\infty}\varphi(x).$$

即假定(C)也成立, 故定理 5.4.1 成立.

§5.5 一类改进的 Cox 模型参数的
经验 Bayes 检验

5.5.1 引 言

本节继续研究 5.4 节 Cox 模型. 设随机变量 X 条件概率密度为

$$f(x|\theta) = \theta q(x)\mathrm{e}^{-\theta Q(x)}, \tag{5.5.1}$$

其中 $q(x)$ 和 $Q(x)$ 为连续函数, $q(x) = Q'(x) > 0$, 且 $Q(x)$ 非负, $\lim\limits_{x\to+\infty}Q(x) = \infty$, θ 为

模型参数, 样本空间为 $\chi = \{x|x > 0\}$, 参数空间为 $\Omega = \left\{\theta > 0 \Big| \int_0^\infty f(x|\theta)\mathrm{d}x = 1\right\}$.

本文考虑分布族(5.5.1)式中参数 θ 的如下 EB 检验问题:

$$H_0 : \theta \leqslant \theta_0 \leftrightarrow H_1 : \theta > \theta_0, \tag{5.5.2}$$

其中 $\theta_0 > 0$ 为已知常数.

对检验函数(5.5.2), 取损失函数为下列"加权线性损失":

贝叶斯统计分析

$$L(\theta, d_j) = (1-j)k\big((\theta-\theta_0)/\theta\big)I_{[\theta-\theta_0 > 0]} + jk\big((\theta_0-\theta)/\theta\big)I_{[\theta-\theta_0 \leqslant 0]} \quad (j=0,1), \qquad (5.5.3)$$

其中 k 是正常数, $D = \{d_0, d_1\}$ 是行动空间, d_0 表示接受 H_0 , d_1 表示否定 H_0 , $I_{[A]}$ 表示集合 A 的示性函数. 之所以取"加权线性损失"函数是考虑到它对刻度参数更合理, 易于构造其 EB 检验函数, 这是与 5.4 节的主要不同之处.

设

$$\delta(x) = P\big(\text{接受} H_0 | X = x\big), \qquad (5.5.4)$$

为随机化判别函数, 则在先验分布 $G(\theta)$ 下 $\delta(x)$ 的风险函数为

$$\begin{aligned}
R(\delta, G) &= \int_\Omega \int_X \big[L(\theta, d_0)f(x|\theta)\delta(x) + L(\theta, d_1)f(x|\theta)(1-\delta(x))\big]\mathrm{d}x\mathrm{d}G(\theta) \\
&= \int_\Omega \int_X \big[L(\theta, d_0) - L(\theta, d_1)\big]f(x|\theta)\delta(x)\mathrm{d}x\mathrm{d}G(\theta) + \int_\Omega \int_X L(\theta, d_1)f(x|\theta)\mathrm{d}x\mathrm{d}G(\theta) \\
&= k\int_X \alpha(x)\delta(x)\mathrm{d}x + C_G. \qquad (5.5.5)
\end{aligned}$$

此处

$$C_G = \int_\Omega \int_X L(\theta, d_1)f(x|\theta)\mathrm{d}x\mathrm{d}G(\theta) = \int_\Omega L(\theta, d_1)\mathrm{d}G(\theta) ,$$

$$\begin{aligned}
\alpha(x) &= \int_\Omega \big[(\theta-\theta_0)/\theta\big]f(x|\theta)\mathrm{d}G(\theta) = \int_\Omega [1 - \theta_0/\theta]f(x|\theta)\mathrm{d}G(\theta) \\
&= f(x) - \theta_0 q(x)g(x) = \theta_0 f(x)\big(\theta_0^{-1} - \varphi(x)\big). \qquad (5.5.6)
\end{aligned}$$

其中

$$f(x) = \int_\Omega f(x|\theta)\mathrm{d}G(\theta) = \int_\Omega \theta q(x)\mathrm{e}^{-\theta Q(x)}\mathrm{d}G(\theta) , \qquad (5.5.7)$$

为 r.v. X 的边缘分布, 令

$$g(x) = \int_\Omega \mathrm{e}^{-\theta Q(x)}\mathrm{d}G(\theta) , \qquad (5.5.8)$$

由于

$$g'(x) = -\int_\Omega \theta q(x)\mathrm{e}^{-\theta Q(x)}\mathrm{d}G(\theta) = -f(x), \qquad (5.5.9)$$

所以

$$g(x) = \int_x^\infty f(y)\mathrm{d}y = E\big\{I_{[X_i > x]}\big\}, \qquad (5.5.10)$$

其中

$$\varphi(x) = \frac{\int_\Omega \theta^{-1}f(\theta|x)\mathrm{d}G(\theta)}{f(x)} = \frac{\int_\Omega \mathrm{e}^{-\theta Q(x)}\mathrm{d}G(\theta)}{\int_\Omega \theta \mathrm{e}^{-\theta Q(x)}\mathrm{d}G(\theta)} = E\big(\theta^{-1}|x\big). \qquad (5.5.11)$$

由 Cauchy–Schwarz 不等式和 (5.5.11) 式可得

$$\varphi^{(1)}(x) = \frac{q(x)\left\{-\left(\int_{\Omega}\theta e^{-\theta Q(x)}dG(\theta)\right)^2 + \int_{\Omega}e^{-\theta Q(x)}dG(\theta)\int_{\Omega}\theta^2 e^{-\theta Q(x)}dG(\theta)\right\}}{\left(\int_{\Omega}\theta e^{-\theta Q(x)}dG(\theta)\right)^2} \geq 0, \quad (5.5.12)$$

其中 $\varphi^{(1)}(x)$ 为 $\varphi(x)$ 的一阶导数,由(5.5.12)式知,$\varphi(x)$ 单调递增.

本文假定先验 $G(\theta)$ 是非退化的且满足

$$\lim_{x \to 0^+}\varphi(x) < \theta_0^{-1} < \lim_{x \to +\infty}\varphi(x). \quad (5.5.13)$$

在假定(5.5.13)式成立下,$\varphi(x)$ 严格单调递增且连续,再由连续函数的介值定理可知,必存在点 $a_G \in (0, +\infty)$,使得 $\varphi(a_G) = \theta_0^{-1}$. 又由(5.5.6)式可知

$$\alpha(x) \leq 0 \Leftrightarrow \varphi(x) \geq \theta_0^{-1} \Leftrightarrow x \geq a_G, \alpha(x) > 0 \Leftrightarrow \varphi(x) < \theta_0^{-1} \Leftrightarrow x < a_G.$$

因此,由(5.5.5)式可知 Bayes 判决函数为

$$\delta_G(x) = \begin{cases} 1, \alpha(x) \leq 0, \\ 0, \alpha(x) > 0 \end{cases} = \begin{cases} 1, \varphi(x) \geq \theta_0^{-1}, \\ 0, \varphi(x) < \theta_0^{-1} \end{cases} = \begin{cases} 1, x \geq a_G, \\ 0, x < a_G. \end{cases} \quad (5.5.14)$$

其 Bayes 风险为

$$R(G) = \inf_{\delta} R(\delta, G) = R(\delta_G, G) = k\int_{\chi}\alpha(x)\delta_G(x)dx + C_G. \quad (5.5.15)$$

在(5.5.15)式中,当先验分布 $G(\theta)$ 已知,且 $\delta(x) = \delta_G(x)$ 是可以达到的,但此处 $G(\theta)$ 未知,因而 $\delta_G(x)$ 无使用价值,于是考虑引入 EB 方法.

5.5.2　EB 检验函数的构造

设 $X_1, X_2, \cdots X_n$ 和 X 是独立同分布样本(iid),它们具有共同的边缘密度函数如(5.5.7)式所示,通常称 $X_1, X_2, \cdots, X_n$ 为历史样本,称 X 为当前样本,令 $f(x)$ 为 X_1 的概率密度函数,同分布样本(iid)作如下假定:

(A) $f(x) \in C_{s,\alpha}, x \in (0, +\infty)$.

假定 $C_{s,\alpha}$ 表示 $\mathbb{R}^1$ 中一族概率密度函数,其 s 阶导数存在,连续且绝对值不超过 $\alpha, s \geq 2$ 且为正整数.

令 $K(x)$ 是 Borel 可测的有界函数,在区间 $(0,1)$ 之外为零,且满足下列的条件(B):

$(B_1) \dfrac{1}{t!}\int_0^1 y^t K(y)dy = \begin{cases} 1, t = 0, \\ 0, t = 1, 2, \cdots, s-1, s \geq 2, s \in \mathbf{N}. \end{cases}$

(B_2) $K(x)$ 在 $\mathbb{R}^1$ 上除有限点集 E_0 外是可微的,且 $\sup\limits_{x \in \mathbb{R}^1 - E_0}\left|K'(x)\right| \leq C < \infty$.

贝叶斯统计分析

本文假定先验分布 $G(\theta)$ 非退化,且属于下列先验分布类:

(C) $\Gamma(A_1, A_2) = \{G(\theta) | A_1 < a_G < A_2\}$,此处 A_1, A_2 为给定的常数且 $0 < A_1 < A_2 < +\infty$,通常取 A_1 为充分小,A_2 为充分大.

类似5.4节,定义 $f(x)$ 的递归核估计为

$$f_n(x) = \frac{1}{n}\sum_{i=1}^{n}\frac{1}{h_i}K\left(\frac{X_i - x}{h_i}\right),\tag{5.5.16}$$

其中 $\{h_n\}$ 为正数递减序列,且 $\lim_{n\to\infty}h_n = 0$,$K(x)$ 是满足条件(B)的核函数.

由于

$$g(x) = \int_x^\infty f(y)\mathrm{d}y = E\left\{I_{[X_i > x]}\right\},$$

因此 $g(x)$ 的估计量定义为

$$g_n(x) = \frac{1}{n}\sum_{i=1}^{n}\left\{I_{[X_i > x]}\right\}.\tag{5.5.17}$$

定义 $\alpha(x)$ 的估计量由下式给出

$$\alpha_n = f_n(x) - \theta_0 q(x)g_n(x),\tag{5.5.18}$$

由先验假设(C)给出的 A_1, A_2 ,结合(5.5.14)式,EB检验函数定义为

$$\delta_n(x) = \begin{cases}1, & x \geq A_2(\text{或}A_1 < x < A_2\text{且}\alpha_n(x) \leq 0),\\ 0, & x \leq A_1(\text{或}A_1 < x < A_2\text{且}\alpha_n(x) > 0).\end{cases}\tag{5.5.19}$$

本文中令 E_n 表示对r.v. $X_1, X_2, \cdots, X_n$ 的联合分布求均值,则 $\delta_n(x)$ 的全面 Bayes风险为

$$R_n = R_n(\delta_n, G) = k\int_x \alpha(x)E_n[\delta_n(x)]\mathrm{d}x + C_G.\tag{5.5.20}$$

若 $\lim_{n\to\infty}R_n = R(G)$,则称 $\{\delta_n(x)\}$ 为 a.o. 的 EB 检验函数,$R_n - R(G) = O(n^{-q})$,$q > 0$,则称EB检验函数 $\{\delta_n(x)\}$ 的收敛速度阶为 $O(n^{-q})$.为导出 δ_n 的收敛速度,我们给出下述引理.

令 $c, c_0, c_1, c_2, \cdots$ 表示常数,即使在同一式子中它们也可能取不同的数值.

引理 5.5.1 设 $f_n(x)$ 由 (5.5.16)式定义,$s \geq 2$ 且为正整数,其中 $X_1, X_2, \cdots, X_n$ 为独立同分布 iid 样本,若条件(A)和(B)成立且 $f_n(x)$ 连续,$h_n \downarrow 0$,当取 $h_n = n^{-\frac{1}{2s}}$ 时,对 $0 < \lambda \leq 1$,则有

$$E_n\big|f_n(x)-f(x)\big|^{2\lambda}\le cn^{-\frac{\lambda(2s-1)}{2s}}.$$

证明　由 C_r 不等式可知

$$E_n\big|f_n(x)-f(x)\big|^{2\lambda}\le c_1\big|E_nf_n(x)-f(x)\big|^{2\lambda}+c_2\big[\mathrm{Var}(f_n(x))\big]^{\lambda}$$

$$\triangleq c_1 I_1^{2\lambda}+c_2 I_2^{\lambda}, \tag{5.5.21}$$

由递归函数的核估计和核函数的性质可知

$$E_nf_n(x)=\frac{1}{n}\sum_{i=1}^n\frac{1}{h_i}E_n\left(K\left(\frac{X_i-x}{h_i}\right)\right)=\frac{1}{n}\sum_{i=1}^n\frac{1}{h_i}\int_x^{x+h_i}K\left(\frac{y-x}{h_i}\right)f(y)\mathrm{d}y$$

$$=\frac{1}{n}\sum_{i=1}^n\int_0^1 K(t)f(x+th_i)\mathrm{d}t. \tag{5.5.22}$$

由 Taylor 展开得

$$f(x+th_n)=f(x)+\sum_{l=1}^{s-1}f^{(l)}(x)\frac{(th_n)^l}{l!}+f^{(s)}(x^*)\frac{(th_n)^s}{s!},\ x\le x^*\le x+th_n. \tag{5.5.23}$$

将 (5.5.23) 式代入 (5.5.22) 式可得

$$E_nf_n(x)=\frac{1}{n}\sum_{i=1}^n\left[f(x)+\int_0^1 K(t)f^{(s)}(x^*)\frac{(th_i)^s}{s!}\mathrm{d}t\right]$$

$$=f(x)+\frac{1}{n}\left[\sum_{i=1}^n h_i^s\int_0^1 K(t)f^{(s)}(x^*)\frac{t^s}{s!}\mathrm{d}t\right]. \tag{5.5.24}$$

由 $f(x)\in C_{s,\alpha}$ 及 $|K(t)|\le C$ 可知

$$I_1=\big|E_nf_n(x)-f(x)\big|\le c\frac{1}{n}\sum_{i=1}^n h_i^s. \tag{5.5.25}$$

$$I_2=\mathrm{Var}\left[\frac{1}{n}\sum_{i=1}^n\frac{1}{h_n}K\left(\frac{X_i-x}{h_i}\right)\right]=\sum_{i=1}^n\frac{1}{n^2 h_i^2}E_n\left[K\left(\frac{X_i-x}{h_i}\right)\right]^2$$

$$=\sum_{i=1}^n\frac{1}{n^2 h_i^2}\int_x^{x+h_i}K^2\left(\frac{y-x}{h_i}\right)f(y)\mathrm{d}y=\frac{1}{n^2}\sum_{i=1}^n\frac{1}{h_i}\int_0^1 K^2(t)f(x+th_i)\mathrm{d}t.$$

再由 $f(x)\in C_{s,\alpha}$ 及 $|K(t)|\le C$，h_n 单调递减，$\lim\limits_{n\to\infty}h_n=0$ 可知

$$I_2\le c(nh_n)^{-1}. \tag{5.5.26}$$

取 $h_i=i^{-\frac{1}{2s}}$，由 (5.5.25) 式可得

$$I_1\le c\frac{1}{n}\sum_{i=1}^n h_i^s=c\frac{1}{n}\sum_{i=1}^n i^{-\frac{1}{2}}\le c\frac{1}{n}\int_0^n x^{-\frac{1}{2}}\mathrm{d}x\le cn^{-\frac{1}{2}}.$$

故有

$$I_1^{2\lambda} \leqslant cn^{-\lambda}. \tag{5.5.27}$$

由(5.5.26)式,取 $h_n = n^{-\frac{1}{2s}}$ 时,有

$$I_2^{\lambda} \leqslant c(nh_n)^{-\lambda} \leqslant cn^{-\frac{\lambda(2s-1)}{2s}}. \tag{5.5.28}$$

将(5.5.27)和(5.5.28)式代入(5.5.21)式,结论成立.

注5.5.1 当 $\lambda \to 1, s \to +\infty$ 时, $O\left(n^{-\frac{\lambda(2s-1)}{2s}}\right)$ 可任意接近 $O(n^{-1})$.

引理 5.5.2 设 $g(x)$ 和 $g_n(x)$ 分别由 (5.5.10) 和 (5.5.17) 式定义,其中 $X_1, X_2, \cdots, X_n$ 为独立同分布样本,则对 $0 < \lambda \leqslant 1$,有 $E_n|g_n(x) - g(x)|^{2\lambda} \leqslant n^{-\lambda}$.

证明 由于 $E_n g_n(x) = E\{I_{[X_1 > x]}\} = \int_x^\infty f(y)\mathrm{d}y = g(x)$,故 $g_n(x)$ 为 $g(x)$ 的无偏估计,由 Jensen 不等式可知

$$E_n|g_n(x) - g(x)|^{2\lambda} = E_n\left\{[g_n(x) - g(x)]^2\right\}^{\lambda} \leqslant \left\{\mathrm{Var}(g_n(x))\right\}^{\lambda}, \tag{5.5.29}$$

其中

$$\mathrm{Var}(g_n(x)) = E\left\{\frac{1}{n}\sum_{i=1}^n\left[I_{[X_i > x]} - g(x)\right]\right\}^2$$
$$= \frac{1}{n^2}\sum_{i=1}^n\mathrm{Var}\left[I_{[X_i > x]}\right] + \frac{2}{n^2}\sum_{1 \leqslant i < j \leqslant n}\mathrm{Cov}\left(I_{[X_i > x]}, I_{[X_j > x]}\right)$$
$$\triangleq Q_1 + Q_2. \tag{5.5.30}$$

由于 $X_1, X_2, \cdots, X_n$ 为 iid 的 r.v.,故对一切 $i \neq j, j = 1, 2, \cdots, n$ 有

$$\mathrm{Cov}\left(I_{[X_i > x]}, I_{[X_j > x]}\right) = 0.$$

取 $g(X_i) = I_{[X_i > x]}$,由(5.5.30)式可知

$$\mathrm{Var}(g_n(x)) = Q_1 + Q_2 = Q_1 = \frac{1}{n}\mathrm{Var}(g(X_1)) \leqslant \frac{1}{n}E[g(X_1)]^2$$
$$= \frac{1}{n}\int_x^\infty f(y)\mathrm{d}y \leqslant \frac{1}{n}. \tag{5.5.31}$$

将(5.5.31)式代入(5.5.30)式,引理得证.

5.5.3 EB检验函数的收敛速度

定理5.5.1 设 $\delta_n(x)$ 由(5.5.19)式定义,其中 $X_1, X_2, \cdots, X_n$ 为独立同分布样本,

且假定（A）～（C）成立，且 $f_n(x)$ 连续，$h_n \downarrow 0$，若 $0 < \lambda < 1$，取 $h_n = n^{-\frac{1}{2s}}$ 时，则有

$$R_n - R(G) = O\left(n^{-\frac{\lambda(2s-1)}{2s}}\right).$$

此处 $s \geq 2$ 为给定的一个正整数.

证明 由（5.5.15）和（5.5.20）式可知

$$0 \leq R_n - R(G) = k\int_0^\infty \alpha(x)\left(E_n(\delta_n(x)) - \delta_G(x)\right)dx$$

$$= k\int_0^{A_1}\alpha(x)\left(E_n(\delta_n(x)) - \delta_G(x)\right)dx + k\int_{A_1}^{a_G}\alpha(x)\left(E_n(\delta_n(x)) - \delta_G(x)\right)dx$$

$$+ k\int_{a_G}^{A_2}\alpha(x)\left(E_n(\delta_n(x)) - \delta_G(x)\right)dx + k\int_{A_2}^{+\infty}\alpha(x)\left(E_n(\delta_n(x)) - \delta_G(x)\right)dx$$

$$= k\sum_{i=1}^4 J_i. \tag{5.5.32}$$

由（5.5.6）和（5.5.18）式、C_r 不等式与引理 5.51 和引理 5.5.2 可知

$$E\left|\alpha_n(x) - \alpha(x)\right|^{2\lambda} = E\left|\left[f_n(x) - f(x)\right] - \theta_0 q(x)\left[g_n(x) - g(x)\right]\right|^{2\lambda}$$

$$\leq c_1 E\left|f_n(x) - f(x)\right|^{2\lambda} + c_2\left|\theta_0 q(x)\right|^{2\lambda}E\left|g_n(x) - g(x)\right|^{2\lambda}$$

$$\leq \left(c_1 + c_2\left|q(x)\right|^{2\lambda}\right)n^{-\frac{\lambda(2s-1)}{2s}}. \tag{5.5.33}$$

当 $x \in (0, A_1)$ 时，由（5.5.14）和（5.5.19）式可知，$\delta_n(x) = 0$，$\delta_G(x) = 0$；当 $x \in (A_2, \infty)$ 时，$\delta_n(x) = 1$，$\delta_G(x) = 1$. 故 $E_n(\delta_n(x)) - \delta_G(x) = 0$，因此

$$J_1 = \int_0^{A_1}\alpha(x)\left(E_n(\delta_n(x)) - \delta_G(x)\right)dx = 0, \tag{5.5.34}$$

$$J_4 = \int_{A_2}^\infty \alpha(x)\left(E_n(\delta_n(x)) - \delta_G(x)\right)dx = 0. \tag{5.5.35}$$

当 $x \in (A_1, a_G)$ 时，由（5.5.14）和（5.5.19）式可知，$\delta_G(x) = 0$，$E_n\delta_n(x) = P(\alpha_n(x) > 0)$. 利用 Markov 不等式和（5.5.33）式有

$$J_2 = \int_{A_1}^{a_G}\alpha(x)\left(E_n(\delta_n(x)) - \delta_G(x)\right)dx = \int_{A_1}^{a_G}\alpha(x)\left(1 - P(\alpha_n(x) \leq 0)\right)dx$$

$$\leq \int_{A_1}^{a_G}\left|\alpha(x)\right|P\left(\left|\alpha_n(x) - \alpha(x)\right| \geq \left|\alpha(x)\right|\right)dx \leq \int_{A_1}^{a_G}\left|\alpha(x)\right|^{1-2\lambda}E\left|\alpha_n(x) - \alpha(x)\right|^{2\lambda}dx$$

$$\leq cn^{-\frac{\lambda(2s-1)}{2s}}\left(c_1\int_{A_1}^{a_G}\left|\alpha(x)\right|^{1-2\lambda}dx + c_2\int_{A_1}^{a_G}\left|\alpha(x)\right|^{1-2\lambda}\left|q(x)\right|^{2\lambda}dx\right).$$

当 $0 < \lambda \leq \frac{1}{2}$ 时，$0 \leq 1 - 2\lambda < 1$，且 $\left|\alpha(x)\right|^{1-2\lambda}$ 和 $\left|q(x)\right|^{2\lambda}$ 关于 x 在闭区间 $[A_1, a_G]$ 上是连续函数，由闭区间上连续函数的有界性知

$$\int_{A_1}^{a_G} \left|\alpha(x)\right|^{1-2\lambda} \mathrm{d}x < \infty, \int_{A_1}^{a_G} \left|\alpha(x)\right|^{1-2\lambda} \left|q(x)\right|^{2\lambda} \mathrm{d}x < \infty,$$

因此

$$J_2 \leqslant cn^{-\frac{\lambda(2s-1)}{2s}}.$$

当 $\frac{1}{2} < \lambda \leqslant 1$ 时，$\lim_{x \to a_G^-} \left|\alpha(x)\right| = \lim_{x \to a_G^-} f(x)\left|1-\theta_0 \varphi(x)\right| = 0$，且 $\int_{A_1}^{a_G} \left|\alpha(x)\right|^{1-2\lambda} \mathrm{d}x = \int_{A_1}^{a_G} \frac{1}{\left|\alpha(x)\right|^{2\lambda-1}} \mathrm{d}x$ 是第二类瑕积分，瑕点为 $x = a_G$，由(5.5.11)、(5.5.12)式和第二类瑕积分的比较判别法则知

$$\lim_{x \to a_G^-} \frac{(a_G-x)^{2\lambda-1}}{\left|\alpha(x)\right|^{2\lambda-1}} = \lim_{x \to a_G^-} \left(\frac{1}{f(x)} \frac{a_G-x}{1-\theta_0\varphi(x)}\right)^{2\lambda-1} = \left(\frac{1}{f(a_G)} \lim_{x \to a_G^-} \left(\frac{-1}{\theta_0 \varphi^{(1)}(x)}\right)\right)^{2\lambda-1}$$

$$= \left(\frac{1}{\theta_0 f(a_G)} \frac{1}{\varphi^{(1)}(a_G)}\right)^{2\lambda-1} > 0.$$

所以 $\int_{A_1}^{a_G} \frac{1}{\left|\alpha(x)\right|^{2\lambda-1}} \mathrm{d}x$ 与 $\int_{A_1}^{a_G} \frac{1}{(a_G-x)^{2\lambda-1}} \mathrm{d}x$ 同敛散，因为 $\frac{1}{2} < \lambda \leqslant 1$ 时 $\int_{A_1}^{a_G} \frac{1}{(a_G-x)^{2\lambda-1}} \mathrm{d}x$ 是收敛的，$q(x)$ 为闭区间 $[A_1, a_G]$ 上的连续函数，由连续函数有界性知，$\left|q(x)\right|^{2\lambda} \leqslant M$，故

$$J_2 \leqslant cn^{-\frac{\lambda(2s-1)}{2s}} \left(c_1 \int_{A_1}^{a_G} \frac{1}{(a_G-x)^{2\lambda-1}} \mathrm{d}x + c_2 M \int_{A_1}^{a_G} \frac{1}{(a_G-x)^{2\lambda-1}} \mathrm{d}x\right) \leqslant cn^{-\frac{\lambda(2s-1)}{2s}}. \quad (5.5.36)$$

同理可证

$$J_3 = \int_{a_G}^{A_2} \alpha(x)\left(E_n(\delta_n(x)) - \delta_G(x)\right) \mathrm{d}x \leqslant \int_{a_G}^{A_2} \left|\alpha(x)\right| P\left(\left|\alpha_n(x) - \alpha(x)\right| \geqslant \left|\alpha(x)\right|\right) \mathrm{d}x$$

$$\leqslant \int_{a_G}^{A_2} \left|\alpha(x)\right|^{1-2\lambda} E\left|\alpha_n(x) - \alpha(x)\right|^{2\lambda} \mathrm{d}x \leqslant cn^{-\frac{\lambda(2s-1)}{2s}}. \quad (5.5.37)$$

将(5.5.33)~(5.5.37)式代入(5.5.32)式可得

$$R_n - R(G) = k \sum_{i=1}^{4} J_i = O\left(n^{-\frac{\lambda(2s-1)}{2s}}\right).$$

注5.5.2 彭家龙等(2014a)在舍入数据下给出 Cox 模型的经验 Bayes(EB)检验函数，得到了收敛速度阶为 $O\left(n^{-\frac{\lambda(s-3)}{2(s-1)}}\right)$，其中 $0 < \lambda \leqslant 1, s \geqslant 4$，当 $\lambda \to 1, s \to \infty$

时,收敛速度的阶可任意接近 $O\left(n^{-\frac{1}{2}}\right)$. 与彭家龙等(2014a)的结果相比,对于同一模型,本文在 iid 样本下利用递归核估计和 EB 检验函数的单调性构造 EB 检验函数,得到收敛速度的阶为 $O\left(n^{-\frac{\lambda(2s-1)}{2s}}\right)$,其中 $0<\lambda\leq1,s\geq2$,当 $\lambda\to1,s\to\infty$ 时,收敛速度的阶可任意接近 $O\left(n^{-1}\right)$.彭家龙等(2014a)在舍入数据下构造的检验函数比我们构造的函数要复杂;彭家龙等(2014a)的定理的条件要求 $s\geq4$ 比本文的 $s\geq2$ 要强,且引理证明也较复杂.本文在较弱条件下得到的收敛速度比彭家龙等(2014a)文中的结果几乎快了 1 倍,改进了现有文献中的相应结果.

5.5.4　例　子

在模型 (5.5.1) 式中令 $Q(x)=x^2$,则随机变量 X 为 Rayleigh 分布,即 $f(x|\theta)=2x\theta e^{-\theta x^2}I_{(x>0)}$,取 θ 的先验分布为 Gamma 分布族

$$g(\theta)=\frac{\beta^r}{\Gamma(r)}\theta^{r-1}e^{-\beta\theta}I_{[\theta>0]},\tag{5.5.38}$$

β 和 r 为已知常数,$\beta>0,r>0$. 所以有

$$f(x)=\int_\Omega f(x|\theta)\mathrm{d}G(\theta)=\int_0^{+\infty}\frac{2x\beta^r}{\Gamma(r)}\theta^r e^{-(x^2+\beta)\theta}\mathrm{d}\theta=\frac{2xr\beta^r}{(x^2+\beta)^{r+1}},\tag{5.5.39}$$

由 (5.5.39) 式易见 $f(x)$ 为 x 任意阶可导函数,导函数连续,一致有界,即 $f(x)\in C_{s,\alpha}$,条件(A)成立,在假定 iid 样本下所加条件(B)成立,因此只需验证条件(C)成立即可.

$$\varphi(x)=\frac{\int_\Omega\theta^{-1}f(x|\theta)\mathrm{d}G(\theta)}{f(x)}=\frac{\int_0^{+\infty}\frac{2x\beta^r}{\Gamma(r)}\theta^{r-1}e^{-(x^2+\beta)\theta}\mathrm{d}\theta}{\frac{2xr\beta^r}{(x^2+\beta)^{r+1}}}=\frac{x^2+\beta}{r},\tag{5.5.40}$$

$$\varphi'(x)=\frac{2}{r}x>0.$$

故 $\varphi(x)$ 在 $\beta>0,r>0,x>0$ 时单调递增,$\lim\limits_{x\to0^+}\varphi(x)=\frac{\beta}{r}$,$\lim\limits_{x\to+\infty}\varphi(x)=+\infty$. 不妨设 $A_1=10^{-8},A_2=10^8$,$\theta_0>\frac{r}{\beta}$,令 $\varphi(a_G)=\theta_0^{-1}$,经计算得 $a_G=\sqrt{\frac{r}{\theta_0}-\beta}$,取

貝叶斯统计分析

$A_1 = \min\{10^{-8}, a_G - 0.1\}$，$A_2 = \max\{10^8, a_G + 1\}$，有 $0 < A_1 < a_G < A_2 < \infty$，当 $\theta_0 > \dfrac{r}{\beta}$ 时，先验分布满足

$$\lim_{x \to 0^+} \varphi(x) < \theta_0^{-1} = \varphi(a_G) < \lim_{x \to +\infty} \varphi(x).$$

即假定(C)也成立，故定理5.5.1成立.

第六章

递归核估计下几类分布族参数的经验 Bayes 双侧检验

§6.1 Weibull 分布族刻度参数的经验 Bayes 双侧检验

6.1.1 引 言

本节继续讨论威布尔(Weibull)分布模型. 设随机变量 X 条件概率密度为

$$f\left(x|\theta\right) = \left(mx^{m-1}/\theta\right)\exp\left(-x^m/\theta\right)I_{(x>0)}. \tag{6.1.1}$$

其中 m 和 θ 分别为形状参数和刻度参数 ($m>0$),且本文假定 m 为已知常数,样本空间为 $\chi = \{x|x>0\}$,参数空间为 $\Omega = \{\theta|\theta>0\}$.

设参数 $\{x|x>0\}$ 的先验分布为 $G(\theta)$,本文考虑分布族(6.1.1)中参数 θ 的如下 EB 双侧检验问题:

$$H_0 : \theta_1 \leqslant \theta \leqslant \theta_2 \leftrightarrow H_1 : \theta < \theta_1 或 \theta > \theta_2, \tag{6.1.2}$$

此处 θ_1 和 θ_2 为已知正常数,如果取 $\theta_0 = \dfrac{2\theta_1\theta_2}{\theta_1+\theta_2}$ 和 $\gamma_0 = \dfrac{\theta_2-\theta_1}{\theta_1+\theta_2}$,则双侧检验问题(6.1.2)等价于

$$H_0^* : \left|\frac{\theta_0-\theta}{\theta}\right| \leqslant \gamma_0 \leftrightarrow H_1^* : \left|\frac{\theta_0-\theta}{\theta}\right| > \gamma_0. \tag{6.1.3}$$

对假设检验问题(6.1.3),取下列"加权平方损失"函数

$$L_j\left(\theta, d_j\right) = (1-j)a\left[\left(\frac{\theta-\theta_0}{\theta}\right)^2 - \gamma_0^2\right]I_{\left[\left|(\theta-\theta_0)/\theta\right| > \gamma_0\right]} + ja\left[\gamma_0^2 - \left(\frac{\theta_0-\theta}{\theta}\right)^2\right]I_{\left[\left|(\theta-\theta_0)/\theta\right| \leqslant \gamma_0\right]}. \tag{6.1.4}$$

贝叶斯统计分析

之所以取"加权平方损失"函数是考虑到它对刻度参数更合理，易于构造其 EB 检验函数. 此处 a 是正常数, $j=0,1$, $D=\{d_0,d_1\}$ 是行动空间, d_0 表示接受 H_0^*, d_1 表示否定 H_0, $I_{[A]}$ 表示集合 A 的示性函数.

设

$$\delta(x) = P(接受 H_0 | X = x) , \tag{6.1.5}$$

为随机化判别函数, 则在先验分布 $G(\theta)$ 下 $\delta(x)$ 的 Bayes 风险函数为

$$R(\delta,G) = \int_\Omega \left[L_0(\theta,d_0) f(x|\theta)\delta(x) + L_1(\theta,d_1) f(x|\theta)(1-\delta(x)) \right] \mathrm{d}x \mathrm{d}G(\theta)$$

$$= \int_\Omega \int_X \left[L_0(\theta,d_0) - L_1(\theta,d_1) \right] f(x|\theta)\delta(x) \mathrm{d}x \mathrm{d}G(\theta) + \int_\Omega \int_X L_1(\theta,d_1) f(x|\theta) \mathrm{d}x \mathrm{d}G(\theta)$$

$$= a \int_X \alpha(x)\delta(x) \mathrm{d}x + C_c, \tag{6.1.6}$$

此处

$$C_c = \int_\Omega L_1(\theta,d_1) \mathrm{d}G(\theta), \tag{6.1.7}$$

$$\alpha(x) = \int_\Omega \left[\left(\frac{\theta-\theta_0}{\theta} \right)^2 - \gamma_0^2 \right] f(x|\theta) \mathrm{d}G(\theta) , \tag{6.1.8}$$

其中

$$f(x) = \int_\Omega f(x|\theta) \mathrm{d}G(\theta) = \int_\Omega \theta^{-1} m x^{m-1} \exp(-x^m/\theta) \mathrm{d}G(\theta), \tag{6.1.9}$$

为 r.v. X 的边缘分布, 故由 (6.1.8) 式经计算可得

$$\alpha(x) = A_1(x) f^{(2)}(x) + A_2(x) f^{(1)}(x) + A_3(x) f(x). \tag{6.1.10}$$

其中 $f^{(1)}(x), f^{(2)}(x)$ 分别表示 $f(x)$ 的一阶和二阶导数, 且

$$A_1(x) = \frac{\theta_0^2}{m^2} x^{2-2m}, \; A_2(x) = -\frac{3(m-1)\theta_0^2}{m^2} x^{1-2m} + \frac{2\theta_0}{m} x^{1-m},$$

$$A_3(x) = \frac{(2m^2-3m+1)\theta_0^2}{m^2} x^{-2m} - \frac{2(m-1)\theta_0}{m} x^{-m} + 1 - \gamma_0^2.$$

由 (6.1.6) 式易见 Bayes 判决函数为

$$\delta_c(x) = \begin{cases} 1, & \alpha(x) \leq 0, \\ 0, & \alpha(x) > 0. \end{cases} \tag{6.1.11}$$

其 Bayes 风险为

$$R(G) = \inf_\delta R(\delta,G) = R(\delta_c,G)$$

$$= a \int_X \alpha(x)\delta_c(x) \mathrm{d}x + C_c. \tag{6.1.12}$$

上述风险当先验分布 $G(\theta)$ 已知,且 $\delta(x)=\delta_G(x)$ 是可以达到的,但此处 $G(\theta)$ 未知,因而 $\delta_G(x)$ 无使用价值,于是考虑引入 EB 方法.

6.1.2　EB 检验函数的构造

设 $X_1,X_2,\cdots,X_n$ 和 X 是独立同分布样本(iid),它们具有共同的边缘密度函数如(6.1.9)式所示,通常称 $X_1,X_2,\cdots,X_n$ 为历史样本,称 X 为当前样本.令 $f(x)$ 为 X_1 的概率密度函数,同分布样本(iid)作如下假定:

(A) $f(x)\in C_{s,\alpha}$.

假定 $C_{s,\alpha}$ 表示 $\mathbb{R}^1$ 中一族概率密度函数,其 s 阶导数存在,连续且绝对值不超过 α,$s>4$ 且为正整数.

令 $K_r(x)(r=0,1,\cdots,s-1)$ 是 Borel 可测的有界函数,在区间 $(0,1)$ 之外为零,且满足下列的条件(B):

(B_1) $\dfrac{1}{t!}\displaystyle\int_0^1 y^t K_r(y)\mathrm{d}y=\begin{cases}1,\ t=r,\\ 0,\ t\neq r,t=1,2,\cdots,s-1.\end{cases}$

(B_2) $K_r(x)$ 在 $\mathbb{R}^1$ 上除有限点集 E_0 外是可微的,且 $\sup\limits_{x\in\mathbb{R}^1-E_0}\left|K_r'(x)\right|\leqslant C<\infty$.

记 $f^{(0)}(x)=f(x)$,$f^{(r)}(x)$ 表示 $f(x)$ 的第 r 阶导数,对 $r=0,1,\cdots,s$ 定义密度函数 $f^{(r)}(x)$ 的递归核估计为

$$f_n^{(r)}(x)=\frac{1}{n}\sum_{i=1}^{n}\frac{1}{nh_i^{1+r}}K_r\left(\frac{X_i-x}{h_i}\right),\qquad (6.1.13)$$

其中 $\{h_n\}$ 为正数递减序列,且 $\lim\limits_{n\to\infty}h_n=0$,$K_r(x)$ 是满足条件(B)的核函数,这种估计具有一种递归性质,即

$$f_n^{(r)}(x)=\frac{n-1}{n}f_{n-1}^{(r)}(x)+\frac{1}{nh_n^{1+r}}K_r\left(\frac{X_i-x}{h_i}\right).$$

由(6.1.10)和(6.1.13)式定义 $\alpha(x)$ 的估计量

$$\alpha_n(x)=A_1(x)f_n^{(2)}(x)+A_2(x)f_n^{(1)}(x)+A_3(x)f_n(x).\qquad (6.1.14)$$

故 EB 检验函数定义为

$$\delta_n(x)=\begin{cases}1,\ \alpha_n(x)\leqslant 0,\\ 0,\ \alpha_n(x)>0.\end{cases}\qquad (6.1.15)$$

本文中令 E_n 表示对 r.v. $X_1,X_2,\cdots,X_n$ 的联合分布求均值,则 $\delta_n(x)$ 的全面

Bayes 风险为

$$R_n = R_n(\delta_n, G) = a\int_\chi \alpha(x) E_n[\delta_n(x)]\mathrm{d}x + C_G. \tag{6.1.16}$$

若 $\lim_{n\to\infty} R_n = R(G)$，则称 $\{\delta_n(x)\}$ 为a.o. 的 EB 检验函数，$R_n - R(G) = O(n^{-q})$，$q > 0$，则称 EB 检验函数 $\{\delta_n(x)\}$ 的收敛速度阶为 $O(n^{-q})$. 为导出 δ_n 的a.o.性 和收敛速度，我们给出下述引理.

本文中令 $c, c_0, c_1, c_2\cdots$ 表示不依赖 n 的正常数，即使在同一表达式中也可取不同的值.

引理 6.1.1 设 $f_n^{(r)}(x)$ 由 (6.1.13) 式定义，其中 $X_1, X_2, \cdots, X_n$ 为独立同分布 iid 样本，若条件 (A) 和 (B) 成立且 $f_n^{(r)}(x)$ 连续，$s \geqslant 5$ 且为正整数，$r = 0, 1, 2$，对 $\forall x \in \chi$

(1) 当 $\lim_{n\to\infty} \frac{1}{n}\sum_{i=1}^n h_i^{s-r} = 0$ 且 $n h_n^{2r+1} \to \infty$ 时，有

$$\lim_{n\to\infty} E_n\left|f_n^{(r)}(x) - f^{(r)}(x)\right|^2 = 0.$$

(2) 当取 $h_n = n^{-\frac{1}{2(s-2)}}$ 时，对 $0 < \lambda \leqslant 1$，则有

$$E_n\left|f_n^{(r)}(x) - f^{(r)}(x)\right|^{2\lambda} \leqslant c n^{-\frac{\lambda(s-r-2.5)}{s-1}}.$$

证明 先证结论 (1). 由 C_r 不等式可知，对 $r = 0, 1, 2$ 有

$$E_n\left|f_n^{(r)}(x) - f^{(r)}(x)\right|^2 \leqslant c_1\left|E_n f_n^{(r)}(x) - f^{(r)}(x)\right|^2 + c_2\left[\mathrm{Var}\left(f_n^{(r)}(x)\right)\right]$$

$$\triangleq c_1 I_1^2 + c_2 I_2. \tag{6.1.17}$$

由递归函数的核估计和核函数的性质可知

$$E_n f_n^{(r)}(x) = \frac{1}{n}\sum_{i=1}^n \frac{1}{h_i^{1+r}} E_n\left(K_r\left(\frac{X_i - x}{h_i}\right)\right) = \frac{1}{n}\sum_{i=1}^n \frac{1}{h_i^{1+r}}\int_x^{x+h_i} K_r\left(\frac{y-x}{h_i}\right) f(y)\mathrm{d}y$$

$$= \frac{1}{n}\sum_{i=1}^n \frac{1}{h_i^r}\int_0^1 K_r(t) f(x + th_i)\mathrm{d}t. \tag{6.1.18}$$

由 Taylor 展开得

$$f(x + th_n) = f(x) + \sum_{l=1}^{s-1} f^{(l)}(x)\frac{(th_n)^l}{l!} + f^{(s)}(x^*)\frac{(th_n)^s}{s!}, \quad x \leqslant x^* \leqslant x + th_n. \tag{6.1.19}$$

将 (6.1.19) 式代入 (6.1.18) 式可得

$$E_n f_n^{(r)}(x) = \frac{1}{n}\sum_{i=1}^{n}\frac{1}{h_i^r}\left[f^{(r)}(x)h_i^r + \int_0^1 K_r(t)f^{(s)}(x^*)\frac{(th_i)^s}{s!}dt\right]$$

$$= f^{(r)}(x) + \frac{1}{n}\left[\sum_{i=1}^{n}h_i^{s-r}\int_0^1 K_r(t)f^{(s)}(x^*)\frac{t^s}{s!}dt\right]. \tag{6.1.20}$$

由 $f(x)\in C_{s,\alpha}$ 及 $|K_r(t)|\le C$ 可知

$$I_1 = \left|E_n f_n^{(r)}(x) - f^{(r)}(x)\right| \le c\frac{1}{n}\sum_{i=1}^{n}h_i^{s-r}, \tag{6.1.21}$$

$$I_2 = \mathrm{Var}\left[\frac{1}{n}\sum_{i=1}^{n}\frac{1}{h_n^{1+r}}K_r\left(\frac{X_i-x}{h_i}\right)\right] = \sum_{i=1}^{n}\frac{1}{n^2 h_i^{2+2r}}E_n\left[K_r\left(\frac{X_i-x}{h_i}\right)\right]^2$$

$$= \sum_{i=1}^{n}\frac{1}{n^2 h_i^{2+2r}}\int_x^{x+h_i}K_r^2\left(\frac{y-x}{h_i}\right)f(y)dy = \frac{1}{n^2}\sum_{i=1}^{n}\frac{1}{h_i^{1+2r}}\int_0^1 K_r^2(t)f(x+th_i)dt.$$

再由 $f(x)\in C_{s,\alpha}$ 及 $|K_r(t)|\le C, h_n$ 单调递减, $\lim_{n\to\infty}h_n=0$ 可知

$$I_2 \le c\left(nh_n^{1+2r}\right)^{-1}. \tag{6.1.22}$$

由(6.1.21)式知, 当 $\lim_{n\to\infty}\frac{1}{n}\sum_{i=1}^{n}h_i^{s-r}=0$ 时, 有

$$\lim_{n\to\infty}I_1^2=0. \tag{6.1.23}$$

由(6.1.22)式知, 当 $\lim_{n\to\infty}nh_n^{1+2r}=\infty$ 时, 有

$$\lim_{n\to\infty}I_2=0. \tag{6.1.24}$$

将(6.1.23)和(6.1.24)式代入(6.1.17)式,结论(1)成立.

下面证明结论(2).由 C_r 不等式可知

$$E_n\left|f_n^{(r)}(x)-f^{(r)}(x)\right|^{2\lambda} \le c_1\left|E_n f_n^{(r)}(x)-f^{(r)}(x)\right|^{2\lambda} + c_2\left[\mathrm{Var}\left(f_n^{(r)}(x)\right)\right]^{\lambda}$$

$$\triangleq c_1 I_1^{2\lambda} + c_2 I_2^{\lambda}. \tag{6.1.25}$$

取 $h_i = i^{-\frac{1}{2(s-2)}}$ 时可知

$$h_i = i^{-\frac{1}{2(s-2)}} \le i^{-\frac{1}{2(s-r)}}\left(r=0,1,2\right).$$

由(6.1.21)式可得

$$I_1 \le c\frac{1}{n}\sum_{i=1}^{n}h_i^{s-r} \le c\frac{1}{n}\sum_{i=1}^{n}i^{-\frac{1}{2}} \le c\frac{1}{n}\int_0^\infty x^{-\frac{1}{2}}dx \le cn^{-\frac{1}{2}}. \tag{6.1.26}$$

故有 $f(x)\in C_{s,\alpha}$ 及 $|K_r(t)|\le M$.

由(6.1.22)式取 $h_n = n^{-\frac{1}{2(s-2)}}$ 时,有

$$I_2^\lambda \leqslant c\left(nh_n^{1+2r}\right)^{-\lambda} \leqslant cn^{-\frac{\lambda(s-r-2.5)}{s-2}}. \tag{6.1.27}$$

将(6.1.26)和(6.1.27)式代入(6.1.25)式,结论(2)成立.

注6.1.1 当 $\lambda \to 1, s \to \infty$ 时, $O\left(n^{-\frac{\lambda(s-r-2.5)}{s-2}}\right)$ 可任意接近 $O(n^{-1})$.

引理6.1.2 令 $R(G)$ 和 R_n 分别由(6.1.12)和(6.1.16)式给出,则

$$0 < R_n - R(G) \leqslant a\int_\chi |\alpha(x)|P\big(|\alpha_n(x) - \alpha(x)| \geqslant |\alpha(x)|\big)\mathrm{d}x.$$

证明 见Johns(1972)引理1.

6.1.3 EB检验函数的大样本性质

定理6.1.1 设 $\delta_n(x)$ 由(6.1.15)式定义,其中 $X_1, X_2, \cdots, X_n$ 为独立同分布 iid 样本,假定条件(A)和(B)成立,若

(1) $\{h_n\}$ 为正数递减序列,且 $\lim\limits_{n\to\infty}\frac{1}{n}\sum\limits_{i=1}^n h_i^{s-r} = 0$, $\lim\limits_{n\to\infty}nh_n^{1+2r} = \infty$;

(2) $\int_\Omega \theta^{-2}\mathrm{d}G(\theta) < \infty$;

(3) $f^{(r)}(x)$ 为 x 的连续函数,则有 $\lim\limits_{n\to\infty}R_n(\delta_n, G) = \lim\limits_{n\to\infty}R_n = R(G)$.

证明 由引理6.1.2可知

$$0 \leqslant R_n - R(G) \leqslant a\int_\chi |\alpha(x)|P\big(|\alpha_n(x) - \alpha(x)| \geqslant |\alpha(x)|\big)\mathrm{d}x. \tag{6.1.28}$$

记 $B_n(x) = |\alpha(x)|P\big(|\alpha_n(x) - \alpha(x)| \geqslant |\alpha(x)|\big)$, 显见 $B_n(x) \leqslant |\alpha(x)|$.

由(6.1.8)式和Fubini定理得

$$\int_\chi |\alpha(x)|\mathrm{d}x \leqslant |1 - \gamma_0^2|\int_\chi f(x)\mathrm{d}x + \int_\chi\int_\Omega\left(\frac{\theta_0^2}{\theta^2} + 2\frac{|\theta_0|}{\theta}\right)f(x|\theta)\mathrm{d}G(\theta)\mathrm{d}x$$

$$= |1 - \gamma_0^2| + \int_\Omega\left(\frac{\theta_0^2}{\theta^2} + 2\frac{|\theta_0|}{\theta}\right)\mathrm{d}x\int_\chi f(x|\theta)\mathrm{d}G(\theta)$$

$$= |1 - \gamma_0^2| + \theta_0^2\int_\Omega\frac{1}{\theta^2}\mathrm{d}G(\theta) + 2|\theta_0|\int_\Omega\frac{1}{\theta}\mathrm{d}G(\theta)$$

$$< \infty.$$

由控制收敛定理可知

$$0 \leqslant \lim_{n\to\infty}\big(R_n - R(G)\big) \leqslant a\int_\chi\left(\lim_{n\to\infty}B_n(x)\right)\mathrm{d}x. \tag{6.1.29}$$

故要使定理成立, 只要证明 $\lim_{n \to \infty} B_n(x) = 0$ 对 a.s.x 成立即可. 由 Markov 不等式和 Jensen 不等式知

$$B_n(x) \leq E_n |\alpha_n(x) - \alpha(x)|$$

$$\leq A_1(x) E_n \left| f_n^{(2)}(x) - f^{(2)}(x) \right| + |A_2(x)| E_n \left| f_n^{(1)}(x) - f^{(1)}(x) \right| + |A_3(x)| E_n \left| f_n(x) - f(x) \right|$$

$$\leq A_1(x) \left[E_n \left| f_n^{(2)}(x) - f^{(2)}(x) \right|^2 \right]^{\frac{1}{2}} + |A_2(x)| \left[E_n \left| f_n^{(1)}(x) - f^{(1)}(x) \right|^2 \right]^{\frac{1}{2}}$$

$$+ |A_3(x)| \left[E_n \left| f_n(x) - f(x) \right|^2 \right]^{\frac{1}{2}}.$$

再由引理 6.1.1(1) 可知, 对 $x \in \chi$, 当 $r = 0, 1, 2$ 时有

$$0 \leq \lim_{n \to \infty} B_n(x)$$

$$\leq A_1(x) \left[\lim_{n \to \infty} E_n \left| f_n^{(2)}(x) - f^{(2)}(x) \right|^2 \right]^{\frac{1}{2}} + |A_2(x)| \left[\lim_{n \to \infty} E_n \left| f_n^{(1)}(x) - f^{(1)}(x) \right|^2 \right]^{\frac{1}{2}}$$

$$+ |A_3(x)| \left[\lim_{n \to \infty} E_n \left| f_n(x) - f(x) \right|^2 \right]^{\frac{1}{2}}$$

$$= 0. \tag{6.1.30}$$

将 (6.1.30) 式代入 (6.1.29) 式, 定理得证.

定理 6.1.2　设 $\delta_n(x)$ 由 (6.1.15) 式定义, 其中 $X_1, X_2, \cdots, X_n$ 为独立同分布 iid 样本, 且假定 (A) 和 (B) 成立, 若 $0 < \lambda \leq 1$, 有

$$\int_\chi |\alpha(x)|^{1-\lambda} A_i^\lambda(x) \mathrm{d}x < \infty, i = 1, 2, 3,$$

则当取 $h_n = n^{-\frac{1}{2(s-2)}}$ 时, 有 $R_n - R(G) = O\left(n^{-\frac{\lambda(s-4.5)}{2(s-2)}} \right)$, 其中 $s > 4$ 为给定的一个正整数.

证明　由引理 6.1.2 和 Markov 不等式, 可知

$$0 \leq R_n - R(G) \leq a \int_\chi |\alpha(x)|^{1-\lambda} E_n |\alpha_n(x) - \alpha(x)|^\lambda \mathrm{d}x$$

$$\leq c_1 \int_\chi |\alpha(x)|^{1-\lambda} A_1^\lambda(x) E_n \left| f_n^{(2)}(x) - f^{(2)}(x) \right|^\lambda \mathrm{d}x$$

$$+ c_2 \int_\chi |\alpha(x)|^{1-\lambda} A_2^\lambda(x) E_n \left| f_n^{(1)}(x) - f^{(1)}(x) \right|^\lambda \mathrm{d}x$$

$$+ c_3 \int_\chi |\alpha(x)|^{1-\lambda} A_3^\lambda(x) E_n \left| f_n(x) - f(x) \right|^\lambda \mathrm{d}x$$

$$\triangleq T_1 + T_2 + T_3. \tag{6.1.31}$$

由引理 6.1.1(2) 和条件可知

$$T_1 \leqslant c_1 n^{-\frac{\lambda(s-4.5)}{2(s-2)}} \int_{\mathcal{X}} |\alpha(x)|^{1-\lambda} A_1^{\lambda}(x) \mathrm{d}x \leqslant c_1' n^{-\frac{\lambda(s-4.5)}{2(s-2)}}, \tag{6.1.32}$$

$$T_2 \leqslant c_2 n^{-\frac{\lambda(s-3.5)}{2(s-1)}} \int_{\mathcal{X}} |\alpha(x)|^{1-\lambda} A_2^{\lambda}(x) \mathrm{d}x \leqslant c_2' n^{-\frac{\lambda(s-3.5)}{2(s-2)}}, \tag{6.1.33}$$

$$T_3 \leqslant c_3 n^{-\frac{\lambda(s-2.5)}{2s}} \int_{\mathcal{X}} |\alpha(x)|^{1-\lambda} A_3^{\lambda}(x) \mathrm{d}x \leqslant c_3' n^{-\frac{\lambda(s-2.5)}{2(s-2)}}. \tag{6.1.34}$$

将(6.1.32)、(6.1.33)和(6.1.34)式代入(6.1.31)式,定理得证.

注6.1.2 当 $\lambda \to 1, s \to \infty$ 时,$O\left(n^{-\frac{\lambda(s-4.5)}{2(s-2)}}\right)$ 可任意接近 $O\left(n^{-\frac{1}{2}}\right)$.

6.1.4 例 子

下面举例说明适合文中定理条件的 Weibull 族和先验分布是存在的. 在模型(6.1.1)式中,令 $m=1$,则 $f(x|\theta) = \frac{1}{\theta}\exp\left(\frac{-x}{\theta}\right)I_{(x>0)}$.

取 θ 的先验分布为

$$g(\theta) = \frac{a^b}{\Gamma(b)} \theta^{-(b+1)} \mathrm{e}^{-\frac{a}{\theta}} I_{[\theta>0]}, \tag{6.1.35}$$

a 和 b 为已知常数,$a>0, b>0$,所以有

$$
\begin{aligned}
f(x) &= \int_{\Omega} f(x|\theta) \mathrm{d}G(\theta) \\
&= -\frac{a^b \Gamma(b+1)}{\Gamma(b)(x+a)^{b+1}} \int_0^{\infty} \frac{(x+a)^{b+1}}{\Gamma(b+1)} \left(\frac{1}{\theta}\right)^b \exp(-(x+a)/\theta) \mathrm{d}\left(\frac{1}{\theta}\right) \\
&= \frac{ba^b}{(x+a)^{b+1}}.
\end{aligned}
\tag{6.1.36}
$$

同理,当 $m=1$ 时,由(6.1.10)式知

$$A_1(x) = \theta_0^2, \quad A_2(x) = 2\theta_0, \quad A_3(x) = 1 - \gamma_0^2,$$

则

$$
\begin{aligned}
\alpha(x) &= \theta_0^2 f^{(2)}(x) + 2\theta_0 f^{(1)}(x) + (1-\gamma_0^2) f(x) \\
&= \theta_0^2 \frac{b(b+1)(b+2)a^b}{(x+a)^{b+3}} - 2\theta_0 \frac{b(b+1)a^b}{(x+a)^{b+2}} + (1-\gamma_0^2) \frac{ba^b}{(x+a)^{b+1}} \\
&= \frac{ba^b}{(x+a)^{b+1}} \left(\theta_0^2 \frac{(b+1)(b+2)}{(x+a)^2} - 2\theta_0 \frac{b(b+1)a^b}{(x+a)} + (1-\gamma_0^2) \right).
\end{aligned}
$$

因此

$$|\alpha(x)| \leqslant \frac{ba^b}{(x+a)^{b+1}}\left(\theta_0^{\ 2}\frac{(b+1)(b+2)}{a^2}+2|\theta_0|\frac{b(b+1)a^b}{a}+\left|1-\gamma_0^{\ 2}\right|\right) \leqslant \frac{c}{(x+a)^{b+1}}.$$

(1) 由 (6.1.36) 易见, $f(x)$ 为 x 任意阶可导函数, 导函数连续, 一致有界, 即 $f(x) \in C_{s,\alpha}$.

(2) $E(\theta^{-2}) = -\dfrac{a^b\Gamma(b+2)}{\Gamma(b)a^{b+2}}\displaystyle\int_{\Omega}\dfrac{a^{b+2}}{\Gamma(b+2)}\left(\dfrac{1}{\theta}\right)^{b+1}\mathrm{e}^{-\frac{a}{\theta}}\mathrm{d}\left(\dfrac{1}{\theta}\right) = \dfrac{b(b+1)}{a^2} < \infty.$

(3) $\displaystyle\int_{\chi}\left|\alpha(x)\right|^{1-\lambda}A_i^{\ \lambda}(x)\mathrm{d}x \leqslant \int_0^{\infty}\dfrac{c}{(x+a)^{(b+1)(1-\lambda)}}\mathrm{d}x.$

由于 $a>0, b>0$, 这一积分为第一类广义积分, 当 $(b+1)(1-\lambda)>1$ 时, 即 $0<\lambda<\dfrac{b}{b+1}$, 上述积分收敛.

由 (1) ~ (3) 可知, 定理 6.1.1 和定理 6.1.2 条件均成立.

故有下述重要结论.

定理 6.1.3　对 Weibull 分布 (6.1.1) 式先验分布由 (6.1.35) 式给出, 其中 $b>0, a>0$, 当 $m=1$ 时, 则定理 6.1.1 成立, 又若 $0<\lambda<b/(b+1)$, 则定理 6.1.2 成立.

§6.2　Lomax 分布族形状参数的经验 Bayes 双侧检验

6.2.1　引　言

本节继续讨论 5.2 节的 Lomax 分布模型. 设随机变量 X 条件概率密度为

$$f(x|\theta) = \frac{\theta}{m}\left(1+\frac{x}{m}\right)^{-(\theta+1)}I_{(x>0)}, \tag{6.2.1}$$

其中 m 和 θ 分别为尺度参数和形状参数 ($m>0$), 且本文假定 m 为已知常数, 样本空间为 $\chi=\{x|x>0\}$, 参数空间为 $\Omega=\{\theta|\theta>0\}$.

Lomax 分布在可靠性理论、商业故障数据分析和寿命试验研究中有着很广泛应用. Lomax 分布被视为指数伽马的混合分布, 亦可称为第二型的 Pareto 寿命分布. 另外, 利用递归核估计来研究该分布参数的 EB 双侧检验, 据本人所知, 文献中还没有报道, 因此研究 Lomax 分布族形状参数的经验 Bayes 双侧检验有非常重要的意义.

设参数 θ 的先验分布为 $G(\theta)$,本文考虑分布族(6.2.1)中参数 θ 的如下 EB 双侧检验问题

$$H_0 : \theta_1 \leq \theta \leq \theta_2 \leftrightarrow H_1 : \theta < \theta_1 或 \theta > \theta_2, \qquad (6.2.2)$$

此处 θ_1 和 θ_2 为已知正常数,如果取 $\theta_0 = \dfrac{\theta_1 + \theta_2}{2}$ 和 $\gamma_0 = \dfrac{\theta_2 - \theta_1}{2}$,则双侧检验问题(6.2.2)等价于

$$H_0 : |\theta_0 - \theta| \leq \gamma_0 \leftrightarrow H_1 : |\theta_0 - \theta| > \gamma_0. \qquad (6.2.3)$$

对假设检验问题(6.2.3),取下列"平方损失"函数

$$L(\theta, d_j) = (1-j)a\left[(\theta - \theta_0)^2 - \gamma_0^2\right]I_{\left[|\theta - \theta_0| > \gamma_0\right]} + ja\left[\gamma_0^2 - (\theta - \theta_0)^2\right]I_{\left[|\theta - \theta_0| \leq \gamma_0\right]}. \qquad (6.2.4)$$

此处 a 是正常数,$j = 0,1$,$D = \{d_0, d_1\}$ 是行动空间,d_0 表示接受 H_0,d_1 表示否定 H_0,$I_{[A]}$ 表示集合 A 的示性函数.设随机化判别函数为

$$\delta(x) = P(接受 H_0 | X = x), \qquad (6.2.5)$$

则 $\delta(x)$ 的 Bayes 风险函数为

$$R(\delta, G) = \int_\Omega \int_\chi \left[L(\theta, d_0)f(x|\theta)\delta(x) + L(\theta, d_1)f(x|\theta)(1 - \delta(x))\right]\mathrm{d}x\mathrm{d}G(\theta)$$

$$= \int_\Omega \int_\chi \left[L(\theta, d_0) - L(\theta, d_1)\right]f(x|\theta)\delta(x)\mathrm{d}x\mathrm{d}G(\theta) + \int_\Omega \int_\chi L(\theta, d_1)f(x|\theta)\mathrm{d}x\mathrm{d}G(\theta)$$

$$= a\int_\chi \alpha(x)\delta(x)\mathrm{d}x + C_G, \qquad (6.2.6)$$

此处

$$C_G = \int_\Omega L(\theta, d_1)\mathrm{d}G(\theta), \qquad (6.2.7)$$

$$\alpha(x) = \int_\Omega \left[(\theta - \theta_0)^2 - \gamma_0^2\right]f(x|\theta)\mathrm{d}G(\theta), \qquad (6.2.8)$$

其中

$$f(x) = \int_\Omega f(x|\theta)\mathrm{d}G(\theta) = \int_\Omega \frac{\theta}{m}\left(1 + \frac{x}{m}\right)^{-(\theta+1)}\mathrm{d}G(\theta), \qquad (6.2.9)$$

为 r.v.X 的边缘分布,故由(6.2.8)式经计算可得

$$\alpha(x) = q_1(x)f^{(2)}(x) + q_2(x)f^{(1)}(x) + Mf(x). \qquad (6.2.10)$$

其中 $f^{(1)}(x), f^{(2)}(x)$ 分别为 $f(x)$ 的一阶和二阶导数,且

$$q_1(x) = (m+x)^2, \quad q_2(x) = (m+x)(m + 3 + 2\theta_0),$$

$$M = \theta_0^2 + 2\theta_0 + 1 - \gamma_0^2.$$

由(6.2.6)式易见 Bayes 判决函数为

$$\delta_G(x) = \begin{cases} 1, & \alpha(x) \le 0, \\ 0, & \alpha(x) > 0. \end{cases} \tag{6.2.11}$$

其 Bayes 风险为

$$R(G) = \inf_\delta R(\delta, G) = R(\delta_G, G)$$

$$= a \int_\chi \alpha(x) \delta_G(x) \mathrm{d}x + C_G. \tag{6.2.12}$$

上述风险当先验分布 $G(\theta)$ 已知,且 $\delta(x) = \delta_G(x)$ 是可以达到的,但此处 $G(\theta)$ 未知,因而 $\delta_G(x)$ 无使用价值,于是考虑引入 EB 方法.

6.2.2　EB 检验函数的构造

本文设 $X_1, X_2, \cdots, X_n$ 和 X 是独立同分布(iid)样本,且有共同的边缘密度函数 $f(x)$,称 $X_1, X_2, \cdots, X_n$ 为历史样本,称 X 为当前样本,同分布样本(iid)作如下假定:

(A) $f(x) \in C_{s, \alpha}$.

假定 $C_{s, \alpha}$ 为 $\mathbb{R}^1$ 中一族概率密度函数,其 s 阶导数存在,且 $|f(x)| \le \alpha$,$s > 4$ 且为正整数.

令 $K_r(x)(r = 0, 1, \cdots, s - 1)$ 是 Borel 可测的有界函数,在 $(0, 1)$ 之外为零,且满足下列条件:

(B) $\dfrac{1}{t!} \int_0^1 y^t K_r(y) \mathrm{d}y = \begin{cases} 1, & t = r, \\ 0, & t \ne r, \end{cases} t = 1, 2, \cdots, s - 1.$

记 $f^{(0)}(x) = f(x)$,$f^{(r)}(x)$ 为 $f(x)$ 的第 r 阶导数,$r = 0, 1, \cdots, s$. 定义密度函数 $f^{(r)}(x)$ 的递归核估计为

$$f_n^{(r)}(x) = \frac{1}{n} \sum_{i=1}^n \frac{1}{h_i^{1+r}} K_r\left(\frac{X_i - x}{h_i}\right), \tag{6.2.13}$$

其中 $\{h_n\}$ 为正数递减序列,且 $\lim\limits_{n \to \infty} h_n = 0$,$K_r(x)$ 是满足条件(B)的核函数,这种估计具有一种递归性质,即

$$f_n^{(r)}(x) = \frac{n-1}{n} f_{n-1}^{(r)}(x) + \frac{1}{nh_n^{1+r}} K_r\left(\frac{X_n - x}{h_n}\right).$$

由上式递推关系可知,用递归核估计去估计 $f^{(r)}(x)$ 时,只需通过上式进行递归计算,即在增加样本点的情形下不必重新计算所有项,只需计算新的添加

贝叶斯统计分析

项,而用普通的核估计的话必须重新计算所有项,所以上式可以大大减少计算量.另一方面,递归核估计在不同区间能取不同的适当窗宽,克服了估计的过度平滑和过度锐化,能够较全面地刻画密度函数,因此提高了估计的效率.

由(6.2.10)和(6.2.13)式定义 $\alpha(x)$ 的估计量

$$\alpha_n(x) = q_1(x)f_n^{(2)}(x) + q_2(x)f_n^{(1)}(x) + Mf_n(x).\tag{6.2.14}$$

故 EB 检验函数定义为

$$\delta_n(x) = \begin{cases} 1, \alpha_n(x) \leq 0, \\ 0, \alpha_n(x) > 0. \end{cases}\tag{6.2.15}$$

本文中令 E_n 表示对 r.v. $X_1, X_2, \cdots, X_n$ 的联合分布求均值,则 $\delta_n(x)$ 的全面 Bayes 风险为

$$R_n = R_n(\delta_n, G) = a\int_x \alpha(x)E_n[\delta_n(x)]dx + C_G.\tag{6.2.16}$$

若 $\lim_{n\to\infty} R_n = R(G)$,则称 $\{\delta_n(x)\}$ 为a.o. 的 EB 检验函数,$R_n - R(G) = O(n^{-q})$,$q > 0$,则称EB检验函数 $\{\delta_n(x)\}$ 的收敛速度阶为 $O(n^{-q})$.为导出 δ_n 的a.o.性 和收敛速度,我们给出下述引理.

本文中令 $c, c_0, c_1, c_2, \cdots$ 表示不依赖 n 的正常数,即使在同一表达式中也可取不同的值.

引理 6.2.1 设 $f_n^{(r)}(x)$ 由(6.2.13)式定义,其中 $X_1, X_2, \cdots, X_n$ 为独立同分布 iid 样本,若条件(A)和(B)成立且 $f_n^{(r)}(x)$ 连续,$s > 4$ 且为正整数,$r = 0, 1, 2$,对 $\forall x \in \chi$

(1)当 $\lim_{n\to\infty} \frac{1}{n}\sum_{i=1}^n h_i^{s-r} = 0$ 且 $nh_n^{2r+1} \to \infty$ 时,有

$$\lim_{n\to\infty} E_n\left|f_n^{(r)}(x) - f^{(r)}(x)\right|^2 = 0.$$

(2)当取 $h_n = n^{-\frac{1}{2(s-2)}}$ 时,对 $0 < \lambda \leq 1$,则有

$$E_n\left|f_n^{(r)}(x) - f^{(r)}(x)\right|^{2\lambda} \leq cn^{-\frac{\lambda(s-r-2.5)}{s-1}}.$$

证明 先证结论(1).由 C_r 不等式可知,对 $r = 0, 1, 2$ 有

$$E_n\left|f_n^{(r)}(x) - f^{(r)}(x)\right|^2 \leq c_1\left|E_n f_n^{(r)}(x) - f^{(r)}(x)\right|^2 + c_2\left[\text{Var}\left(f_n^{(r)}(x)\right)\right]$$

$$\triangleq c_1 I_1^2 + c_2 I_2.\tag{6.2.17}$$

由递归函数的核估计和核函数的性质可知

$$E_n f_n^{(r)}(x) = \frac{1}{n}\sum_{i=1}^{n}\frac{1}{h_i^{1+r}}E_n\left(K_r\left(\frac{X_i-x}{h_i}\right)\right) = \frac{1}{n}\sum_{i=1}^{n}\frac{1}{h_i^{1+r}}\int_x^{x+h_i}K_r\left(\frac{y-x}{h_i}\right)f(y)\mathrm{d}y$$

$$= \frac{1}{n}\sum_{i=1}^{n}\frac{1}{h_i^{r}}\int_0^1 K_r(t)f(x+th_i)\mathrm{d}t. \tag{6.2.18}$$

由 Taylor 展开得

$$f(x+th_n) = f(x) + \sum_{l=1}^{s-1}f^{(l)}(x)\frac{(th_n)^l}{l!} + f^{(s)}(x^*)\frac{(th_n)^s}{s!}, x \leqslant x^* \leqslant x+th_n. \tag{6.2.19}$$

将(6.2.19)式代入(6.2.18)式可得

$$E_n f_n^{(r)}(x) = \frac{1}{n}\sum_{i=1}^{n}\frac{1}{h_i^{r}}\left[f^{(r)}(x)h_i^{r} + \int_0^1 K_r(t)f^{(s)}(x^*)\frac{(th_i)^s}{s!}\mathrm{d}t\right]$$

$$= f^{(r)}(x) + \frac{1}{n}\left[\sum_{i=1}^{n}h_i^{s-r}\int_0^1 K_r(t)f^{(s)}(x^*)\frac{t^s}{s!}\mathrm{d}t\right]. \tag{6.2.20}$$

由 $f(x)\in C_{s,\alpha}$ 及 $\left|K_r(t)\right|\leqslant C$ 可知

$$I_1 = \left|E_n f_n^{(r)}(x) - f^{(r)}(x)\right| \leqslant c\frac{1}{n}\sum_{i=1}^{n}h_i^{s-r}, \tag{6.2.21}$$

$$I_2 = \mathrm{Var}\left[\frac{1}{n}\sum_{i=1}^{n}\frac{1}{h_n^{1+r}}K_r\left(\frac{X_i-x}{h_i}\right)\right] = \sum_{i=1}^{n}\frac{1}{n^2 h_i^{2+2r}}E_n\left[K_r\left(\frac{X_i-x}{h_i}\right)\right]^2$$

$$= \sum_{i=1}^{n}\frac{1}{n^2 h_i^{2+2r}}\int_x^{x+h_i}K_r^2\left(\frac{y-x}{h_i}\right)f(y)\mathrm{d}y = \frac{1}{n^2}\sum_{i=1}^{n}\frac{1}{h_i^{1+2r}}\int_0^1 K_r^2(t)f(x+th_i)\mathrm{d}t.$$

再由 $f(x)\in C_{s,\alpha}$ 及 $\left|K_r(t)\right|\leqslant C$, h_n 单调递减, $\lim\limits_{n\to\infty}h_n=0$ 可知

$$I_2 \leqslant c\left(nh_n^{1+2r}\right)^{-1}. \tag{6.2.22}$$

由(6.2.21)式知, 当 $\lim\limits_{n\to\infty}\frac{1}{n}\sum_{i=1}^{n}h_i^{s-r}=0$ 时, 有

$$\lim_{n\to\infty}I_1^2 = 0. \tag{6.2.23}$$

由(6.2.22)式知, 当 $\lim\limits_{n\to\infty}nh_n^{1+2r}=\infty$ 时, 有

$$\lim_{n\to\infty}I_2 = 0. \tag{6.2.24}$$

将(6.2.23)和(6.2.24)式代入(6.2.17)式, 结论(1)成立.

下面证明结论(2). 由 C_r 不等式可知

$$E_n\left|f_n^{(r)}(x) - f^{(r)}(x)\right|^{2\lambda} \leqslant c_1\left|E_n f_n^{(r)}(x) - f^{(r)}(x)\right|^{2\lambda} + c_2\left[\mathrm{Var}\left(f_n^{(r)}(x)\right)\right]^{\lambda}$$

$$\triangleq c_1 I_1^{2\lambda} + c_2 I_2^{\lambda}. \tag{6.2.25}$$

取 $h_i = i^{-\frac{1}{2(s-2)}}$ 时可知

$$h_i = i^{-\frac{1}{2(s-2)}} \leqslant i^{-\frac{1}{2(s-r)}} \quad (r = 0, 1, 2).$$

由(6.2.21)式可得

$$I_1 \leqslant c \frac{1}{n} \sum_{i=1}^{n} h_i^{s-r} \leqslant c \frac{1}{n} \sum_{i=1}^{n} i^{-\frac{1}{2}} \leqslant c \frac{1}{n} \int_0^n x^{-\frac{1}{2}} \mathrm{d}x \leqslant c n^{-\frac{1}{2}}.$$

故有

$$I_1^{2\lambda} \leqslant c n^{-\lambda}. \tag{6.2.26}$$

由(6.2.22)式取 $h_n = n^{-\frac{1}{2(s-2)}}$ 时,有

$$I_2^{\lambda} \leqslant c(n h_n^{1+2r})^{-\lambda} \leqslant c n^{-\frac{\lambda(s-r-2.5)}{s-2}}. \tag{6.2.27}$$

将(6.2.26)和(6.2.27)式代入(6.2.25)式,结论(2)成立.

注6.2.1　当 $\lambda \to 1, s \to \infty$ 时, $O\left(n^{-\frac{\lambda(s-r-2.5)}{s-2}}\right)$ 可任意接近 $O(n^{-1})$.

引理6.2.2　令 $R(G)$ 和 R_n 分别由(6.2.12)和(6.2.16)式给出,则

$$0 < R_n - R(G) \leqslant a \int_{\chi} |\alpha(x)| P(|\alpha_n(x) - \alpha(x)| \geqslant |\alpha(x)|) \mathrm{d}x.$$

证明　见Johns(1972)引理1.

6.2.3　EB检验函数的大样本性质

定理6.2.1　设 $\delta_n(x)$ 由(6.2.15)式给出,其中 $X_1, X_2, \cdots, X_n$ 为独立同分布iid样本,假定条件(A)和(B)成立,若

(1) $\{h_n\}$ 为正数递减序列,且 $\lim\limits_{n \to \infty} \frac{1}{n} \sum\limits_{i=1}^{n} h_i^{s-r} = 0$, $\lim\limits_{n \to \infty} n h_n^{1+2r} = \infty$;

(2) $\int_{\Omega} \theta^2 \mathrm{d}G(\theta) < \infty$;

(3) $f^{(r)}(x)$ 为 x 的连续函数,则有 $\lim\limits_{n \to \infty} R_n(\delta_n, G) = \lim\limits_{n \to \infty} R_n = R(G)$.

证明　由引理6.2.2可知

$$0 \leqslant R_n - R(G) \leqslant a \int_{\chi} |\alpha(x)| P(|\alpha_n(x) - \alpha(x)| \geqslant |\alpha(x)|) \mathrm{d}x. \tag{6.2.28}$$

记 $B_n(x) = |\alpha(x)| P(|\alpha_n(x) - \alpha(x)| \geqslant |\alpha(x)|)$,显见 $B_n(x) \leqslant |\alpha(x)|$.

由(6.2.8)式和Fubini定理得

$$\int_\chi \big| \alpha(x) \big| \mathrm{d}x \leq \big| \theta_0^{\,2} - \gamma_0^{\,2} \big| \int_\chi f(x)\mathrm{d}x + \int_\chi \int_\Omega \big(\theta^2 + 2 \big| \theta_0 \big| \theta \big) f\big(x \big| \theta\big) \mathrm{d}G(\theta)\mathrm{d}x$$

$$= \big| \theta_0^{\,2} - \gamma_0^{\,2} \big| + \int_\Omega \big(\theta^2 + 2 \big| \theta_0 \big| \theta \big) \mathrm{d}G(\theta) \int_\chi f\big(x \big| \theta\big)\mathrm{d}x$$

$$= \big| \theta_0^{\,2} - \gamma_0^{\,2} \big| + \int_\Omega \theta^2 \mathrm{d}G(\theta) + 2 \big| \theta_0 \big| \int_\Omega \theta \mathrm{d}G(\theta) < \infty.$$

由控制收敛定理可知

$$0 \leq \lim_{n \to \infty}\big(R_n - R(G)\big) \leq a\int_\chi \Big(\lim_{n \to \infty} B_n(x)\Big)\mathrm{d}x. \tag{6.2.29}$$

故要使定理成立, 只要证明 $\lim\limits_{n \to \infty} B_n(x) = 0$ 对 a.s.x 成立即可. 由 Markov 不等式和 Jensen 不等式知

$$B_n(x) \leq E_n \big| \alpha_n(x) - \alpha(x) \big|$$

$$\leq q_1(x) E_n \big| f_n^{(2)}(x) - f^{(2)}(x) \big| + \big| q_2(x) \big| E_n \big| f_n^{(1)}(x) - f^{(1)}(x) \big| + \big| M \big| E_n \big| f_n(x) - f(x) \big|$$

$$\leq q_1(x) \Big[E_n \big| f_n^{(2)}(x) - f^{(2)}(x) \big|^2 \Big]^{\frac{1}{2}} + \big| q_2(x) \big| \Big[E_n \big| f_n^{(1)}(x) - f^{(1)}(x) \big|^2 \Big]^{\frac{1}{2}}$$

$$+ \big| M \big| \Big[E_n \big| f_n(x) - f(x) \big|^2 \Big]^{\frac{1}{2}}.$$

再由引理 6.2.1(1) 可知, 对 $x \in \chi$, 当 $r = 0, 1, 2$ 时有

$$0 \leq \lim_{n \to \infty} B_n(x)$$

$$\leq q_1(x) \Big[\lim_{n \to \infty} E_n \big| f_n^{(2)}(x) - f^{(2)}(x) \big|^2 \Big]^{\frac{1}{2}} + \big| q_2(x) \big| \Big[\lim_{n \to \infty} E_n \big| f_n^{(1)}(x) - f^{(1)}(x) \big|^2 \Big]^{\frac{1}{2}}$$

$$+ \big| M \big| \Big[\lim_{n \to \infty} E_n \big| f_n(x) - f(x) \big|^2 \Big]^{\frac{1}{2}}$$

$$= 0. \tag{6.2.30}$$

将 (6.2.30) 式代入 (6.2.29) 式, 定理得证.

定理 6.2.2　设 $\delta_n(x)$ 由 (6.2.15) 式定义, 其中 $X_1, X_2, \cdots, X_n$ 为独立同分布 iid 样本, 且假定 (A) 和 (B) 成立, 若 $0 < \lambda < 1$, 有

$$\int_\chi \big| \alpha(x) \big|^{1-\lambda} x^{w\lambda}\mathrm{d}x < \infty, \; w = 0, 1, 2,$$

则当取 $h_n = n^{-\frac{1}{2(s-2)}}$ 时, 有 $R_n - R(G) = O\left(n^{-\frac{\lambda(s-4.5)}{2(s-2)}}\right)$, 其中 $s > 4$ 为给定的一个正整数.

证明　由引理 6.2.2 和 Markov 不等式可知

$$0 \leq R_n - R(G) \leq a\int_\chi \big| \alpha(x) \big|^{1-\lambda} E_n \big| \alpha_n(x) - \alpha(x) \big|^\lambda \mathrm{d}x$$

$$\leq c_1 \int_\chi \big| \alpha(x) \big|^{1-\lambda} q_1^\lambda(x) E_n \big| f_n^{(2)}(x) - f^{(2)}(x) \big|^\lambda \mathrm{d}x$$

$$+c_2\int_\chi\left|\alpha(x)\right|^{1-\lambda}q_2^\lambda(x)E_n\left|f_n^{(1)}(x)-f^{(1)}(x)\right|^\lambda\mathrm{d}x$$

$$+c_3\int_\chi\left|\alpha(x)\right|^{1-\lambda}M^\lambda E_n\left|f_n(x)-f(x)\right|^\lambda\mathrm{d}x$$

$$\triangleq T_1+T_2+T_3\,,\tag{6.2.31}$$

由引理6.2.1(2)和条件可知

$$T_1\leqslant c_1n^{-\frac{\lambda(s-4.5)}{2(s-2)}}\int_\chi\left|\alpha(x)\right|^{1-\lambda}q_1^\lambda(x)\mathrm{d}x\leqslant c_4n^{-\frac{\lambda(s-4.5)}{2(s-2)}}\,,\tag{6.2.32}$$

$$T_2\leqslant c_2n^{-\frac{\lambda(s-3.5)}{2(s-2)}}\int_\chi\left|\alpha(x)\right|^{1-\lambda}q_2^\lambda(x)\mathrm{d}x\leqslant c_5n^{-\frac{\lambda(s-3.5)}{2(s-2)}}\,,\tag{6.2.33}$$

$$T_3\leqslant c_3n^{-\frac{\lambda(s-2.5)}{2(s-2)}}\int_\chi\left|\alpha(x)\right|^{1-\lambda}M^\lambda\mathrm{d}x\leqslant c_6n^{-\frac{\lambda(s-2.5)}{2(s-2)}}\,.\tag{6.2.34}$$

将(6.2.32)~(6.2.34)式代入(6.2.31)式,定理得证.

注6.2.2 当$\lambda\to1,s\to\infty$时,$O\left(n^{-\frac{\lambda(s-4.5)}{2(s-2)}}\right)$可任意接近$O\left(n^{-\frac{1}{2}}\right)$.

6.2.4 例 子

在模型(6.2.1)式中,令$m=1$,则随机变量X分布为

$$f(x|\theta)=\theta(1+x)^{-(\theta+1)}I_{(x>0)}.$$

取$f(x)\in C_{s,\alpha}$的先验分布为

$$g(\theta)=\mathrm{e}^\beta\mathrm{e}^{-\theta}I_{[\theta>\beta]}\,,\tag{6.2.35}$$

其中$\beta>0,0<\lambda<1$,所以有

$$f(x)=\int_\Omega f(x|\theta)\mathrm{d}G(\theta)=\frac{1}{(1+x)^{\beta+1}\ln(\mathrm{e}+\mathrm{e}x)}\left(\beta+\frac{1}{\ln(\mathrm{e}+\mathrm{e}x)}\right)\leqslant\frac{c}{(1+x)^{\beta+1}}.\tag{6.2.36}$$

由(6.2.36)式易得

$$\left|f^{(1)}(x)\right|\leqslant\frac{c}{(1+x)^{\beta+2}},\ \left|f^{(2)}(x)\right|\leqslant\frac{c}{(1+x)^{\beta+3}}.$$

由(6.2.10)式知

$$\left|\alpha(x)\right|=\left|q_1(x)f^{(2)}(x)+q_2(x)f^{(1)}(x)+Mf(x)\right|\leqslant\frac{c}{(x+1)^{\beta+1}}.$$

其中

$$q_1(x)=(1+x)^2\,,\ q_2(x)=(1+x)(4+2\theta_0)\,,\ M=\theta_0^2+2\theta_0+1-\gamma_0^2\,.$$

因此有下列结论:

(1)由(6.2.36)式易见, $f(x)$ 为 x 任意阶可导函数,导函数连续,一致有界,即 $f(x) \in C_{s,\alpha}$.

(2) $E(\theta^2) = \int_\Omega \theta^2 e^\beta e^{-\theta} d\theta = e^\beta \int_\beta^\infty \theta^2 e^{-\theta} d\theta \leq c \int_0^\infty \theta^2 e^{-\theta} d\theta < \infty$.

(3) $\int_\chi |\alpha(x)|^{1-\lambda} x^{w\lambda} dx \leq c \int_0^\infty \dfrac{(x+1)^{w\lambda}}{(x+1)^{(\beta+1)(1-\lambda)}} dx = c \int_0^\infty \dfrac{1}{(x+1)^{(\beta+1)(1-\lambda)-w\lambda}} dx, w = 0, 1, 2.$

由于 $\beta > 0, 0 < \lambda < 1$,这一积分为第一类广义积分,当 $(\beta+1)(1-\lambda) - w\lambda > 1$ 时,即 $\beta > \dfrac{3\lambda}{1-\lambda}$,上述积分收敛.

由(1)~(3)可知,定理6.2.1和定理6.2.2条件均成立.

§6.3 连续型单参数指数族参数的经验Bayes双侧检验

6.3.1 引 言

本节继续讨论连续型单参数指数族参数.设随机变量 X 条件概率密度为

$$f(x|\theta) = c(\theta) e^{\int (u(x) + \theta w(x)) dx}, \tag{6.3.1}$$

这里 $u(x)$ 和 $w(x)$ 为连续函数,不妨设 $u(x) > 0$ 和 $w(x) < 0$,样本空间为 $\chi = \{x | a < x < b\}, -\infty \leq a < x < b \leq +\infty$,参数空间为 $\Omega = \left\{ \theta \middle| c(\theta)^{-1} = c(\theta) e^{\int (u(x)+\theta w(x)) dx} \right\}$.

本文考虑分布族(6.3.1)式中参数 θ 的如下EB双侧检验问题:

$$H_0 : \theta_1 \leq \theta \leq \theta_2 \leftrightarrow H_1 : \theta < \theta_1 \text{或} \theta > \theta_2, \tag{6.3.2}$$

此处 θ_1 和 θ_2 为已知正常数,若取 $\theta_0 = \dfrac{\theta_1 + \theta_2}{2}$ 和 $\gamma_0 = \dfrac{\theta_2 - \theta_1}{2}$,则双侧检验问题 (6.3.2)等价于

$$H_0^* : |\theta_0 - \theta| \leq \gamma_0 \leftrightarrow H_1^* : |\theta_0 - \theta| > \gamma_0. \tag{6.3.3}$$

对假设检验问题(6.3.3),取下列"平方损失"函数

$$L(\theta, d_j) = (1-j)a\left[(\theta - \theta_0)^2 - \gamma_0^2\right] I_{[|\theta-\theta_0| > \gamma_0]} + ja\left[\gamma_0^2 - (\theta - \theta_0)^2\right] I_{[|\theta-\theta_0| \leq \gamma_0]}. \tag{6.3.4}$$

这里 a 是正常数, $j = 0, 1$, $D = \{d_0, d_1\}$ 为行动空间, d_0 表示接受 H_0^*, d_1 表示

否定 H_0^* , $I_{[A]}$ 表示集合 A 的示性函数. 设

$$\delta(x) = P(接受 H_0 | X = x),\tag{6.3.5}$$

为随机化判别函数, 则在先验分布 $G(\theta)$ 下 $\delta(x)$ 的 Bayes 风险函数为

$$
\begin{aligned}
R(\delta, G) &= \int_\Omega \int_\mathcal{X} \big[L(\theta, d_0) f(x|\theta) \delta(x) + L(\theta, d_1) f(x|\theta)(1 - \delta(x)) \big] \mathrm{d}x \mathrm{d}G(\theta)\\
&= \int_\Omega \int_\mathcal{X} [L(\theta, d_0) - L(\theta, d_1)] f(x|\theta) \delta(x) \mathrm{d}x \mathrm{d}G(\theta) + \int_\Omega \int_\mathcal{X} L(\theta, d_1) f(x|\theta) \mathrm{d}x \mathrm{d}G(\theta)\\
&= a \int_\mathcal{X} \alpha(x) \delta(x) \mathrm{d}x + C_G.
\end{aligned}\tag{6.3.6}
$$

此处

$$C_G = \int_\Omega L(\theta, d_1) \mathrm{d}G(\theta),\tag{6.3.7}$$

$$\alpha(x) = \int_\Omega \big[(\theta - \theta_0)^2 - \gamma_0^2 \big] f(x|\theta) \mathrm{d}G(\theta).\tag{6.3.8}$$

其中

$$f(x) = \int_\Omega f(x|\theta) \mathrm{d}G(\theta) = \int_\Omega c(\theta) \mathrm{e}^{\int (u(x) + \theta w(x)) \mathrm{d}x} \mathrm{d}G(\theta),\tag{6.3.9}$$

为 r.v.X 的边缘分布, 故由 (6.3.8) 式经计算得

$$\alpha(x) = p_1(x) f^{(2)}(x) + p_2(x) f^{(1)}(x) + p_3(x) f(x).\tag{6.3.10}$$

其中 $f^{(1)}(x)$, $f^{(2)}(x)$ 分别表示 $f(x)$ 的一阶和二阶导数, 且

$$p_1(x) = \frac{1}{w^2(x)}, \quad p_2(x) = -\frac{w'(x)}{w^3(x)} - \frac{2u(x)}{w^2(x)} - \frac{2\theta_0}{w(x)},$$

$$p_3(x) = \frac{u(x)w'(x)}{w^3(x)} + \frac{u^2(x) - u'(x)}{w^2(x)} + \frac{2\theta_0 u(x)}{w(x)} + \theta_0^2 - \gamma_0^2.$$

由 (6.3.6) 式易见 Bayes 判决函数为

$$\delta_G(x) = \begin{cases} 1, & \alpha(x) \leqslant 0, \\ 0, & \alpha(x) > 0. \end{cases}\tag{6.3.11}$$

其 Bayes 风险为

$$
\begin{aligned}
R(G) &= \inf_\delta R(\delta, G) = R(\delta_G, G)\\
&= a \int_\mathcal{X} \alpha(x) \delta_G(x) \mathrm{d}x + C_G.
\end{aligned}\tag{6.3.12}
$$

上述风险当 $G(\theta)$ 已知, 且 $\delta(x) = \delta_G(x)$ 是可以精确达到的, 但此处 $G(\theta)$ 未知, 因而 $\delta_G(x)$ 不能使用, 于是考虑引入 EB 方法.

6.3.2　EB检验函数的构造

设 $X_1, X_2, \cdots, X_n$ 和 X 是独立同分布样本(iid),它们的边缘密度如(6.3.9)式所示,通常称 $X_1, X_2, \cdots, X_n$ 为历史样本,称 X 为当前样本,同分布样本作如下假定:

(A) $f(x) \in C_{s,\alpha}$.

假定 $C_{s,\alpha}$ 为 $\mathbb{R}^1$ 中一族概率密度函数,其 s 阶导数存在,且 $|f(x)| \leq \alpha$, $s > 4$ 且为正整数.

令 $K_r(x)(r = 0, 1, \cdots, s-1)$ 是 Borel 可测的有界函数,在区间 $(0,1)$ 之外为 0,且满足下列条件(B):

(B₁) $\dfrac{1}{t!}\int_0^1 y^t K_r(y)\mathrm{d}y = \begin{cases} 1, t = r, \\ 0, t \neq r, t = 1, 2, \cdots, s-1. \end{cases}$

(B₂) $K_r(x)$ 在 $\mathbb{R}^1$ 上除有限点集 E_0 外是可微的,且 $\displaystyle\sup_{x \in \mathbb{R}^1 - E_0}\left|K_r^{'}(x)\right| \leq C < \infty$.

记 $f^{(0)}(x) = f(x)$, $f^{(r)}(x)$ 为 $f(x)$ 的第 r 阶导数,$r = 0, 1, \cdots, s$. 定义 $f^{(r)}(x)$ 的递归核估计为

$$f_n^{(r)}(x) = \frac{1}{n}\sum_{i=1}^n \frac{1}{h_i^{1+r}} K_r\left(\frac{X_i - x}{h_i}\right), \tag{6.3.13}$$

其中 $h_n \downarrow 0$, $K_r(x)$ 是满足条件(B)的核函数,经计算得

$$f_n^{(r)}(x) = \frac{n-1}{n} f_{n-1}^{(r)}(x) + \frac{1}{nh_n^{1+r}} K_r\left(\frac{X_n - x}{h_n}\right).$$

由上式可知,此估计具有一种递归性质,用递归核估计去估计 $f^{(r)}(x)$ 时,由于可以进行递归计算,在增加样本点的情形下不需要重新计算所有项,只需计算新的添加项,如果用普通的核估计的话必须重新计算所有项,因此采用递归核估计可以减少计算量.其次,递归核估计对不同区间可以选择不同的适当窗宽,从而可以克服估计的过度平滑和过度锐化,这样能够较为全面地刻画密度函数,从而提高了估计的效率.

由(6.3.10)和(6.3.13)式定义 $\alpha(x)$ 的估计量

$$\alpha_n(x) = p_1(x)f_n^{(2)}(x) + p_2(x)f_n^{(1)}(x) + p_3(x)f_n(x). \tag{6.3.14}$$

故EB检验函数定义为

$$\delta_n(x) = \begin{cases} 1, & \alpha_n(x) \le 0, \\ 0, & \alpha_n(x) > 0. \end{cases} \qquad (6.3.15)$$

本文中令 E_n 表示对 r.v. $X_1, X_2, \cdots, X_n$ 的联合分布求均值,则 $\delta_n(x)$ 的全面 Bayes 风险为

$$R_n = R_n(\delta_n, G) = a\int_x \alpha(x) E_n[\delta_n(x)]\mathrm{d}x + C_G. \qquad (6.3.16)$$

若 $\lim_{n\to\infty} R_n = R(G)$,则称 $\{\delta_n(x)\}$ 为 a.o. 的 EB 检验函数,$R_n - R(G) = O(n^{-q})$,$q>0$,则称 EB 检验函数 $\{\delta_n(x)\}$ 的收敛速度阶为 $O(n^{-q})$. 为导出 δ_n 的 a.o. 性和收敛速度,需要下述引理.

本文假定 $c, c_0, c_1, c_2, \cdots$ 为不依赖 n 的正常数.

引理 6.3.1 设 $f_n^{(r)}(x)$ 由 (6.3.13) 式定义,其中 $X_1, X_2, \cdots, X_n$ 为独立同分布 iid 样本,若条件 (A) 和 (B) 成立且 $f_n^{(r)}(x)$ 连续,$s>4$ 且为正整数,$r=0,1,2$,对 $\forall x \in \chi$

(1) 当 $\lim_{n\to\infty} \frac{1}{n}\sum_{i=1}^n h_i^{s-r} = 0$ 且 $nh_n^{2r+1} \to \infty$ 时,有

$$\lim_{n\to\infty} E_n\left|f_n^{(r)}(x) - f^{(r)}(x)\right|^2 = 0.$$

(2) 当取 $h_n = n^{-\frac{1}{2(s-2)}}$ 时,对 $0<\lambda\le 1$,则有

$$E_n\left|f_n^{(r)}(x) - f^{(r)}(x)\right|^{2\lambda} \le cn^{-\frac{\lambda(s-r-2.5)}{s-1}}.$$

证明 (1) 由 C_r 不等式可知,对 $r=0,1,2$ 有

$$E_n\left|f_n^{(r)}(x) - f^{(r)}(x)\right|^2 \le c_1\left|E_n f_n^{(r)}(x) - f^{(r)}(x)\right|^2 + c_2\left[\mathrm{Var}\left(f_n^{(r)}(x)\right)\right]$$

$$\triangleq c_1 I_1^2 + c_2 I_2. \qquad (6.3.17)$$

由 (6.3.13) 式和核函数的性质可知

$$E_n f_n^{(r)}(x) = \frac{1}{n}\sum_{i=1}^n \frac{1}{h_i^{1+r}} E_n\left(K_r\left(\frac{X_i - x}{h_i}\right)\right) = \frac{1}{n}\sum_{i=1}^n \frac{1}{h_i^{1+r}} \int_x^{x+h_i} K_r\left(\frac{y-x}{h_i}\right) f(y)\mathrm{d}y$$

$$= \frac{1}{n}\sum_{i=1}^n \frac{1}{h_i^r} \int_0^1 K_r(t) f(x+th_i)\mathrm{d}t. \qquad (6.3.18)$$

由 Taylor 展开得

$$f(x+th_i) = f(x) + \sum_{l=1}^{s-1} f^{(l)}(x)\frac{(th_n)^l}{l!} + f^{(s)}(x^*)\frac{(th_n)^s}{s!}, \quad x\le x^*\le x+th_n. \qquad (6.3.19)$$

将(6.3.19)式代入(6.3.18)式可得

$$E_n f_n^{(r)}(x) = \frac{1}{n} \sum_{i=1}^{n} \frac{1}{h_i^r} \left[f^{(r)}(x) h_i^r + \int_0^1 K_r(t) f^{(s)}(x^*) \frac{(th_i)^s}{s!} dt \right]$$

$$= f^{(r)}(x) + \frac{1}{n} \left[\sum_{i=1}^{n} h_i^{s-r} \int_0^1 K_r(t) f^{(s)}(x^*) \frac{t^s}{s!} dt \right]. \qquad (6.3.20)$$

由 $f(x) \in C_{s,\alpha}$ 及 $|K_r(t)| \leq C$ 可知

$$I_1 = \left| E_n f_n^{(r)}(x) - f^{(r)}(x) \right| \leq c \frac{1}{n} \sum_{i=1}^{n} h_i^{s-r}, \qquad (6.3.21)$$

$$I_2 = \mathrm{Var} \left[\frac{1}{n} \sum_{i=1}^{n} \frac{1}{h_n^{1+r}} K_r \left(\frac{X_i - x}{h_i} \right) \right] = \sum_{i=1}^{n} \frac{1}{n^2 h_i^{2+2r}} E_n \left[K_r \left(\frac{X_i - x}{h_i} \right) \right]^2$$

$$= \sum_{i=1}^{n} \frac{1}{n^2 h_i^{2+2r}} \int_x^{x+h_i} K_r^2 \left(\frac{y-x}{h_i} \right) f(y) dy = \frac{1}{n^2} \sum_{i=1}^{n} \frac{1}{h_i^{1+2r}} \int_0^1 K_r^2(t) f(x + th_i) dt.$$

再由 $f(x) \in C_{s,\alpha}$ 及 $|K_r(t)| \leq M$, h_n 单调递减, $\lim_{n \to \infty} h_n = 0$ 可知

$$I_2 \leq c \left(n h_n^{1+2r} \right)^{-1}. \qquad (6.3.22)$$

由(6.3.21)式知, 当 $\lim_{n \to \infty} \frac{1}{n} \sum_{i=1}^{n} h_i^{s-r} = 0$ 时, 有

$$\lim_{n \to \infty} I_1^2 = 0. \qquad (6.3.23)$$

由(6.3.22)式知, 当 $\lim_{n \to \infty} n h_n^{1+2r} = \infty$ 时, 有

$$\lim_{n \to \infty} I_2 = 0. \qquad (6.3.24)$$

将(6.3.23)和(6.3.24)式代入(6.3.17)式, 结论(1)成立.

(2)由 C_r 不等式可知

$$E_n \left| f_n^{(r)}(x) - f^{(r)}(x) \right|^{2\lambda} \leq c_1 \left| E_n f_n^{(r)}(x) - f^{(r)}(x) \right|^{2\lambda} + c_2 \left[\mathrm{Var} \left(f_n^{(r)}(x) \right) \right]^{\lambda}$$

$$\triangleq c_1 I_1^{2\lambda} + c_2 I_2^{\lambda}. \qquad (6.3.25)$$

取 $h_i = i^{-\frac{1}{2(s-2)}}$ 时可知

$$h_i = i^{-\frac{1}{2(s-2)}} \leq i^{-\frac{1}{2(s-r)}} (r = 0, 1, 2).$$

由(6.3.21)式可得

$$I_1 \leq c \frac{1}{n} \sum_{i=1}^{n} h_i^{s-r} \leq c \frac{1}{n} \sum_{i=1}^{n} i^{-\frac{1}{2}} \leq c \frac{1}{n} \int_0^n x^{-\frac{1}{2}} dx \leq c n^{-\frac{1}{2}}.$$

故有

$$I_1^{2\lambda} \leqslant cn^{-\lambda}. \tag{6.3.26}$$

由(6.3.22)式取 $h_n = n^{-\frac{1}{2(s-2)}}$ 时,有

$$I_2^{\lambda} \leqslant c\left(nh_n^{1+2r}\right)^{-\lambda} \leqslant cn^{-\frac{\lambda(s-r-2.5)}{s-2}}. \tag{6.3.27}$$

将(6.3.26)和(6.3.27)式代入(6.3.25)式,结论(2)成立.

注6.3.1 当 $\lambda \to 1, s \to \infty$ 时, $O\left(n^{-\frac{\lambda(s-r-2.5)}{s-2}}\right)$ 可任意接近 $O\left(n^{-1}\right)$.

引理6.3.2 令 $R(G)$ 和 R_n 分别由(6.3.12)和(6.3.16)式给出,则

$$0 < R_n - R(G) \leqslant a\int_{\mathcal{X}} |\alpha(x)| P\left(|\alpha_n(x) - \alpha(x)| \geqslant |\alpha(x)|\right) \mathrm{d}x.$$

证明 见 Johns(1972)引理1.

6.3.3 EB检验函数的主要结果

定理6.3.1 设 $\delta_n(x)$ 由(6.3.15)式定义,其中 $X_1, X_2, \cdots, X_n$ 为独立分布 iid 样本,且假定(A)和(B)成立,若

(1) $\{h_n\}$ 为正数递减序列,且 $\lim\limits_{n\to\infty}\dfrac{1}{n}\sum\limits_{i=1}^{n}h_i^{s-r} = 0$, $\lim\limits_{n\to\infty}nh_n^{1+2r} = \infty$;

(2) $\int_{\Omega}\theta^2\mathrm{d}G(\theta) < \infty$;

(3) $f^{(r)}(x)$ 为 x 的连续函数,则有 $\lim\limits_{n\to\infty}R_n(\delta_n, G) = \lim\limits_{n\to\infty}R_n = R(G)$.

证明 由引理6.3.2可知

$$0 \leqslant R_n - R(G) \leqslant a\int_{\mathcal{X}} |\alpha(x)| P\left(|\alpha_n(x) - \alpha(x)| \geqslant |\alpha(x)|\right) \mathrm{d}x. \tag{6.3.28}$$

记 $B_n(x) = |\alpha(x)| P\left(|\alpha_n(x) - \alpha(x)| \geqslant |\alpha(x)|\right)$, 显见 $B_n(x) \leqslant |\alpha(x)|$.

由(6.3.8)式和 Fubini 定理得

$$\int_{\mathcal{X}} |\alpha(x)| \mathrm{d}x \leqslant |\theta_0^2 - \gamma_0^2|\int_{\mathcal{X}} f(x)\mathrm{d}x + \int_{\mathcal{X}}\int_{\Omega}\left(\theta^2 + 2|\theta_0||\theta|\right)f(x|\theta)\mathrm{d}G(\theta)\mathrm{d}x$$

$$= |\theta_0^2 - \gamma_0^2| + \int_{\Omega}\left(\theta^2 + 2|\theta_0||\theta|\right)\mathrm{d}G(\theta)\int_{\mathcal{X}}f(x|\theta)\mathrm{d}x$$

$$= |\theta_0^2 - \gamma_0^2| + \int_{\Omega}\theta^2\mathrm{d}G(\theta) + 2|\theta_0|\int_{\Omega}\theta\mathrm{d}G(\theta)$$

$$< \infty.$$

由控制收敛定理可知

$$0 \leqslant \lim\limits_{n\to\infty}\left(R_n - R(G)\right) \leqslant a\int_{\mathcal{X}}\left(\lim\limits_{n\to\infty}B_n(x)\right)\mathrm{d}x. \tag{6.3.29}$$

故要使定理成立,只要证明 $\lim\limits_{n\to\infty}B_n(x) = 0$ 对 a.s.x 成立即可. 由 Markov 不等式和

Jensen 不等式知

$$B_n(x) \leqslant E_n |\alpha_n(x) - \alpha(x)|$$

$$\leqslant p_1(x) E_n \left| f_n^{(2)}(x) - f^{(2)}(x) \right| + \left| p_2(x) \right| E_n \left| f_n^{(1)}(x) - f^{(1)}(x) \right| + \left| p_3(x) \right| E_n \left| f_n(x) - f(x) \right|$$

$$\leqslant p_1(x) \left[E_n \left| f_n^{(2)}(x) - f^{(2)}(x) \right|^2 \right]^{\frac{1}{2}} + \left| p_2(x) \right| \left[E_n \left| f_n^{(1)}(x) - f^{(1)}(x) \right|^2 \right]^{\frac{1}{2}}$$

$$+ \left| p_3(x) \right| \left[E_n \left| f_n(x) - f(x) \right|^2 \right]^{\frac{1}{2}}.$$

再由引理 6.3.1(1) 可知，对 $x \in \chi$，当 $r = 0, 1, 2$ 时有

$$0 \leqslant \lim_{n \to \infty} B_n(x)$$

$$\leqslant p_1(x) \left[\lim_{n \to \infty} E_n \left| f_n^{(2)}(x) - f^{(2)}(x) \right|^2 \right]^{\frac{1}{2}} + \left| p_2(x) \right| \left[\lim_{n \to \infty} E_n \left| f_n^{(1)}(x) - f^{(1)}(x) \right|^2 \right]^{\frac{1}{2}}$$

$$+ \left| p_3(x) \right| \left[\lim_{n \to \infty} E_n \left| f_n(x) - f(x) \right|^2 \right]^{\frac{1}{2}}$$

$$= 0. \tag{6.3.30}$$

将 (6.3.30) 式代入 (6.3.29) 式，定理得证.

定理 6.3.2　设 $\delta_n(x)$ 由 (6.3.15) 式定义，其中 $X_1, X_2, \cdots, X_n$ 为 iid 样本，且假定 (A) 和 (B) 成立，若 $0 < \lambda < 1$，有

$$\int_\chi |\alpha(x)|^{1-\lambda} p_i^\lambda(x) \mathrm{d}x < \infty, \quad i = 1, 2, 3.$$

则当取 $h_n = n^{-\frac{1}{2(s-2)}}$ 时，有 $R_n - R(G) = O\left(n^{-\frac{\lambda(s-4.5)}{2(s-2)}} \right)$，其中 $s > 4$ 为给定的正整数.

证明　由引理 6.3.2 和 Markov 不等式可知

$$0 \leqslant R_n - R(G) \leqslant a \int_\chi |\alpha(x)|^{1-\lambda} E_n |\alpha_n(x) - \alpha(x)|^\lambda \mathrm{d}x$$

$$\leqslant c_1 \int_\chi |\alpha(x)|^{1-\lambda} p_1^\lambda(x) E_n \left| f_n^{(2)}(x) - f^{(2)}(x) \right|^\lambda \mathrm{d}x$$

$$+ c_2 \int_\chi |\alpha(x)|^{1-\lambda} p_2^\lambda(x) E_n \left| f_n^{(1)}(x) - f^{(1)}(x) \right|^\lambda \mathrm{d}x$$

$$+ c_3 \int_\chi |\alpha(x)|^{1-\lambda} p_3^\lambda(x) E_n \left| f_n(x) - f(x) \right|^\lambda \mathrm{d}x$$

$$\triangleq T_1 + T_2 + T_3. \tag{6.3.31}$$

由引理 6.3.1(2) 和条件可知

$$T_1 \leqslant c_1 n^{-\frac{\lambda(s-4.5)}{2(s-2)}} \int_\chi |\alpha(x)|^{1-\lambda} p_1^\lambda(x) \mathrm{d}x \leqslant c_4 n^{-\frac{\lambda(s-4.5)}{2(s-2)}}, \tag{6.3.32}$$

$$T_2 \leqslant c_2 n^{-\frac{\lambda(s-3.5)}{2(s-1)}} \int_\chi |\alpha(x)|^{1-\lambda} p_2^\lambda(x) \mathrm{d}x \leqslant c_5 n^{-\frac{\lambda(s-3.5)}{2(s-1)}}, \tag{6.3.33}$$

$$T_3 \leqslant c_3 n^{-\frac{\lambda(s-2.5)}{2s}} \int_\chi |\alpha(x)|^{1-\lambda} p_3^\lambda(x) \mathrm{d}x \leqslant c_6 n^{-\frac{\lambda(s-2.5)}{2s}}. \tag{6.3.34}$$

将(6.3.32)~(6.3.34)式代入(6.3.31)式,定理得证.

注6.3.2　当 $\lambda \to 1, s \to \infty$ 时, $O\left(n^{-\frac{\lambda(s-4.5)}{2(s-2)}}\right)$ 可任意接近 $O\left(n^{-\frac{1}{2}}\right)$.

6.3.4　例　子

下面举例验证适合文中定理6.3.1与定理6.3.2条件的分布族和先验分布是存在的.在模型(6.3.1)式中,令 $c(\theta)=\theta, u(x)=0, w(x)=-1$,则随机变量 X 分布为 $f(x|\theta)=\theta \mathrm{e}^{-\theta x} I_{(x>0)}$.取 θ 的先验分布为Gamma分布族

$$g(\theta) = \frac{\beta^r}{\Gamma(r)} \theta^{r-1} \mathrm{e}^{-\beta\theta} I_{[\theta>0]}, \tag{6.3.35}$$

其中 β 和 r 为已知常数, $\beta>0, r>0$,所以有

$$f(x) = \int_\Omega f(x|\theta) \mathrm{d}G(\theta) = \int_0^\infty \frac{\beta^r}{\Gamma(r)} \theta^r \mathrm{e}^{-(x+\beta)\theta} \mathrm{d}\theta = \frac{r\beta^r}{(x+\beta)^{r+1}}. \tag{6.3.36}$$

当 $u(x)=0, w(x)=-1$ 时,由(6.3.10)式知

$$p_1(x)=1, \quad p_2(x)=2\theta_0, \quad p_3(x)=\theta_0^2-\gamma_0^2.$$

则

$$\alpha(x) = f^{(2)}(x) + 2\theta_0 f^{(1)}(x) + \left(\theta_0^2 - \gamma_0^2\right) f(x)$$

$$= \frac{r\beta^r}{(x+\beta)^{r+1}} \left(\frac{(r+1)(r+2)}{(x+\beta)^2} - 2\theta_0 \frac{(r+1)}{(x+\beta)} + \left(\theta_0^2 - \gamma_0^2\right)\right),$$

因此

$$|\alpha(x)| \leqslant \frac{r\beta^b}{(x+\beta)^{b+1}} \left(\frac{(r+1)(r+2)}{\beta^2} + 2|\theta_0| \frac{(r+1)}{\beta} + \left|\theta_0^2 - \gamma_0^2\right|\right) \leqslant \frac{c}{(x+\beta)^{r+1}}.$$

(1)由(6.3.36)式易见, $f(x)$ 为 x 任意阶可导函数,导函数连续且一致有界,即 $f(x) \in C_{s,\alpha}$.

(2) $E(\theta^2) = \int_\Omega \frac{\beta^r}{\Gamma(r)} \theta^{r+1} \mathrm{e}^{-\beta\theta} \mathrm{d}\theta = \frac{r(r+1)}{\beta^2} < \infty.$

(3) $\int_{\chi}\left|\alpha(x)\right|^{1-\lambda}p_i^{\lambda}(x)\mathrm{d}x\leqslant\int_0^{\infty}\frac{c}{(x+\beta)^{(r+1)(1-\lambda)}}\mathrm{d}x.$

由于 $\beta>0, r>0$，这一积分为第一类广义积分，当 $(r+1)(1-\lambda)>1$ 时，即 $0<\lambda<\frac{r}{r+1}$，上述积分收敛.

由 (1)~(3) 可知，定理 6.3.1 和定理 6.3.2 条件均成立.

§6.4 一类 Cox 模型参数的经验 Bayes 双侧检验

6.4.1 引 言

关于经验 Bayes 检验问题已有的文献中已有非常多的研究，如陈家清等 (2008) 讨论了线性指数分布族参数的经验 Bayes 双侧检验问题，彭家龙等 (2014a) 在"线性损失"下研究了 Cox 模型参数的经验 Bayes 单侧检验问题，在适当的条件下获得的收敛速度的阶可任意接近 $O\left(n^{-\frac{1}{2}}\right)$. 但是目前几乎所有这些研究 EB 检验问题的文献，都是利用密度函数的普通核估计来构造参数的 EB 检验. 与以往文献的不同之处是，本文在"平方损失"下利用密度函数的递归核估计来讨论一类广义指数族 Cox 模型参数的经验 Bayes 双侧检验问题. 本节采用"平方损失"和递归核估计研究参数的双侧检验问题，这是与彭家龙等 (2014) 的主要不同之处.

考虑如下模型 (见彭家龙等，2014a)，设随机变量 X 条件概率密度为

$$f\left(x|\theta\right)=\theta q(x)\mathrm{e}^{-\theta Q(x)}, \tag{6.4.1}$$

其中 $q(x)$ 和 $Q(x)$ 为连续函数且 $q(x)=Q'(x)>0, Q(x)$ 非负，$\lim\limits_{x\to+\infty}Q(x)=\infty$，$\theta$ 为模型参数，样本空间为 $\chi=\{x|x>0\}$，参数空间为 $\Omega=\left\{\theta>0\Big|\int_0^{+\infty}f\left(x|\theta\right)\mathrm{d}x=1\right\}$.

Cox 模型是一类重要参数模型，由 (6.4.1) 式易知 Cox 模型包含多种常见分布族，如

(1) 当 $Q(x)=x^{\alpha}, f\left(x|\theta\right)=\alpha\theta x^{\alpha-1}\mathrm{e}^{-\theta x^{\alpha}}, x>0, \theta>0, \alpha$ 为已知正常数，该分布为 Weibull 分布族，当 $\alpha=1$ 时，该分布为指数分布族，当 $\alpha=2$ 时，该分布为 Rayleigh 分布族.

（2）当 $Q(x) = \ln(1 + x^{\alpha})$，$f(x|\theta) = \alpha\theta x^{\alpha-1}(1 + x^{\alpha})^{-(1+\theta)}$，$x > 0$，$\theta > 0$，$\alpha$ 为已知正常数，该分布为 Burr type XII 分布族.

（3）当 $Q(x) = \ln(\alpha + x) - \ln\alpha$，$f(x|\theta) = \theta\alpha^{\theta}(\alpha + x)^{-(1+\theta)}$，$x > 0$，$\theta > 0$，$\alpha$ 为已知正常数，该分布为 Lomax 分布族.

它在可靠理论、渗透理论、生存分析及气象等方面有着广泛的应用，另外，利用密度函数的递归核估计来研究该分布参数的 EB 双侧检验问题，据本人所知，文献中还未出现，因此在"平方损失"下利用递归核估计研究一类广义指数族 Cox 模型参数的经验 Bayes 双侧检验有非常重要的理论与实际意义.

设参数 θ 的先验分布为 $G(\theta)$，本文考虑分布族（6.4.1）中参数 θ 的如下 EB 双侧检验问题：

$$H_0 : \theta_1 \leqslant \theta \leqslant \theta_2 \leftrightarrow H_1 : \theta < \theta_1 \text{或} \theta > \theta_2, \tag{6.4.2}$$

此处 θ_1 和 θ_2 为已知正常数，如果取 $\theta_0 = \dfrac{\theta_1 + \theta_2}{2}$ 和 $\gamma_0 = \dfrac{\theta_2 - \theta_1}{2}$，则双侧检验问题（6.4.2）等价于

$$H_0^* : |\theta_0 - \theta| \leqslant \gamma_0 \leftrightarrow H_1 : |\theta_0 - \theta| > \gamma_0. \tag{6.4.3}$$

对假设检验问题（6.4.3），取下列"平方损失"函数

$$L_j(\theta, d_j) = (1-j)a\left[(\theta - \theta_0)^2 - \gamma_0^2\right]I_{[|\theta-\theta_0|>\gamma_0]} + ja\left[\gamma_0^2 - (\theta - \theta_0)^2\right]I_{[|\theta-\theta_0|\leqslant\gamma_0]}, \tag{6.4.4}$$

此处 a 是正常数，$j = 0, 1$，$D = \{d_0, d_1\}$ 是行动空间，d_0 表示接受 H_0，d_1 表示否定 H_0，$I_{[A]}$ 表示集合 A 的示性函数.

设

$$\delta(x) = P(\text{接受} H_0 | X = x), \tag{6.4.5}$$

为随机化判别函数，则在先验分布 $G(\theta)$ 下 $\delta(x)$ 的 Bayes 风险函数为

$$\begin{aligned}R(\delta, G) &= \int_\Omega\int_\mathcal{X}\left[L_0(\theta, d_0)f(x|\theta)\delta(x) + L_1(\theta, d_1)f(x|\theta)(1-\delta(x))\right]\mathrm{d}x\mathrm{d}G(\theta)\\&= \int_\Omega\int_\mathcal{X}\left[L_0(\theta, d_0) - L_1(\theta, d_1)\right]f(x|\theta)\delta(x)\mathrm{d}x\mathrm{d}G(\theta) + \int_\Omega\int_\mathcal{X}L_1(\theta, d_1)f(x|\theta)\mathrm{d}x\mathrm{d}G(\theta)\\&= a\int_\mathcal{X}\alpha(x)\delta(x)\mathrm{d}x + C_G. \end{aligned}\tag{6.4.6}$$

此处

$$C_G = \int_\Omega L_1(\theta, d_1)\mathrm{d}G(\theta), \tag{6.4.7}$$

$$\alpha(x) = \int_\Omega\left[(\theta - \theta_0)^2 - \gamma_0^2\right]f(x|\theta)\mathrm{d}G(\theta), \tag{6.4.8}$$

其中

$$f(x) = \int_\Omega f(x|\theta)\mathrm{d}G(\theta) = \int_\Omega \theta q(x)\mathrm{e}^{-\theta Q(x)}\mathrm{d}G(\theta), \qquad (6.4.9)$$

为 r.v.X 的边缘分布,故由(6.4.8)式经计算可得

$$\alpha(x) = p_1(x)f^{(2)}(x) + p_2(x)f^{(1)}(x) + p_3(x)f(x). \qquad (6.4.10)$$

其中 $f^{(1)}(x)$, $f^{(2)}(x)$ 分别表示 $f(x)$ 的一阶和二阶导数,且

$$p_1(x) = \frac{1}{q^2(x)},\quad p_2(x) = -\frac{2\theta_0}{q(x)} - \frac{3q'(x)}{q^3(x)},$$

$$p_3(x) = \frac{3\big(q'(x)\big)^2}{q^4(x)} - \frac{q''(x)}{q^3(x)} - \frac{2\theta_0 q'(x)}{q^2(x)} + {\theta_0}^2 - {\gamma_0}^2.$$

由(6.4.6)式易见 Bayes 判决函数为

$$\delta_G(x) = \begin{cases} 1, \alpha(x) \leqslant 0, \\ 0, \alpha(x) > 0. \end{cases} \qquad (6.4.11)$$

其 Bayes 风险为

$$R(G) = \inf_\delta R(\delta, G) = R(\delta_G, G)$$

$$= a\int_X \alpha(x)\delta_G(x)\mathrm{d}x + C_G. \qquad (6.4.12)$$

上述风险当先验分布 $G(\theta)$ 已知,且 $\delta(x) = \delta_G(x)$ 是可以达到的,但此处 $G(\theta)$ 未知,因而 $\delta_G(x)$ 无使用价值,于是考虑引入 EB 方法.

6.4.2　EB检验函数的构造

设 $X_1, X_2, \cdots, X_n$ 和 X 是独立同分布样本(iid),它们具有共同的边缘密度函数如(6.4.9)式所示,通常称 $X_1, X_2, \cdots, X_n$ 为历史样本,称 X 为当前样本,令 $f(x)$ 为 X_1 的概率密度函数,同分布样本(iid)作如下假定:

(A) $f(x) \in C_{s,\alpha}$.

假定 $C_{s,\alpha}$ 表示 $\mathbb{R}^1$ 中一族概率密度函数,其 s 阶导数存在,连续且绝对值不超过 α,$s > 4$ 且为正整数.

令 $K_r(x)(r = 0, 1, \cdots, s-1)$ 是 Borel 可测的有界函数,在区间 $(0, 1)$ 之外为零,且满足下列条件(B):

$(B_1)\ \dfrac{1}{t!}\int_0^1 y^t K_r(y)\mathrm{d}y = \begin{cases} 1, t = r, \\ 0, t \neq r, t = 1, 2, \cdots, s-1. \end{cases}$

（B₂）$K_r(x)$在$\mathbb{R}^1$上除有限点集E_0外是可微的，且$\sup\limits_{x\in\mathbb{R}^1-E_0}\left|K_r^{'}(x)\right|\leqslant C<\infty$.

记$f^{(0)}(x)=f(x)$，$f^{(r)}(x)$表示$f(x)$的第r阶导数，$r=0,1,\cdots,s$. 定义密度函数$f^{(r)}(x)$的递归核估计为

$$f_n^{(r)}(x)=\frac{1}{n}\sum_{i=1}^{n}\frac{1}{h_i^{1+r}}K_r\left(\frac{X_i-x}{h_i}\right),\qquad(6.4.13)$$

其中$\{h_n\}$为正数递减序列，且$\lim\limits_{n\to\infty}h_n=0$，$K_r(x)$是满足条件（B）的核函数，这种估计具有一种递归性质，即

$$f_n^{(r)}(x)=\frac{n-1}{n}f_{n-1}^{(r)}(x)+\frac{1}{nh_n^{1+r}}K_r\left(\frac{X_n-x}{h_n}\right).$$

由上式递推关系可知，用递归核估计去估计$f^{(r)}(x)$时，只需通过上式进行递归计算，即在增加样本点的情形下不必重新计算所有项，只需计算新的添加项，而用普通的核估计的话必须重新计算所有项，所以上式可以大大减少计算量. 另一方面，递归核估计在不同区间能取不同的适当窗宽，克服了估计的过度平滑和过度锐化，能够较全面地刻画密度函数，因此提高了估计的效率.

由(6.4.10)和(6.4.13)式定义$\alpha(x)$的估计量：

$$\alpha_n(x)=p_1(x)f_n^{(2)}(x)+p_2(x)f_n^{(1)}(x)+p_3(x)f_n(x).\qquad(6.4.14)$$

故EB检验函数定义为

$$\delta_n(x)=\begin{cases}1,\ \alpha_n(x)\leqslant 0,\\0,\ \alpha_n(x)>0.\end{cases}\qquad(6.4.15)$$

本文中令E_n表示对r.v. $X_1,X_2,\cdots,X_n$的联合分布求均值，则$\delta_n(x)$的全面Bayes风险为

$$R_n=R_n(\delta_n,G)=a\int_{\mathscr{X}}\alpha(x)E_n[\delta_n(x)]\mathrm{d}x+C_G.\qquad(6.4.16)$$

若$\lim\limits_{n\to\infty}R_n=R(G)$，则称$\{\delta_n(x)\}$为a.o. 的EB检验函数，$R_n-R(G)=O(n^{-q})$，$q>0$，则称EB检验函数$\{\delta_n(x)\}$的收敛速度阶为$O(n^{-q})$. 为导出$\delta_n$的a.o.性和收敛速度，我们给出下述引理.

本文中令$c,c_0,c_1,c_2,\cdots$表示不依赖n的正常数，即使在同一表达式中它们也可取不同的值.

引理6.4.1 设$f_n^{(r)}(x)$由(6.4.13)式定义，其中$X_1,X_2,\cdots,X_n$为独立同分布

iid 样本,若条件(A)和(B)成立且 $f_n^{(r)}(x)$ 连续,$s \geqslant 5$ 且为正整数,$r = 0,1,2$,
对 $\forall x \in \chi$

(1)当 $\lim\limits_{n \to \infty} \dfrac{1}{n} \sum\limits_{i=1}^{n} h_i^{s-r} = 0$ 且 $nh_n^{2r+1} \to \infty$ 时,有

$$\lim_{n \to \infty} E_n \left| f_n^{(r)}(x) - f^{(r)}(x) \right|^2 = 0 .$$

(2)当取 $h_n = n^{-\frac{1}{2(s-2)}}$ 时,对 $0 < \lambda \leqslant 1$,则有

$$E_n \left| f_n^{(r)}(x) - f^{(r)}(x) \right|^{2\lambda} \leqslant cn^{-\frac{\lambda(s-r-2.5)}{s-1}} .$$

证明　先证结论(1).由 C_r 不等式可知,对 $r = 0,1,2$ 有

$$E_n \left| f_n^{(r)}(x) - f^{(r)}(x) \right|^2 \leqslant c_1 \left| E_n f_n^{(r)}(x) - f^{(r)}(x) \right|^2 + c_2 \left[\mathrm{Var}\left(f_n^{(r)}(x) \right) \right]$$

$$\triangleq c_1 I_1^2 + c_2 I_2 , \tag{6.4.17}$$

由递归函数的核估计和核函数的性质可知

$$\begin{aligned}
E_n f_n^{(r)}(x) &= \frac{1}{n} \sum_{i=1}^{n} \frac{1}{h_i^{1+r}} E_n \left(K_r \left(\frac{X_i - x}{h_i} \right) \right) \\
&= \frac{1}{n} \sum_{i=1}^{n} \frac{1}{h_i^{1+r}} \int_x^{x+h_i} K_r \left(\frac{y-x}{h_i} \right) f(y) \mathrm{d}y \\
&= \frac{1}{n} \sum_{i=1}^{n} \frac{1}{h_i^{r}} \int_0^1 K_r(t) f(x+th_i) \mathrm{d}t.
\end{aligned} \tag{6.4.18}$$

由 Taylor 展开得

$$f(x+th_n) = f(x) + \sum_{l=1}^{s-1} f^{(l)}(x) \frac{(th_n)^l}{l!} + f^{(s)}(x^*) \frac{(th_n)^s}{s!}, \quad x \leqslant x^* \leqslant x + th_n. \tag{6.4.19}$$

将(6.4.19)式代入(6.4.18)式可得

$$\begin{aligned}
E_n f_n^{(r)}(x) &= \frac{1}{n} \sum_{i=1}^{n} \frac{1}{h_i^{r}} \left[f^{(r)}(x) h_i^r + \int_0^1 K_r(t) f^{(s)}(x^*) \frac{(th_i)^s}{s!} \mathrm{d}t \right] \\
&= f^{(r)}(x) + \frac{1}{n} \left[\sum_{i=1}^{n} h_i^{s-r} \int_0^1 K_r(t) f^{(s)}(x^*) \frac{t^s}{s!} \mathrm{d}t \right].
\end{aligned} \tag{6.4.20}$$

由 $f(x) \in C_{s,\alpha}$ 及 $\left| K_r(t) \right| \leqslant C$ 可知

$$I_1 = \left| E_n f_n^{(r)}(x) - f^{(r)}(x) \right| \leqslant c \frac{1}{n} \sum_{i=1}^{n} h_i^{s-r}, \tag{6.4.21}$$

$$I_2 = \mathrm{Var}\left[\frac{1}{n}\sum_{i=1}^{n}\frac{1}{h_i^{1+r}}K_r\left(\frac{X_i-x}{h_i}\right)\right] = \sum_{i=1}^{n}\frac{1}{n^2 h_i^{2+2r}}E_n\left[K_r\left(\frac{X_i-x}{h_i}\right)\right]^2$$

$$= \sum_{i=1}^{n}\frac{1}{n^2 h_i^{2+2r}}\int_{x}^{x+h_i}K_r^2\left(\frac{y-x}{h_i}\right)f(y)\mathrm{d}y = \frac{1}{n^2}\sum_{i=1}^{n}\frac{1}{h_i^{1+2r}}\int_0^1 K_r^2(t)f(x+th_i)\mathrm{d}t.$$

再由 $f(x)\in C_{s,\alpha}$ 及 $\left|K_r(t)\right|\leqslant M$，$h_n$ 单调递减，$\lim\limits_{n\to\infty}h_n=0$ 可知

$$I_2\leqslant c\left(nh_n^{1+2r}\right)^{-1}. \tag{6.4.22}$$

由 (6.4.21) 式知，当 $\lim\limits_{n\to\infty}\dfrac{1}{n}\sum_{i=1}^{n}h_i^{s-r}=0$ 时，有

$$\lim_{n\to\infty}I_1^2=0. \tag{6.4.23}$$

由 (6.4.22) 式知，当 $\lim\limits_{n\to\infty}nh_n^{1+2r}=\infty$ 时，有

$$\lim_{n\to\infty}I_2=0. \tag{6.4.24}$$

将 (6.4.23) 和 (6.4.24) 式代入 (6.4.17) 式，结论 (1) 成立.

下面证明结论 (2). 由 C_r 不等式可知

$$E_n\left|f_n^{(r)}(x)-f^{(r)}(x)\right|^{2\lambda}\leqslant c_1\left|E_n f_n^{(r)}(x)-f^{(r)}(x)\right|^{2\lambda}+c_2\left[\mathrm{Var}\left(f_n^{(r)}(x)\right)\right]^{\lambda}$$

$$\triangleq c_1 I_1^{2\lambda}+c_2 I_2^{\lambda}, \tag{6.4.25}$$

取 $h_i=i^{-\frac{1}{2(s-2)}}$ 时，可知

$$h_i=i^{-\frac{1}{2(s-2)}}\leqslant i^{-\frac{1}{2(s-r)}}\ (r=0,1,2).$$

由 (6.4.21) 式可得

$$I_1\leqslant c\frac{1}{n}\sum_{i=1}^{n}h_i^{s-r}\leqslant c\frac{1}{n}\sum_{i=1}^{n}i^{-\frac{1}{2}}\leqslant c\frac{1}{n}\int_0^n x^{-\frac{1}{2}}\mathrm{d}x\leqslant cn^{-\frac{1}{2}}.$$

故有

$$I_1^{2\lambda}\leqslant cn^{-\lambda}. \tag{6.4.26}$$

由 (6.4.22) 式取 $h_n=n^{-\frac{1}{2(s-2)}}$ 时，有

$$I_2^{\lambda}\leqslant c\left(nh_n^{1+2r}\right)^{-\lambda}\leqslant cn^{-\frac{\lambda(s-r-2.5)}{s-2}}. \tag{6.4.27}$$

将 (6.4.26) 和 (6.4.27) 式代入 (6.4.25) 式，结论 (2) 成立.

注 6.4.1 当 $\lambda\to 1$，$s\to\infty$ 时，$O\left(n^{-\frac{\lambda(s-r-2.5)}{s-2}}\right)$ 可任意接近 $O(n^{-1})$.

引理 6.4.2 令 $R(G)$ 和 R_n 分别由 (6.4.12) 和 (6.4.16) 式给出，则

$$0 < R_n - R(G) \leqslant a \int_\chi |\alpha(x)| P\big(|\alpha_n(x) - \alpha(x)| \geqslant |\alpha(x)|\big) \mathrm{d}x.$$

证明　见 Johns(1972)引理 1.

6.4.3　EB 检验函数的大样本性质

定理 6.4.1　设 $\delta_n(x)$ 由（6.4.15）式给出，其中 $X_1, X_2, \cdots, X_n$ 为独立同分布 iid 样本，假定条件（A）和（B）成立，若

（1）$\{h_n\}$ 为正数递减序列，且 $\lim\limits_{n\to\infty} \dfrac{1}{n}\sum\limits_{i=1}^n h_i^{s-r} = 0$，$\lim\limits_{n\to\infty} nh_n^{1+2r} = \infty$；

（2）$\int_\Omega \theta^2 \mathrm{d}G(\theta) < \infty$；

（3）$f^{(r)}(x)$ 为 x 的连续函数，则有 $\lim\limits_{n\to\infty} R_n(\delta_n, G) = \lim\limits_{n\to\infty} R_n = R(G)$.

证明　由引理 6.4.2 可知

$$0 \leqslant R_n - R(G) \leqslant a \int_\chi |\alpha(x)| P\big(|\alpha_n(x) - \alpha(x)| \geqslant |\alpha(x)|\big) \mathrm{d}x, \qquad (6.4.28)$$

记 $B_n(x) = |\alpha(x)| P\big(|\alpha_n(x) - \alpha(x)| \geqslant |\alpha(x)|\big)$，显见 $B_n(x) \leqslant |\alpha(x)|$.

由（6.4.8）式和 Fubini 定理得

$$\begin{aligned}
\int_\chi |\alpha(x)| \mathrm{d}x &\leqslant |\theta_0^2 - \gamma_0^2| \int_\chi f(x)\mathrm{d}x + \int_\chi \int_\Omega \big(\theta^2 + 2|\theta_0||\theta|\big) f(x|\theta)\mathrm{d}G(\theta)\mathrm{d}x \\
&= |\theta_0^2 - \gamma_0^2| + \int_\Omega \big(\theta^2 + 2|\theta_0||\theta|\big)\mathrm{d}G(\theta)\int_\chi f(x|\theta)\mathrm{d}x \\
&= |\theta_0^2 - \gamma_0^2| + \int_\Omega \theta^2 \mathrm{d}G(\theta) + 2|\theta_0|\int_\Omega \theta \mathrm{d}G(\theta) < \infty.
\end{aligned}$$

由控制收敛定理可知

$$0 \leqslant \lim_{n\to\infty}\big(R_n - R(G)\big) \leqslant a\int_\chi \Big(\lim_{n\to\infty} B_n(x)\Big)\mathrm{d}x . \qquad (6.4.29)$$

故要使定理成立，只要证明 $\lim\limits_{n\to\infty} B_n(x) = 0$ 对 a.s.x 成立即可. 由 Markov 不等式和 Jensen 不等式知

$$\begin{aligned}
B_n(x) &\leqslant E_n|\alpha_n(x) - \alpha(x)| \\
&\leqslant p_1(x)E_n\big|f_n^{(2)}(x) - f^{(2)}(x)\big| + |p_2(x)|E_n\big|f_n^{(1)}(x) - f^{(1)}(x)\big| + |p_3(x)|E_n\big|f_n(x) - f(x)\big| \\
&\leqslant p_1(x)\Big[E_n\big|f_n^{(2)}(x) - f^{(2)}(x)\big|^2\Big]^{\frac{1}{2}} + |p_2(x)|\Big[E_n\big|f_n^{(1)}(x) - f^{(1)}(x)\big|^2\Big]^{\frac{1}{2}} \\
&\quad + |p_3(x)|\Big[E_n\big|f_n(x) - f(x)\big|^2\Big]^{\frac{1}{2}}.
\end{aligned}$$

再由引理 6.4.1（1）可知，对 $x \in \chi$，当 $r = 0, 1, 2$ 时有

$$0 \leqslant \lim_{n \to \infty} B_n(x)$$

$$\leqslant p_1(x) \left[\lim_{n \to \infty} E_n \left| f_n^{(2)}(x) - f^{(2)}(x) \right|^2 \right]^{\frac{1}{2}} + \left| p_2(x) \right| \left[\lim_{n \to \infty} E_n \left| f_n^{(1)}(x) - f^{(1)}(x) \right|^2 \right]^{\frac{1}{2}}$$

$$+ \left| p_3(x) \right| \left[\lim_{n \to \infty} E_n \left| f_n(x) - f(x) \right|^2 \right]^{\frac{1}{2}}$$

$$= 0 \tag{6.4.30}$$

将(6.4.30)式代入(6.4.29)式,定理得证.

定理 6.4.2 设 $\delta_n(x)$ 由(6.4.15)式定义,其中 $X, X_2, \cdots, X_n$ 为独立同分布 iid 样本,且假定(A)和(B)成立,若 $0 < \lambda \leqslant 1$,有

$$\int_\chi \left| \alpha(x) \right|^{1-\lambda} p_i^\lambda(x) \mathrm{d}x < \infty, i = 1, 2, 3,$$

则当取 $h_n = n^{-\frac{1}{2(s-2)}}$ 时,有 $R_n - R(G) = O\left(n^{-\frac{\lambda(s-4.5)}{2(s-2)}} \right)$,其中 $s > 4$ 为给定的一个正整数.

证明 由引理6.4.2和Markov不等式可知

$$0 \leqslant R_n - R(G) \leqslant a \int_\chi \left| \alpha(x) \right|^{1-\lambda} E_n \left| \alpha_n(x) - \alpha(x) \right|^\lambda \mathrm{d}x$$

$$\leqslant c_1 \int_\chi \left| \alpha(x) \right|^{1-\lambda} p_1^\lambda(x) E_n \left| f_n^{(2)}(x) - f^{(2)}(x) \right|^\lambda \mathrm{d}x$$

$$+ c_2 \int_\chi \left| \alpha(x) \right|^{1-\lambda} p_2^\lambda(x) E_n \left| f_n^{(1)}(x) - f^{(1)}(x) \right|^\lambda \mathrm{d}x$$

$$+ c_3 \int_\chi \left| \alpha(x) \right|^{1-\lambda} p_3^\lambda(x) E_n \left| f_n(x) - f(x) \right|^\lambda \mathrm{d}x$$

$$\triangleq T_1 + T_2 + T_3, \tag{6.4.31}$$

由引理6.4.1(2)和条件可知

$$T_1 \leqslant c_1 n^{-\frac{\lambda(s-4.5)}{2(s-2)}} \int_\chi \left| \alpha(x) \right|^{1-\lambda} p_1^\lambda(x) \mathrm{d}x \leqslant c_4 n^{-\frac{\lambda(s-4.5)}{2(s-2)}}, \tag{6.4.32}$$

$$T_2 \leqslant c_2 n^{-\frac{\lambda(s-3.5)}{2(s-1)}} \int_\chi \left| \alpha(x) \right|^{1-\lambda} p_2^\lambda(x) \mathrm{d}x \leqslant c_5 n^{-\frac{\lambda(s-3.5)}{2(s-1)}}, \tag{6.4.33}$$

$$T_3 \leqslant c_3 n^{-\frac{\lambda(s-2.5)}{2s}} \int_\chi \left| \alpha(x) \right|^{1-\lambda} p_3^\lambda(x) \mathrm{d}x \leqslant c_6 n^{-\frac{\lambda(s-2.5)}{2s}}. \tag{6.4.34}$$

将(6.4.32)~(6.4.34)式代入(6.4.31)式,定理得证.

注 6.4.2 当 $\lambda \to 1, s \to \infty$ 时,$O\left(n^{-\frac{\lambda(s-4.5)}{2(s-2)}} \right)$ 可任意接近 $O\left(n^{-\frac{1}{2}} \right)$.

6.4.4 例 子

下面举例验证适合文中定理6.4.1与定理6.4.2条件的分布族和先验分布是存在的. 在模型 (6.4.1) 式中, 令 $q(x)=1, Q(x)=x$, 则随机变量 X 分布为 $f(x|\theta)=\theta e^{-\theta x} I_{(x>0)}$. 取 θ 的先验分布为 Gamma 分布族

$$g(\theta)=\frac{\beta^r}{\Gamma(r)}\theta^{r-1}e^{-\beta\theta}I_{[\theta>0]}, \tag{6.4.35}$$

其中 β 和 r 为已知常数, $\beta>0, r>0$. 所以有

$$f(x)=\int_\Omega f(x|\theta)\mathrm{d}G(\theta)=\int_0^\infty \frac{\beta^r}{\Gamma(r)}\theta^r e^{-(x+\beta)\theta}\mathrm{d}\theta=\frac{r\beta^r}{(x+\beta)^{r+1}}. \tag{6.4.36}$$

当 $q(x)=1$ 时, 由 (6.4.10) 式知

$$p_1(x)=1, \; p_2(x)=2\theta_0, \; p_3(x)=\theta_0^2-\gamma_0^2,$$

则

$$\alpha(x)=f^{(2)}(x)+2\theta_0 f^{(1)}(x)+\left(\theta_0^2-\gamma_0^2\right)f(x)$$

$$=\frac{r\beta^r}{(x+\beta)^{r+1}}\left(\frac{(r+1)(r+2)}{(x+\beta)^2}-2\theta_0\frac{(r+1)}{(x+\beta)}+\left(\theta_0^2-\gamma_0^2\right)\right).$$

因此

$$|\alpha(x)|\leq \frac{r\beta^b}{(x+\beta)^{b+1}}\left(\frac{(r+1)(r+2)}{\beta^2}+2|\theta_0|\frac{(r+1)}{\beta}+\left|\theta_0^2-\gamma_0^2\right|\right)\leq \frac{c}{(x+\beta)^{r+1}}.$$

(1) 由 (6.4.36) 式易见, $f(x)$ 为 x 任意阶可导函数, 导函数连续, 一致有界, 即 $f(x)\in C_{s,\alpha}$.

(2) $E\left(\theta^2\right)=\int_\Omega \frac{\beta^r}{\Gamma(r)}\theta^{r+1}e^{-\beta\theta}\mathrm{d}\theta=\frac{r(r+1)}{\beta^2}<\infty.$

(3) $\int_\chi \left|\alpha(x)\right|^{1-\lambda}p_i^\lambda(x)\mathrm{d}x\leq \int_0^\infty \frac{c}{(x+\beta)^{(r+1)(1-\lambda)}}\mathrm{d}x.$

由于 $\beta>0, r>0$, 这一积分为第一类广义积分, 当 $(r+1)(1-\lambda)>1$ 时, 即 $0<\lambda<\frac{r}{r+1}$, 上述积分收敛.

由 (1) ~ (3) 可知, 定理6.4.1和定理6.4.2条件均成立.

第七章

相依样本下两类分布族参数的
经验 Bayes 统计推断

§7.1　NA 样本下 Weibull 分布族刻度参数的
经验 Bayes 检验

7.1.1　引　言

关于 EB 检验已有许多研究,黄金超等(2012b)在 iid 下研究了 Weibull 分布族刻度参数的经验 Bayes 单侧检验问题,但几乎所有这些文献中的 EB 方法都是在 iid 样本下考虑的. 然而在实际问题中,样本大都具有相关性,正相关(PA)和负相关(NA)就为常见的两种. 所以,在 NA 下研究 EB 检验问题是有意义的. 本文在 NA 下研究黄金超等(2012b)给出的 Weibull 分布族刻度参数的经验 Bayes检验,推广文献的相应结果.

定义 7.1.1　随机变量 $X_1, X_2, \cdots, X_n$ 称为 NA,如果对于集合 $\{1, 2, \cdots, n\}$ 的任意两个不相交的非空子集 A_1 与 A_2 都有

$$\mathrm{Cov}\big(f_1(X_i, i \in A_1), f_2(X_j, j \in A_2)\big) \leqslant 0, \tag{7.1.1}$$

这里 f_1 和 f_2 是对每个变元均非升或均非降的函数且协方差存在,称 r.v. $\{X_j, j \in \mathbf{N}\}$ 是 NA,如果对任意的 $n > 2$, $X_1, X_2, \cdots, X_n$ 都是 NA.

考虑模型(见黄金超等,2012b),设 r.v. X 条件概率密度为

$$f(x|\theta) = (mx^{m-1}/\theta)\exp(-x^m/\theta)I_{(x>0)}. \tag{7.1.2}$$

这里 m 和 θ 为形状参数和刻度参数($m > 0$),假定 m 为已知常数,参数空间为

$\Omega = \{\theta | \theta > 0\}$，样本空间为 $\chi = \{x | x > 0\}$．

设参数 θ 的先验分布为 $G(\theta)$，讨论(7.1.2)式中参数 θ 的 EB 单侧检验问题：

$$H_0 : \theta \geqslant \theta_0 \leftrightarrow H_1 : \theta < \theta_0 , \tag{7.1.3}$$

此处 $\theta_0 > 0$ 为已知常数．

$$L_j(\theta, d_j) = (1-j)a(\theta_0 - \theta)I_{[\theta - \theta_0 < 0]} + ja(\theta - \theta_0)I_{[\theta - \theta_0 \geqslant 0]} (j = 0, 1). \tag{7.1.4}$$

这里 a 为正常数，$D = \{d_0, d_1\}$ 是行动空间，d_0 表示接受 H_0，d_1 表示否定 H_0，$I_{[A]}$ 为集合 A 的示性函数．设

$$\delta(x) = P(\text{接受} H_0 | X = x), \tag{7.1.5}$$

为随机化判别函数，则在 $G(\theta)$ 下 $\delta(x)$ 的风险函数为

$$\begin{aligned} R(\delta, G) &= \int_\Omega \int_\chi \left[L_0(\theta, d_0) f(x|\theta) \delta(x) + L_1(\theta, d_1) f(x|\theta)(1 - \delta(x)) \right] \mathrm{d}x \mathrm{d}G(\theta) \\ &= \int_\Omega \int_\chi \left[L_0(\theta, d_0) - L_1(\theta, d_1) \right] f(x|\theta) \delta(x) \mathrm{d}x \mathrm{d}G(\theta) + \int_\Omega \int_\chi L_1(\theta, d_1) f(x|\theta) \mathrm{d}x \mathrm{d}G(\theta) \\ &= a \int_\chi \alpha(x) \delta(x) \mathrm{d}x + C_G. \end{aligned} \tag{7.1.6}$$

此处

$$C_G = \int_\Omega L_1(\theta, d_1) \mathrm{d}G(\theta) , \quad \alpha(x) = \int_\Omega [\theta_0 - \theta] f(x|\theta) \mathrm{d}G(\theta) , \tag{7.1.7}$$

其中

$$f(x) = \int_\Omega f(x|\theta) \mathrm{d}G(\theta) = \int_\Omega \theta^{-1} m x^{m-1} \exp(-x^m/\theta) \mathrm{d}G(\theta) = u(x)p(x) , \tag{7.1.8}$$

为 r.v. X 的边缘分布，而

$$u(x) = m x^{m-1} , \quad p(x) = \int_\Omega \theta^{-1} \exp(-x^m/\theta) \mathrm{d}G(\theta) .$$

由于

$$\int_\Omega \theta f(x|\theta) \mathrm{d}G(\theta) = u(x) \int_\Omega \exp(-x^m/\theta) \mathrm{d}G(\theta) = u(x)\varphi(x),$$

$$\varphi'(x) = -\int_\Omega \theta^{-1} m x^{m-1} \exp(-x^m/\theta) \mathrm{d}G(\theta) = -f(x) , \tag{7.1.9}$$

$$\varphi(x) = \int_x^\infty f(y) \mathrm{d}y = E\left\{ I_{[X_i > x]} \right\} , \tag{7.1.10}$$

故由(7.1.7)式可知

$$\alpha(x) = -u(x)\varphi(x) + \theta_0 f(x). \tag{7.1.11}$$

由(7.1.6)和(7.1.7)式易见 Bayes 判决函数为

$$\delta_G(x) = \begin{cases} 1, \alpha(x) \leqslant 0, \\ 0, \alpha(x) > 0. \end{cases} \tag{7.1.12}$$

其 Bayes 风险为

$$R(G) = \inf_\delta R(\delta, G) = R(\delta_G, G) = a \int_\mathcal{X} \alpha(x) \delta_G(x) \mathrm{d}x + C_G. \tag{7.1.13}$$

上述风险当 $G(\theta)$ 已知，且 $\delta(x) = \delta_G(x)$ 是可以达到的，但这里 $G(\theta)$ 未知，所以 $\delta_G(x)$ 无使用价值，于是考虑引入 EB 方法.

7.1.2 EB 检验函数的构造

设 $X_1, X_2, \cdots, X_n$ 是同分布 NA 样本，令 $f(x)$ 为 X_1 的概率密度函数. 本文假定 $C_{s,\alpha}$ 表示 $\mathbb{R}^1$ 中一族概率密度函数，其 s 阶导数存在，$|f(x)| \leq \alpha$，$s > 1$ 且为正整数.

令 $K_r(x)(r = 0, 1, \cdots, s-1)$ 是 Borel 可测的有界函数，在区间 $(0,1)$ 之外为 0，且满足下列条件：

(C) $\dfrac{1}{t!} \int_0^1 y^t K_r(y) \mathrm{d}y = \begin{cases} 1, & t = r, \\ 0, & t \neq r, \end{cases} t = 1, 2, \cdots, s-1.$

(D) $\displaystyle\sum_{j=1}^\infty \left| \mathrm{Cov}(X_1, X_j) \right| \leq C < \infty.$

记 $f^{(0)}(x) = f(x)$，$f^{(r)}(x)$ 表示 $f(x)$ 的第 r 阶导数，$r = 0, 1, \cdots, s$. 由 Rao(1983) 定义密度函数 $f(x)$ 的核估计为

$$f^{(r)}_n(x) = \frac{1}{nh_n^{1+r}} \sum_{i=1}^n K_r\left(\frac{x - X_i}{h_n}\right), \tag{7.1.14}$$

其中 $\{h_n\}$ 为正数递减序列，且 $\lim\limits_{n \to \infty} h_n = 0$，$h_n > 0$，$K_r(x)$ 是满足条件(C)和(D)的核函数.

由于 $\varphi(x) = \int_x^\infty f(y)\mathrm{d}y = E\{I_{[X_1 > x]}\}$，因此 $\varphi(x)$ 的估计量定义为

$$\varphi_n(x) = \frac{1}{n} \sum_{i=1}^n \left\{ I_{[X_i > x]} \right\}, \tag{7.1.15}$$

故 $\alpha(x)$ 的估计量为

$$\alpha_n(x) = -u(x)\varphi_n(x) + \theta_0 f_n(x), \tag{7.1.16}$$

$f_n(x)$ 由(7.1.14)式给出，故 EB 检验函数定义为

$$\delta_n(x) = \begin{cases} 1, & \alpha_n(x) \leq 0, \\ 0, & \alpha_n(x) > 0. \end{cases} \tag{7.1.17}$$

令 E_n 表示对 r.v. $X_1, X_2, \cdots, X_n$ 的联合分布求均值,所以 $\delta_n(x)$ 的全面 Bayes 风险为

$$R_n = R_n(\delta_n, G) = a \int_x \alpha(x) E_n[\delta_n(x)] \mathrm{d}x + C_G. \tag{7.1.18}$$

如果 $\lim_{n\to\infty} R_n = R(G)$,称 $\{\delta_n(x)\}$ 为 a.o. 的 EB 检验函数,$R_n - R(G) = O(n^{-q})$,$q > 0$,则称 EB 检验函数 $\{\delta_n(x)\}$ 的收敛速度阶为 $O(n^{-q})$. 为导出 δ_n 大样本性质,给出下述引理.

引理 7.1.1　令 X, Y 是 NA 变量,皆有有限方差,则对任意两个可微函数 g_1, g_2 有

$$\left| \mathrm{Cov}(g_1(X), g_2(Y)) \right| \leqslant \sup_X \left| g_1'(X) \right| \sup_Y \left| g_2'(Y) \right| [-\mathrm{Cov}(X, Y)]. \tag{7.1.19}$$

若在有限或可列点集 E_0^1 和 E_0^2 上不可微时,有

$$\left| \mathrm{Cov}(g_1(X), g_2(Y)) \right| \leqslant \sup_{X \in R^1 - E_0^1} \left| g_1'(X) \right| \sup_{Y \in R^1 - E_0^2} \left| g_2'(Y) \right| [-\mathrm{Cov}(X, Y)]. \tag{7.1.20}$$

证明　见 Pan(1997)引理 1.

引理 7.1.2　设 $f_n^{(r)}(x)$ 由 (7.1.14) 式定义,其中 $X_1, X_2, \cdots, X_n$ 为同分布弱平稳 NA 样本,若条件 (C) 和 (D) 成立且 $f(x)$ 连续,对 $\forall x \in \chi$

(1) 若 $f^{(r)}(x)$ 关于 x 连续,则当 $\lim_{n\to\infty} h_n = 0$ 且 $n h_n^{2r+4} \to \infty$ 时,有

$$\lim_{n\to\infty} E_n \left| f_n^{(r)}(x) - f^{(r)}(x) \right|^2 = 0.$$

(2) 若 $f(x) \in C_{s,\alpha}$,当取 $h_n = n^{-\frac{1}{4+2s}}$ 时,对 $0 < \lambda \leqslant 1$,有

$$E_n \left| f_n^{(r)}(x) - f^{(r)}(x) \right|^{2\lambda} \leqslant c n^{-\frac{\lambda(s-r)}{s+2}}.$$

证明　类似黄金超等 (2012a) 引理 1.

引理 7.1.3　令 $R(G)$ 和 R_n 由 (7.1.13) 和 (7.1.18) 式给出,则

$$0 < R_n - R(G) \leqslant a \int_{\chi} \left| \alpha(x) \right| P\left(\left| \alpha_n(x) - \alpha(x) \right| \geqslant \left| \alpha(x) \right| \right) \mathrm{d}x.$$

证明　见 Johns(1972)引理 1.

引理 7.1.4　设 $\varphi(x)$ 和 $\varphi_n(x)$ 由 (7.1.10) 和 (7.1.15) 式给出,$X_1, X_2, \cdots, X_n$ 为 NA 样本,对 $0 < \lambda \leqslant 1$,有 $E_n \left| \varphi_n(x) - \varphi(x) \right|^{2\lambda} \leqslant n^{-\lambda}$.

证明　由于 $E_n \varphi_n(x) = E_n \left\{ I_{[X_1 > x]} \right\} = \int_x^{\infty} f(y) \mathrm{d}y = \varphi(x)$,由 Jensen 不等式可知

贝叶斯统计分析

$$E_n\left|\varphi_n(x)-\varphi(x)\right|^{2\lambda}=E_n\left\{\left[\varphi_n(x)-\varphi(x)\right]^2\right\}^{\lambda}\leqslant\left\{\mathrm{Var}\left(\varphi_n(x)\right)\right\}^{\lambda}. \qquad(7.1.21)$$

这里

$$\begin{aligned}\mathrm{Var}\left(\varphi_n(x)\right)&=E_n\left\{\frac{1}{n}\sum_{i=1}^n\left[I_{[X_i>x]}-\varphi(x)\right]\right\}^2\\&=\frac{1}{n^2}\sum_{i=1}^n\mathrm{Var}\left[I_{[X_i>x]}\right]+\frac{2}{n^2}\sum_{1\leqslant i<j\leqslant n}\mathrm{Cov}\left(I_{[X_i>x]},I_{[X_j>x]}\right)\\&\triangleq Q_1+Q_2.\end{aligned}\qquad(7.1.22)$$

$\varphi(X_i)=I_{[X_i>x]}$ 为 X_i 的非降函数, $i=1,2,\cdots,n$.

由于 $X_1,X_2,\cdots,X_n$ 为 NAr.v., 所以由定义 7.1.1 可知

$$\mathrm{Cov}\left(I_{[X_i>x]},I_{[X_j>x]}\right)\leqslant 0,$$

对一切 $i\neq j,j=1,2,\cdots,n$ 成立, 故由 (7.1.22) 式可知

$$\begin{aligned}\mathrm{Var}\left(\varphi_n(x)\right)=Q_1+Q_2&\leqslant Q_1=\frac{1}{n}\mathrm{Var}\left(\varphi(X_1)\right)\leqslant\frac{1}{n}E_n\left[\varphi(X_1)\right]^2\\&=\frac{1}{n}\int_x^{\infty}f(y)\mathrm{d}y\leqslant\frac{1}{n}.\end{aligned}\qquad(7.1.23)$$

将 (7.1.23) 式代入 (7.1.21) 式, 引理得证.

7.1.3 EB检验函数的主要结果

定理 7.1.1 设 $\delta_n(x)$ 由 (7.1.17) 式给出, $X_1,X_2,\cdots,X_n$ 为 NA 样本, 假定条件 (C) 和 (D) 成立, 如果 $E(\theta)<\infty$ 且 $f(x)$ 连续, 当 $\lim\limits_{n\to\infty}nh_n^4=\infty$ 时, 有 $\lim\limits_{n\to\infty}R_n(\delta_n,G)=\lim\limits_{n\to\infty}R_n=R(G)$.

证明 由引理 7.1.1 可知

$$0\leqslant R_n-R(G)\leqslant a\int_X|\alpha(x)|P\left(\left|\alpha_n(x)-\alpha(x)\right|\geqslant|\alpha(x)|\right)\mathrm{d}x. \qquad(7.1.24)$$

记 $B_n(x)=|\alpha(x)|P\left(\left|\alpha_n(x)-\alpha(x)\right|\geqslant|\alpha(x)|\right)$, 显见 $B_n(x)\leqslant|\alpha(x)|$. 由 (7.1.11) 式可知

$$\begin{aligned}\int_X|\alpha(x)|\mathrm{d}x&\leqslant\int_X u(x)\varphi(x)\mathrm{d}x+|\theta_0|\int_X f(x)\mathrm{d}x=\int_X\int_{\Theta}\theta f(x|\theta)\mathrm{d}G(\theta)\mathrm{d}x+|\theta_0|\\&=\int_{\Theta}\theta\int_X\left[f(x|\theta)\mathrm{d}x\right]\mathrm{d}G(\theta)+|\theta_0|=E(\theta)+|\theta_0|<\infty.\end{aligned}\qquad(7.1.25)$$

由控制收敛定理知

$$0\leqslant\lim_{n\to\infty}\left(R_n-R(G)\right)\leqslant a\int_X\left(\lim_{n\to\infty}B_n(x)\right)\mathrm{d}x. \qquad(7.1.26)$$

· 182 ·

由 Markov 和 Jensen 不等式知

$$B_n(x) \leq E_n |\alpha_n(x) - \alpha(x)|$$
$$\leq u(x) E_n |\varphi_n(x) - \varphi(x)| + |\theta_0| E_n |f_n(x) - f(x)|$$
$$\leq u(x) \left[E_n |\varphi_n(x) - \varphi(x)|^2 \right]^{1/2} + |\theta_0| \left[E_n |f_n(x) - f(x)|^2 \right]^{1/2}.$$

再由引理 7.1.2(1) 和引理 7.1.2 可知,对任何固定的 $x \in \chi$ 有

$$0 \leq \lim_{n \to \infty} B_n(x) \leq \lim_{n \to \infty} n^{(-1/2)} u(x) + |\theta_0| \left[\lim_{n \to \infty} E_n |f_n(x) - f(x)|^2 \right]^{1/2} = 0. \qquad (7.1.27)$$

将 (7.1.27) 式代入 (7.1.26) 式,定理得证.

定理 7.1.2　设 $\delta_n(x)$ 由 (7.1.17) 式定义, $X_1, X_2, \cdots, X_n$ 为 NA 样本,且假定条件 (C) 和 (D) 成立,若 $0 < \lambda \leq 1$,有

(1) $f(x) \in C_{s,\alpha}$;(2) $\int_\chi |\alpha(x)|^{1-\lambda} u^\lambda(x) \mathrm{d}x < \infty$;(3) $\int_\chi |\alpha(x)|^{1-\lambda} \mathrm{d}x < \infty$.

当取 $h_n = n^{-\frac{1}{4+2s}}$ 时,有 $R_n - R(G) = O\left(n^{-\frac{\lambda s}{2(2+s)}} \right)$,此处 $s > 1$ 且为正整数.

证明　由引理 7.1.3 和 Markov 不等式可知

$$0 \leq R_n - R(G) \leq a \int_\chi |\alpha(x)|^{1-\lambda} E_n |\alpha_n(x) - \alpha(x)|^\lambda \mathrm{d}x$$
$$\leq c_1 \int_\chi |\alpha(x)|^{1-\lambda} u^\lambda(x) E_n |\varphi_n(x) - \varphi(x)|^\lambda \mathrm{d}x + c_2 \int_\chi |\alpha(x)|^{1-\lambda} E_n |f_n(x) - f(x)|^\lambda \mathrm{d}x$$
$$\triangleq T_1 + T_2. \qquad (7.1.28)$$

由引理 7.1.4 和条件 (2) 可知

$$T_1 \leq c_1 n^{-\frac{\lambda}{2}} \int_\chi |\alpha(x)|^{1-\lambda} u^\lambda(x) \mathrm{d}x \leq c_1 n^{-\frac{\lambda}{2}}, \qquad (7.1.29)$$

由引理 7.1.2(2) 和条件 (3) 可知

$$T_2 \leq c_2 n^{-\frac{\lambda s}{2(s+2)}} \int_\chi |\alpha(x)|^{1-\lambda} \mathrm{d}x \leq c_2' n^{-\frac{\lambda s}{2(2+s)}}. \qquad (7.1.30)$$

将 (7.1.29) 和 (7.1.30) 式代入 (7.1.27) 式,定理得证.

注 7.1.1　当 $\lambda \to 1, s \to \infty$ 时, $O\left(n^{-\frac{\lambda s}{2(2+s)}} \right)$ 可任意接近 $O\left(n^{-\frac{1}{2}} \right)$.

7.1.4　双侧检验问题

本节考虑模型 (7.1.2) 参数 θ 的如下 EB 双侧检验问题:

$$H_0 : \theta_1 \leq \theta \leq \theta_2 \leftrightarrow H_1 : \theta < \theta_1 或 \theta > \theta_2, \qquad (7.1.31)$$

贝叶斯统计分析

此处 θ_1 和 θ_2 为已知正常数,如果取 $\theta_0 = 2\theta_1\theta_2/(\theta_1+\theta_2)$, $\gamma_0 = (\theta_2-\theta_1)/(\theta_1+\theta_2)$,则双侧检验问题(7.1.31)等价于

$$H_0^* : \left|\frac{\theta_0-\theta}{\theta}\right| \leq \gamma_0 \leftrightarrow H_1^* : \left|\frac{\theta_0-\theta}{\theta}\right| > \gamma_0. \tag{7.1.32}$$

对假设检验问题(7.1.32),设损失函数为

$$L_j^*(\theta,d_j) = (1-j)a\left[\left(\frac{\theta-\theta_0}{\theta}\right)^2 - \gamma_0^2\right]I_{\left[|(\theta-\theta_0)/\theta|>\gamma_0\right]} + ja\left[\gamma_0^2 - \left(\frac{\theta_0-\theta}{\theta}\right)^2\right]I_{\left[|(\theta-\theta_0)/\theta|\leq\gamma_0\right]}. \tag{7.1.33}$$

之所以取"加权平方损失"函数是考虑到它对刻度参数更合理,易于构造其EB检验函数.此处 a 是正常数,$j=0,1$,$D=\{d_0,d_1\}$ 是行动空间,d_0 表示接受 H_0^*,d_1 表示否定 H_0,$I_{[A]}$ 表示集合 A 的示性函数.

设

$$\delta^*(x) = P(接受H_0|X=x), \tag{7.1.34}$$

为随机化判别函数,类似(7.1.6),则在先验分布 $G(\theta)$ 下 $\delta^*(x)$ 的 Bayes 风险函数为

$$R^*(\delta^*,G) = a\int_\chi \alpha^*(x)\delta^*(x)\mathrm{d}x + C_G^*. \tag{7.1.35}$$

此处

$$C_G^* = \int_\Omega L_1^*(\theta,d_1)\mathrm{d}G(\theta),$$

$$\alpha^*(x) = \int_\Omega\left[\left(\frac{\theta-\theta_0}{\theta}\right)^2 - \gamma_0^2\right]f(x|\theta)\mathrm{d}G(\theta), \tag{7.1.36}$$

其中

$$f(x) = \int_\Omega f(x|\theta)\mathrm{d}G(\theta) = \int_\Omega \theta^{-1}mx^{m-1}\exp(-x^m/\theta)\mathrm{d}G(\theta), \tag{7.1.37}$$

为 r.v.X 的边缘分布,故由(7.1.36)式得

$$\alpha^*(x) = A(x)f^{(2)}(x) + B(x)f^{(1)}(x) + C(x)f(x). \tag{7.1.38}$$

其中 $f^{(1)}(x)$,$f^{(2)}(x)$ 分别表示 $f(x)$ 的一阶和二阶导数,且

$$A(x) = \frac{\theta_0^2}{m^2}x^{2-2m}, B(x) = -\frac{3(m-1)\theta_0^2}{m^2}x^{1-2m} + \frac{2\theta_0}{m}x^{1-m},$$

$$C(x) = \frac{(2m^2-3m+1)\theta_0^2}{m^2}x^{-2m} - \frac{2(m-1)\theta_0}{m}x^{-m} + 1 - \gamma_0^2.$$

由(7.1.35)和(7.1.37)式易见 Bayes 判决函数为

$$\delta_{G}^{*}(x) = \begin{cases} 1, & \alpha^{*}(x) \leqslant 0, \\ 0, & \alpha^{*}(x) > 0. \end{cases} \tag{7.1.39}$$

其 Bayes 风险为

$$R^{*}(G) = \inf_{\delta} R^{*}(\delta, G) = R^{*}(\delta_{G}, G)$$

$$= a \int_{\chi} \alpha^{*}(x) \delta_{G}^{*}(x) \mathrm{d}x + C_{G}^{*}. \tag{7.1.40}$$

为了构造 EB 判决函数 $\delta_{n}^{*}(x)$，故 $\alpha_{n}^{*}(x)$ 的估计量为

$$\alpha_{n}^{*}(x) = A(x) f_{n}^{(2)}(x) + B(x) f_{n}^{(1)}(x) + C(x) f_{n}(x). \tag{7.1.41}$$

其中 $f_{n}^{(2)}(x), f_{n}^{(1)}(x)$ 和 $f_{n}(x)$ 分别为 $f^{(2)}(x)$，$f^{(1)}(x)$ 和 $f(x)$ 的核估计.

故 EB 检验函数定义为

$$\delta_{n}^{*}(x) = \begin{cases} 1, & \alpha_{n}^{*}(x) \leqslant 0, \\ 0, & \alpha_{n}^{*}(x) > 0. \end{cases} \tag{7.1.42}$$

则 $\delta_{n}(x)$ 的全面 Bayes 风险为

$$R_{n}^{*} = R_{n}(\delta_{n}^{*}, G) = a \int_{\chi} \alpha^{*}(x) E_{n}[\delta_{n}^{*}(x)] \mathrm{d}x + C_{G}^{*}. \tag{7.1.43}$$

$\{\delta_{n}^{*}(x)\}$ 的渐近最优性可由下面的定理给出.

定理 7.1.3　设 $\delta_{n}^{*}(x)$ 由 (7.1.42) 式给出，$X_{1}, X_{2}, \cdots, X_{n}$ 为同分布的弱平稳 NA 样本，假定 (C) 和 (D) 成立，若

(1) $\{h_{n}\}$ 为正整数序列，且 $\lim\limits_{n \to \infty} h_{n} = 0$，$\lim\limits_{n \to \infty} n h_{n}^{8} = \infty$；

(2) $\int_{\Omega} \theta^{-2} \mathrm{d}G(\theta) < \infty$；

(3) $f^{(2)}(x)$ 为 x 的连续函数，则有 $\lim\limits_{n \to \infty} R_{n}(\delta_{n}^{*}, G) = \lim\limits_{n \to \infty} R_{n}^{*} = R^{*}(G)$.

证明　由引理 7.1.3 可知

$$0 \leqslant R_{n}^{*} - R^{*}(G) \leqslant a \int_{\chi} |\alpha^{*}(x)| P(|\alpha_{n}^{*}(x) - \alpha^{*}(x)| \geqslant |\alpha^{*}(x)|) \mathrm{d}x. \tag{7.1.44}$$

记 $B_{n}^{*}(x) = |\alpha^{*}(x)| P(|\alpha_{n}^{*}(x) - \alpha^{*}(x)| \geqslant |\alpha^{*}(x)|)$，显见 $B_{n}^{*}(x) \leqslant |\alpha^{*}(x)|$.

由 (7.2.36) 式和 Fubini 定理得

$$\int_{\chi} |\alpha^{*}(x)| \mathrm{d}x \leqslant |1 - \gamma_{0}^{2}| \int_{\chi} f(x) \mathrm{d}x + \int_{\chi} \int_{\Omega} \left(\frac{\theta_{0}^{2}}{\theta^{2}} + 2 \frac{|\theta_{0}|}{\theta} \right) f(x|\theta) \mathrm{d}G(\theta) \mathrm{d}x$$

$$= |1 - \gamma_{0}^{2}| + \int_{\Omega} \left(\frac{\theta_{0}^{2}}{\theta^{2}} + 2 \frac{|\theta_{0}|}{\theta} \right) \mathrm{d}x \int_{\chi} f(x|\theta) \mathrm{d}G(\theta)$$

$$= |1 - \gamma_{0}^{2}| + \theta_{0}^{2} \int_{\Omega} \theta^{-2} \mathrm{d}G(\theta) + 2|\theta_{0}| \int_{\Omega} \theta^{-1} \mathrm{d}G(\theta) < \infty.$$

由控制收敛定理可知

$$0 \leqslant \lim_{n\to\infty}\left(R_n^* - R^*(G)\right) \leqslant a\int_\chi\left(\lim_{n\to\infty}B_n^*(x)\right)\mathrm{d}x. \qquad (7.1.45)$$

故要使定理成立,只要证明 $\lim_{n\to\infty}B_n^*(x)=0$ 对 a.s. x 成立即可. 由 Markov 不等式和 Jensen 不等式知

$$B_n^*(x) \leqslant E_n\left|\alpha_n^*(x) - \alpha^*(x)\right|$$

$$\leqslant A(x)E_n\left|f_n^{(2)}(x) - f^{(2)}(x)\right| + \left|B(x)\right|E_n\left|f_n^{(1)}(x) - f^{(1)}(x)\right| + \left|C(x)\right|E_n\left|f_n(x) - f(x)\right|$$

$$\leqslant A(x)\left[E_n\left|f_n^{(2)}(x) - f^{(2)}(x)\right|^2\right]^{1/2} + \left|B(x)\right|\left[E_n\left|f_n^{(1)}(x) - f^{(1)}(x)\right|^2\right]^{1/2}$$

$$+ \left|C(x)\right|\left[E_n\left|f_n(x) - f(x)\right|^2\right]^{1/2}.$$

再由引理 7.1.2(1) 可知,对 $x\in\chi$,当 $r=0,1,2$ 时有

$$0 \leqslant \lim_{n\to\infty}B_n^*(x)$$

$$\leqslant A(x)\left[\lim_{n\to\infty}E_n\left|f_n^{(2)}(x) - f^{(2)}(x)\right|^2\right]^{1/2}$$

$$+ \left|B(x)\right|\left[\lim_{n\to\infty}E_n\left|f_n^{(1)}(x) - f^{(1)}(x)\right|^2\right]^{1/2} + \left|C(x)\right|\left[\lim_{n\to\infty}E_n\left|f_n(x) - f(x)\right|^2\right]^{1/2}$$

$$= 0. \qquad (7.1.46)$$

将 (7.1.46) 式代入 (7.1.45) 式,定理得证.

注 7.1.2　对本文中的模型,考虑参数 θ 的另外一个双侧检验问题:

$$H'_0: \theta=\theta_0 \leftrightarrow H'_1: \theta\neq\theta_0. \qquad (7.1.47)$$

我们不能直接考虑 (7.1.47) 式的 EB 检验,但从实用的观点看,可运用本节的方法得到 (7.1.47) 式的 EB 估计的一个近似估计结果,即对充分小的正数 ε 考虑如下的假设检验问题:

$$H_0^\varepsilon: \theta_0-\varepsilon\leqslant\theta\leqslant\theta_0+\varepsilon \leftrightarrow H_1^\varepsilon: \theta<\theta_0-\varepsilon\text{ 或 }\theta>\theta_0+\varepsilon. \qquad (7.1.48)$$

注 7.1.3　对 PA 样本情形也可以运用本文的方法证明其 EB 检验函数的渐近性和获得 EB 检验函数的收敛速度.

7.1.5　例　子

下面举例说明适合文中定理条件的 Weibull 族和先验分布是存在的. 在模型 (7.1.1) 式中,令 m 为给定正整数,其中,取 θ 的先验分布为

$$g(\theta) = \frac{a^b}{\Gamma(b)} \theta^{-(b+1)} \mathrm{e}^{-\frac{a}{\theta}} I_{[\theta>0]} \,, \tag{7.1.49}$$

其中 a 和 b 为已知常数, $a>0, b>1$. 所以有

$$\begin{aligned}
f(x) &= \int_{\Omega} f(x|\theta) \mathrm{d}G(\theta) \\
&= -\frac{a^b \Gamma(b+1) m x^{m-1}}{\Gamma(b)(x^m+a)^{b+1}} \int_0^{\infty} \frac{(x^m+a)^{b+1}}{\Gamma(b+1)} \left(\frac{1}{\theta}\right)^b \exp\big((-x^m+a)/\theta\big) \mathrm{d}\left(\frac{1}{\theta}\right) \\
&= \frac{m x^{m-1} b a^b}{(x^m+a)^{b+1}}.
\end{aligned}$$

同理

$$\varphi(x) = \int_{\Omega} \exp(-x^m/\theta) g(\theta) \mathrm{d}\theta = \frac{a^b}{(x^m+a)^b},$$

$$\begin{aligned}
\alpha(x) &= -u(x)\varphi(x) + \theta_0 f(x) \\
&= -\frac{m x^{m-1} b a^b}{(x^m+a)^b} + \theta_0 \frac{m x^{m-1} b a^b}{(x^m+a)^{b+1}},
\end{aligned}$$

$$\alpha(x) \le \frac{m x^{m-1}}{(x^m+a)^b}\left(m a^b + \frac{\theta_0 b a^b}{a}\right) \le c \frac{m x^{m-1}}{(x^m+a)^b}.$$

(1) 易见 $f(x)$ 为 x 任意阶可导函数, 导函数连续, 一致有界, 即 $f(x) \in C_{s,\alpha}$.

(2) $\int_{\Omega} \theta^{-2} \mathrm{d}G(\theta) = -\frac{a^b \Gamma(b+2)}{\Gamma(b) a^{b+2}} \int_0^{\infty} \frac{a^{b+2}}{\Gamma(b+2)} \left(\frac{1}{\theta}\right)^{b+1} \mathrm{e}^{-\frac{a}{\theta}} \mathrm{d}\left(\frac{1}{\theta}\right) = \frac{b(b+1)}{a^2} < \infty$.

同理, $E(\theta) = \frac{a}{b-1} < \infty$.

(3) $\int_{\mathcal{X}} \big|\alpha(x)\big|^{1-\lambda} \mathrm{d}x \le \int_0^{\infty} \frac{c_1 x^{(1-\lambda)(m-1)}}{(x^m+a)^{b(1-\lambda)}} \mathrm{d}x$, 由于 $a>0, b>1$, 这一积分为第一类广义

积分, 当 $mb(1-\lambda) - (1-\lambda)(m-1) > 1$ 时, 即 $0 < \lambda < \frac{m(b-1)}{m(b-1)+1}$, 上述积分收敛.

(4) $\int_{\mathcal{X}} \big|\alpha(x)\big|^{1-\lambda} u^{\lambda}(x) \mathrm{d}x \le \int_0^{\infty} \frac{c x^{m-1}}{(x^m+a)^{b(1-\lambda)}} \mathrm{d}x$. 类似 (3), 当 $mb(1-\lambda) - (m-1) > 1$ 时,

即 $0 < \lambda < (b-1)/b$, 上述积分收敛.

由 (1) ~ (4) 可知, 定理 7.1.1、定理 7.1.2 和定理 7.1.3 条件都成立.

§7.2 两两NQD序列下Weibull分布族刻度参数的经验Bayes检验

7.2.1 引 言

经验Bayes检验函数问题在文献中已有许多研究,对于连续型单参数指数族参数的EB检验问题,如Johns(1972),Van Houwelingen(1976),Liang(2004)等对其做了不同程度的工作,魏莉等(2007)在独立同分布下研究了刻度指数族参数的经验Bayes单侧检验问题,黄金超等(2012b)在独立同分布下研究了威布尔(Weibull)分布族刻度参数的经验Bayes单侧检验问题,但几乎所有这些文献中的EB方法都是针对独立同分布样本考虑的.然而在可靠性理论、渗透理论和某些多元分析等实际问题中,遇到的样本多具有相关性,正相关(PA)和两两NQD序列就为常见的两种,因而在样本相关的情形下研究EB检验问题是有意义的.本文在"线性损失"下,基于两两NQD序列情形下进一步研究黄金超等(2012b)给出的威布尔(Weibull)分布族刻度参数的经验Bayes检验问题,推广了现有文献的相应结果.

定义7.2.1 称随机变量 X 和 Y 是NQD的,若对任意的 $x, y \in \mathbb{R}$,有

$$P(X < x, Y < y) \leqslant P(X < x)P(Y < y), \tag{7.2.1}$$

称随机变量序列 $\{X_n | n \in \mathbf{N}\}$ 是两两NQD的,如果对任意的 $i \neq j$ 有 X_i 与 X_j 是NQD的.

两两NQD序列是由Lehmann(1966)提出的,它是应用十分广泛的相依序列,在可靠性理论、渗透理论和某些多元分析等实际问题中都十分常见,许多负相依序列是在它的基础上生成的,如著名的负相关(NA)就是它的特殊情形之一,所以对于两两NQD序列的讨论就显得非常重要.在这方面已有了一些研究,如王亮等(2010)研究了两两NQD序列下线性指数分布参数的经验Bayes检验.

考虑如下模型(见黄金超等,2012b),设随机变量 X 条件概率密度为

$$f(x|\theta) = (mx^{m-1}/\theta)\exp(-x^m/\theta)I_{(x>0)}, \tag{7.2.2}$$

其中 m 和 θ 分别为形状参数和刻度参数($m > 0$),且本文假定 m 为已知常数,样本空间为 $\chi = \{x | x > 0\}$,参数空间为 $\Omega = \{\theta | \theta > 0\}$.设参数 θ 的先验分布为 $G(\theta)$,

本文考虑分布族(7.2.2)式中参数 θ 的如下EB检验问题：

$$H_0 : \theta \geq \theta_0 \leftrightarrow H_1 : \theta < \theta_0 , \tag{7.2.3}$$

其中 $\theta_0 > 0$ 为已知常数.

$$L_j(\theta, d_j) = (1-j)a(\theta_0 - \theta)I_{[\theta - \theta_0 < 0]} + ja(\theta - \theta_0)I_{[\theta - \theta_0 \geq 0]} \ (j = 0, 1), \tag{7.2.4}$$

其中 a 是正常数, $D = \{d_0, d_1\}$ 是行动空间, d_0 表示接受 H_0 , d_1 表示否定 H_0 , $I_{[A]}$ 表示集合 A 的示性函数.

设

$$\delta(x) = P(接受 H_0 | X = x), \tag{7.2.5}$$

为随机化判别函数,则在先验分布 $G(\theta)$ 下 $\delta(x)$ 的风险函数为

$$\begin{aligned}
R(\delta, G) &= \int_\Omega \int_\mathcal{X} \big[L_0(\theta, d_0)f(x|\theta)\delta(x) + L_1(\theta, d_1)f(x|\theta)(1-\delta(x)) \big] \mathrm{d}x \mathrm{d}G(\theta) \\
&= \int_\Omega \int_\mathcal{X} \big[L_0(\theta, d_0) - L_1(\theta, d_1) \big] f(x|\theta)\delta(x)\mathrm{d}x\mathrm{d}G(\theta) + \int_\Omega \int_\mathcal{X} L_1(\theta, d_1)f(x|\theta)\mathrm{d}x\mathrm{d}G(\theta) \\
&= a\int_\mathcal{X} \beta(x)\delta(x)\mathrm{d}x + C_G.
\end{aligned} \tag{7.2.6}$$

此处

$$C_G = \int_\Omega L_1(\theta, d_1)\mathrm{d}G(\theta) ,$$

$$\beta(x) = \int_\Omega [\theta_0 - \theta]f(x|\theta)\mathrm{d}G(\theta). \tag{7.2.7}$$

其中

$$f(x) = \int_\Omega f(x|\theta)\mathrm{d}G(\theta) = \int_\Omega \theta^{-1}mx^{m-1}\exp(-x^m/\theta)\mathrm{d}G(\theta) = u(x)p(x) , \tag{7.2.8}$$

为r.v. X 的边缘分布,而

$$u(x) = mx^{m-1} ,$$

$$p(x) = \int_\Omega \theta^{-1}\exp(-x^m/\theta)\mathrm{d}G(\theta) .$$

由于

$$\int_\Omega \theta f(x|\theta)\mathrm{d}G(\theta) = u(x)\int_\Omega \exp(-x^m/\theta)\mathrm{d}G(\theta) = u(x)\varphi(x),$$

$$\varphi'(x) = -\int_\Omega \theta^{-1}mx^{m-1}\exp(-x^m/\theta)\mathrm{d}G(\theta) = -f(x), \tag{7.2.9}$$

$$\varphi(x) = \int_x^\infty f(y)\mathrm{d}y = E\{I_{[X_i > x]}\} , \tag{7.2.10}$$

故由(7.2.7)式可知

$$\beta(x) = -u(x)\varphi(x) + \theta_0 f(x). \tag{7.2.11}$$

由(7.2.6)和(7.2.7)式易见 Bayes 判决函数为

$$\delta_c(x) = \begin{cases} 1, \beta(x) \le 0, \\ 0, \beta(x) > 0. \end{cases} \tag{7.2.12}$$

其 Bayes 风险为

$$R(G) = \inf_\delta R(\delta, G) = R(\delta_c, G) = a \int_x \beta(x) \delta_c(x) dx + C_c. \tag{7.2.13}$$

上述风险当先验分布 $G(\theta)$ 已知,且 $\delta(x) = \delta_c(x)$ 是可以达到的,但此处 $G(\theta)$ 未知,因而 $\delta_c(x)$ 无使用价值,于是考虑引入 EB 方法.

7.2.2　EB 检验函数的构造

设 $X_1, X_2, \cdots, X_n$ 和 X 是同分布两两 NQD 样本,它们具有共同的边缘密度函数如 (7.2.8) 式所示,通常称 $X_1, X_2, \cdots, X_n$ 为历史样本,称 X 为当前样本.令 $f(x)$ 为 X_1 的概率密度函数,本文假定 $C_{s,\alpha}$ 表示 $\mathbb{R}^1$ 中一族概率密度函数,其 s 阶导数存在,连续且绝对值不超过 α,$s > 1$ 且为正整数,首先要构造 $\beta(x)$ 的估计量.

令 $K_r(x)(r = 0, 1, \cdots, s-1)$ 是 Borel 可测的有界函数,在区间 $(0,1)$ 之外为零,且满足下列条件 (C):

(C$_1$) $\dfrac{1}{t!} \int_0^1 y^t K_r(y) dy = \begin{cases} 1, t = r, \\ 0, t \ne r, t = 1, 2, \cdots, s-1. \end{cases}$

(C$_2$) $K_r(x)$ 在 $\mathbb{R}^1$ 上除有限点集 E_0 外是可微的,且 $\sup\limits_{x \in \mathbb{R}^1 - E_0} \left| K_r^{'}(x) \right| \le C < \infty$.

由 Rao(1983) 定义密度函数 $f(x)$ 的核估计为

$$f_n(x) = \frac{1}{nh_n} \sum_{i=1}^n K_0 \left(\frac{x - X_i}{h_n} \right), \tag{7.2.14}$$

其中 $\{h_n\}$ 为正数序列,且 $\lim\limits_{n \to \infty} h_n = 0$,$K_0(x)$ 是满足条件 (C) 的核函数.

由于

$$\varphi(x) = \int_x^\infty f(y) dy = E\left\{ I_{[X_i > x]} \right\},$$

因此 $\varphi(x)$ 的估计量定义为

$$\varphi_n(x) = \frac{1}{n} \sum_{i=1}^n \left\{ I_{[X_i > x]} \right\}. \tag{7.2.15}$$

所以 $\beta(x)$ 的估计量由下式给出

$$\beta_n(x) = -u(x)\varphi_n(x) + \theta_0 f_n(x), \tag{7.2.16}$$

其中 $f_n(x)$ 由 (7.2.14) 式给出,故 EB 检验函数定义为

$$\delta_n(x) = \begin{cases} 1, \beta_n(x) \leq 0, \\ 0, \beta_n(x) > 0. \end{cases} \qquad (7.2.17)$$

本文中令 E_n 表示对 r.v. $X_1, X_2, \cdots, X_n$ 的联合分布求均值,则 $\delta_n(x)$ 的全面 Bayes 风险为

$$R_n = R_n(\delta_n, G) = a \int_x \beta(x) E_n[\delta_n(x)] \mathrm{d}x + C_G. \qquad (7.2.18)$$

若 $\lim_{n \to \infty} R_n = R(G)$,则称 $\{\delta_n(x)\}$ 为 a.o. 的 EB 检验函数, $R_n - R(G) = O(n^{-q})$, $q > 0$,则称 EB 检验函数 $\{\delta_n(x)\}$ 的收敛速度阶为 $O(n^{-q})$. 为导出 δ_n 的 a.o. 性 和收敛速度,本文给出下述引理.

本文中设 $c, c_0, c_1, c_2, \cdots$ 表示常数,即使在同一式子中它们也可能取不同的数值.

引理 7.2.1　令随机变量(r.v.) X, Y 是 NQD 的,若 r, s 同时为非降(非增)实函数,则 $r(X), s(Y)$ 仍为 NQD 的.

证明　见 Lehmann(1966).

由定义知 $K_r(x)(r = 0, 1)$ 是实数域 $\mathbb{R}$ 上的有界变差函数,根据实变函数理论 , 存 在 $\mathbb{R}$ 上 的 单 调 有 界 变 差 函 数 $K_r^1(x)$ 和 $K_r^2(x), r = 0, 1$, 使 得 $K_r(x) = K_r^1(x) - K_r^2(x), r = 0, 1$.

因为 $\{X_i | i = 1, 2, \cdots, n\}$ 为两两 NQD 序列,由引理 7.2.1 知

$$\left\{ \frac{x - X_i}{h_n} \right\}_{i=1}^n ,$$

为两两 NQD 序列,进一步有

$$\left\{ \frac{1}{h_n} K_0^i \frac{x - X_j}{h_n} \right\}_{j=1}^n \triangleq \{Q_{0j}^i\}_{j=1}^n, i = 1, 2; \quad \left\{ I_{(X_i > x)} \right\}_{i=1}^n \triangleq \{Q_i^3\}_{i=1}^n,$$

为同分布两两 NQD 序列,从而

$$f_n(x) = \frac{1}{n} \sum_{j=1}^n Q_{0j}^1 - \frac{1}{n} \sum_{j=1}^n Q_{0j}^2, \quad \varphi_n(x) = \frac{1}{n} \sum_{j=1}^n Q_j^3,$$

即 $\alpha_n(x)$ 的各分量可以分解为两两 NQD 序列和的形式.

引理 7.2.2　设 $\{X_i | i = 1, 2, \cdots, n\}$ 为两两 NQD 序列,

$$EX_i^2 < +\infty, \quad T_j(k) = \sum_{i=j+1}^{j+k} (X_i - EX_i), j \geq 1,$$

则 $E\left(T_j(k)\right)^2 \leqslant \sum_{i=j+1}^{j=k} E X_i^2$.

证明 见吴群英(2002).

引理7.2.3 设 $f_n(x)$，$\varphi(x)$ 和 $\varphi_n(x)$ 分别由(7.2.14)、(7.2.10)和(7.2.15)式定义，其中 $X_1, X_2, \cdots, X_n$ 为同分布 NQD 样本，若条件(C)成立且 $f(x)$ 连续，对 $\forall x \in \chi$

(1)若 $f(x)$ 关于 x 连续，则当 $\lim_{n \to \infty} h_n = 0$ 且 $n h_n^2 \to \infty$ 时，有

$$\lim_{n \to \infty} E_n \left| f_n(x) - f(x) \right|^2 = 0.$$

(2)若 $f(x) \in C_{s, \alpha}$，当取 $h_n = n^{-\frac{1}{2+2s}}$ 时，对 $0 < \lambda \leqslant 1$，有

$$E_n \left| f_n(x) - f(x) \right|^{2\lambda} \leqslant c n^{-\frac{\lambda s}{s+1}}.$$

(3)对 $0 < \lambda \leqslant 1$，有 $E_n \left| \varphi_n(x) - \varphi(x) \right|^{2\lambda} \leqslant c n^{-\lambda}$.

证明 (1)由 C_r 不等式可知

$$E_n \left| f_n(x) - f(x) \right|^2 \leqslant c_1 \left| E_n f_n(x) - f(x) \right|^2 + c_2 E_n \left| f_n(x) - E_n f_n(x) \right|^2.$$

由于

$$\left| E_n f_n(x) - f(x) \right| = \left| \int_{\chi} K_0(t) \left[f(x - t h_n) - f(x) \right] \mathrm{d}t \right|,$$

因为 $f(x) \in C_{s, \alpha}$，由 Taylor 展开得

$$f(x - t h_n) = f(x) + \sum_{l=1}^{s-1} f^{(l)}(x) \frac{(-t h_n)^l}{l!} + f^{(s)}(x^*) \frac{(-t h_n)^s}{s!},$$

这里 $x - t h_n \leqslant x^* \leqslant x$，由核函数的性质可知

$$\left| E_n f_n(x) - f(x) \right| = c \left| \int_{\chi} K_0 f^{(s)}(x^*) \frac{(-t h_n)^s}{s!} \mathrm{d}t \right| \leqslant c h_n^s. \tag{7.2.19}$$

另一方面，由引理7.2.2可知

$$E_n \left| f_n(x) - E_n f_n(x) \right|^2 \leqslant 2 \sum_{m=1}^{2} E_n \left[\frac{1}{n} \sum_{j=1}^{n} \left(Q_{0j}^m - E Q_{0j}^m \right) \right]^2$$

$$\leqslant \frac{2}{n^2} \sum_{m=1}^{2} \sum_{j=1}^{n} E \left[\sum_{j=1}^{n} \left(Q_{0j}^m - E Q_{0j}^m \right) \right]^2$$

$$\leqslant \frac{2}{n} E \left[Q_{01}^1 \right]^2 + \frac{2}{n} E \left[Q_{01}^2 \right]^2 \leqslant \frac{c}{n h_n^2}. \tag{7.2.20}$$

因此当 $\lim\limits_{n\to\infty} h_n = 0$ 且 $nh_n^2 \to \infty$ 时,有结论(1)成立.

(2)由 $0 < \lambda \leq 1$ 和 C_r 不等式可知

$$E_n\left|f_n(x) - f(x)\right|^{2\lambda} \leq \left[E_n\left|f_n(x) - f(x)\right|^2\right]^{\lambda}$$

$$\leq \left[c_1\left|E_n f_n(x) - f(x)\right|^2 + c_2 E_n\left|f_n(x) - E_n f_n(x)\right|^2\right]^{\lambda}.$$

将(7.2.19)和(7.2.20)式代入上式,取 $h_n = n^{-\frac{1}{2+2s}}$ 时,可得

$$E_n\left|f_n(x) - f(x)\right|^{2\lambda} \leq \left[c_1 h_n^{2s} + \frac{c_2}{nh_n^2}\right]^{\lambda} = \left(c_1 n^{-\frac{s}{s+1}} + c_2 n^{-\frac{s}{s+1}}\right)^{\lambda} \leq cn^{-\frac{\lambda s}{s+1}}.$$

(3)类似证明(1),结论(3)成立且

$$E_n\left|\varphi_n(x) - \varphi(x)\right|^2 \to 0, \quad E_n\left|\varphi_n(x) - \varphi(x)\right|^{2\lambda} \leq cn^{-\lambda}.$$

引理 7.2.4 令 $R(G)$ 和 R_n 分别由(7.2.13)和(7.2.18)式给出,则

$$0 < R_n - R(G) \leq a\int_{\mathcal{X}}\left|\beta(x)\right|P\left(\left|\beta_n(x) - \beta(x)\right| \geq \left|\beta(x)\right|\right)\mathrm{d}x.$$

证明 见 Johns(1972)引理 1.

7.2.3　EB 检验函数的主要结果

定理 7.2.1 设 $\delta_n(x)$ 由(7.2.17)式给出,其中 $X_1, X_2, \cdots, X_n$ 为同分布的弱平稳 NQD 样本,假定条件(C)成立,若 $E(\theta) < \infty$ 且 $f(x)$ 连续,则当 $\lim\limits_{n\to\infty} nh_n^2 = \infty$ 时,有 $\lim\limits_{n\to\infty} R_n(\delta_n, G) = \lim\limits_{n\to\infty} R_n = R(G)$.

证明 由引理 7.2.4 可知

$$0 \leq R_n - R(G) \leq a\int_{\mathcal{X}}\left|\beta(x)\right|P\left(\left|\beta_n(x) - \beta(x)\right| \geq \left|\beta(x)\right|\right)\mathrm{d}x. \tag{7.2.21}$$

记 $B_n(x) = \left|\beta(x)\right|P\left(\left|\beta_n(x) - \beta(x)\right| \geq \left|\beta(x)\right|\right)$,显见 $B_n(x) \leq \left|\beta(x)\right|$. 由(7.2.11)式可知

$$\int_{\mathcal{X}}\left|\beta(x)\right|\mathrm{d}x \leq \int_{\mathcal{X}} u(x)\varphi(x)\mathrm{d}x + \left|\theta_0\right|\int_{\mathcal{X}} f(x)\mathrm{d}x$$

$$= \int_{\mathcal{X}}\int_{\Theta}\theta f(x|\theta)\mathrm{d}G(\theta)\mathrm{d}x + \left|\theta_0\right|$$

$$= \int_{\Theta}\theta\int_{\mathcal{X}}\left[f(x|\theta)\mathrm{d}x\right]\mathrm{d}G(\theta) + \left|\theta_0\right|$$

$$= E(\theta) + \left|\theta_0\right| < \infty. \tag{7.2.22}$$

由控制收敛定理可知

$$0 \leq \lim\limits_{n\to\infty}\left(R_n - R(G)\right) \leq a\int_{\mathcal{X}}\left(\lim\limits_{n\to\infty} B_n(x)\right)\mathrm{d}x. \tag{7.2.23}$$

贝叶斯统计分析

故要使定理成立,只要证明 $\lim_{n\to\infty} B_n(x)=0$ 对 a.s. x 成立即可. 由 Markov 不等式和 Jensen 不等式知

$$B_n(x) \leqslant E_n |\beta_n(x)-\beta(x)| \leqslant u(x) E_n |\varphi_n(x)-\varphi(x)| + |\theta_0| E_n |f_n(x)-f(x)|$$
$$\leqslant u(x) \left[E_n |\varphi_n(x)-\varphi(x)|^2 \right]^{1/2} + |\theta_0| \left[E_n |f_n(x)-f(x)|^2 \right]^{1/2}.$$

再由引理 7.2.3(1)和(3)可知,对任意固定的 $x\in\chi$ 有

$$0 \leqslant \lim_{n\to\infty} B_n(x) \leqslant \lim_{n\to\infty} n^{(-1/2)} u(x) + |\theta_0| \left[\lim_{n\to\infty} E_n |f_n(x)-f(x)|^2 \right]^{1/2} = 0. \quad (7.2.24)$$

将(7.2.24)式代入(7.2.23)式,定理得证.

定理 7.2.2 设 $\delta_n(x)$ 由(7.2.17)式定义,其中 $X_1, X_2, \cdots, X_n$ 为同分布的 NQD 样本,且假定条件(C)成立,若 $0<\lambda\leqslant 1$,有

(1) $f(x)\in C_{s,\alpha}$;(2) $\int_\chi |\beta(x)|^{1-\lambda} u^\lambda(x)dx < \infty$;(3) $\int_\chi |\beta(x)|^{1-\lambda} dx < \infty$.

当取 $h_n = n^{-\frac{1}{2+2s}}$ 时,有 $R_n - R(G) = O\left(n^{-\frac{\lambda s}{2s+2}}\right)$,其中 $s>1$ 为给定的一个正整数.

证明 由引理 7.2.4 和 Markov 不等式知

$$0 \leqslant R_n - R(G) \leqslant a\int_\chi |\beta(x)|^{1-\lambda} E_n |\beta_n(x)-\beta(x)|^\lambda dx$$
$$\leqslant c_1\int_\chi |\beta(x)|^{1-\lambda} u^\lambda(x) E_n |\varphi_n(x)-\varphi(x)|^\lambda dx + c_2\int_\chi |\beta(x)|^{1-\lambda} E_n |f_n(x)-f(x)|^\lambda dx$$
$$\triangleq Q_1 + Q_2. \quad (7.2.25)$$

由引理 7.2.3(3)和条件(2)可知

$$Q_1 \leqslant c_3 n^{-\frac{\lambda}{2}} \int_\chi |\beta(x)|^{1-\lambda} u^\lambda(x)dx \leqslant c_4 n^{-\frac{\lambda}{2}}. \quad (7.2.26)$$

由引理 7.2.3(2)和条件(3)可知

$$Q_2 \leqslant c_5 n^{-\frac{\lambda s}{2s+2}} \int_\chi |\beta(x)|^{1-\lambda} dx \leqslant c_6 n^{-\frac{\lambda s}{2s+2}}. \quad (7.2.27)$$

将(7.2.26)和(7.2.27)式代入(7.2.25)式,定理得证.

注 7.2.1 当 $\lambda\to 1$, $s\to\infty$ 时,$O\left(n^{-\frac{\lambda s}{2s+2}}\right)$ 可任意接近 $O\left(n^{-\frac{1}{2}}\right)$.

§7.3 NA样本下非指数分布族参数的经验Bayes估计

自 Robbins(1955)引入经验 Bayes 方法以来,文献中对指数族及单边截断分

布族中未知参数的 EB 估计及 EB 检验问题已有许多研究,如基于独立同分布
(iid)样本,Singh(1979)讨论了连续型单参数指数族参数的 EB 估计问题,Sing 和
Wei(1992)研究了刻度指数族刻度参数的 EB 估计问题,Li 和 Gupta(2001)基于
独立同分布(iid)样本下研究了一类单边截断分布族参数的 EB 检验问题,Lee-
shen(2007)在独立同分布(iid)样本下研究了另一类非指数族参数的 EB 检验问
题.然而在可靠性理论、渗透理论和某些多元分析等实际问题中,遇到的样本多
非独立而具有相关性,正相关(PA)和负相关(NA)就是常见的两种.因而,在样
本相关的情形下研究 EB 估计问题是有意义的.本文在"平方损失"下基于同分
布弱平稳 NA 样本进一步研究了 Lee-shen(2007)给出的非指数分布族参数的经
验 Bayes 估计问题,构造了渐近最优 EB 估计函数,在一定条件下,获得了 EB 估
计渐近最优性且其收敛速度的阶为 $O\left(n^{-(rs-2)/2(s+2)}\right)$,其中 $n>2$ 为任意确定的自然
数,$2/s<r<1$,推广了现有文献中的相应结果.

7.3.1　引　言

考虑如下非指数分布族,设随机变量 X 条件概率密度函数为

$$f\left(x|\theta\right)=\mathrm{e}^{-x}\frac{k(\theta)}{1+\theta x}. \tag{7.3.1}$$

此处 $x\in\chi=\left(0,\infty\right)$,$\theta\in\Omega=\left(0,+\infty\right)$,$0<k(\theta)<\infty$,$\Omega$ 为参数空间.显然概率密
度函数 $f\left(x|\theta\right)$ 不是指数分布族,但是它是联合密度函数 $f\left(x,y|\theta\right)=$
$k(\theta)\exp\left(-x-y-\theta xy\right)\left(x>0,y>0,\theta>0,k(\theta)>0\right)$ 的边缘密度函数.联合密度函数
(pdf) $f\left(x,y|\theta\right)$ 是二元指数分布族,它常被用来作为两个相依分量的寿命的模
型.另外,据本人所知,研究该分布族参数的 EB 估计,特别是基于相关样本的
EB 估计的文献很少.因此基于 NA 样本下研究该非指数分布族参数的经验
Bayes 估计是非常有意义的.

设 $G(q)$ 为参数 θ 的未知先验分布,r.v.X 的边缘分布密度为

$$f(x)=\int_\Omega f\left(x|\theta\right)\mathrm{d}G(\theta)=\mathrm{e}^{-x}\int_0^{+\infty}\frac{k(\theta)}{1+\theta x}\mathrm{d}G(\theta)<\infty. \tag{7.3.2}$$

约定

$$f(0)=\int_0^{+\infty}k(\theta)\mathrm{d}G(\theta)<\infty,$$

$$f'(x) = -\mathrm{e}^{-x}\int_0^{+\infty}\frac{k(\theta)}{1+\theta x}\mathrm{d}G(\theta) - \mathrm{e}^{-x}\int_0^{+\infty}\frac{\theta k(\theta)}{(1+\theta x)^2}\mathrm{d}G(\theta)$$

$$< 0.$$

所以 $f(x)$ 为单调递减函数,从而 $f(x) < f(0) < \infty$.

取 $h(x) = \mathrm{e}^x f(x) = \int_0^{+\infty}\frac{k(\theta)}{1+\theta x}\mathrm{d}G(\theta)$,则

$$h^{(s)}(x) = \frac{\partial^s h(x)}{\partial x^s} = \int_0^{+\infty}\frac{(-1)^s s!k(\theta)\theta^s}{(1+\theta x)^{s+1}}\mathrm{d}G(\theta),$$

$$\left|h^{(s)}(x)\right| = s!\int_0^{+\infty}\frac{k(\theta)\theta^s}{(1+\theta x)^{s+1}}\mathrm{d}G(\theta) \triangleq q(x) < \infty \quad (s \geqslant 2, s \in \mathbf{N}). \tag{7.3.3}$$

取通常的损失函数为

$$L(\theta, d) = (\theta - d)^2. \tag{7.3.4}$$

在平方损失(7.3.4)下,θ 的 Bayes 估计为其后验均值,即

$$\hat{\theta}_{BE} = E(\theta|x) = \frac{\int_0^{+\infty}\theta f(x|\theta)\mathrm{d}G(\theta)}{f(x)} = \frac{\frac{1}{x}\int_0^\infty \mathrm{e}^{-x}k(\theta)\mathrm{d}G(\theta) - \frac{1}{x}\int_0^\infty\frac{k(\theta)\mathrm{e}^{-x}}{1+\theta x}\mathrm{d}G(\theta)}{f(x)}$$

$$= \frac{\frac{\mathrm{e}^{-x}}{x}f(0) - \frac{1}{x}f(x)}{f(x)} \triangleq \phi_B(x). \tag{7.3.5}$$

故 $\hat{\theta}_{BE}$ 的 Bayes 风险为

$$R(G) = R_G = R(\hat{\theta}_{BE}, G) = E_{(X,\theta)}(\hat{\theta}_{BE} - \theta)^2. \tag{7.3.6}$$

由于先验分布 $G(\theta)$ 未知,故 $\hat{\theta}_{BE}$ 不能确定,因此无使用价值,从而导致考虑该参数的经验 Bayes 估计.

7.3.2 经验 Bayes 估计

设 $X_1, X_2, \cdots, X_n$ 和 X 是同分布弱平稳 NA 样本,它们具有共同的边缘密度函数如(7.3.2)式所示,通常称 $X_1, X_2, \cdots, X_n$ 为历史样本,称 X 为当前样本.令 $f(x)$ 为 X_1 的概率密度函数.

为了估计 $f(x)$,引入核函数.令 $K(x)(r=0,1,\cdots,s-1)$ 是 Borel 可测的有界函数,在区间 $(0,1)$ 之外为零,且满足下列的条件(C):

(C_1) $\dfrac{1}{t!}\displaystyle\int_0^1 y^t K(y)\mathrm{d}y = \begin{cases} 1, t = 0, \\ 0, t \neq 0, t = 1, 2, \cdots, s-1, s \geq 2. \end{cases}$

(C_2)对 $x \in \chi = (0, \infty)$, $\left| K(x) \right| \leq c$.

(C_3) $K(x)$ 在 $\mathbb{R}^1$ 上除有限点集 E_0 是可微的,且 $\sup\limits_{x \in \mathbb{R}^1 - E_0} \left| K'(x) \right| \leq c < \infty$.

本文对 NA 序列的协方差结构作如下假定:

(D) $\displaystyle\sum_{j=1}^{\infty} \left| \mathrm{Cov}(X_1, X_j) \right| \leq c < \infty$. $\hfill(7.3.7)$

类似 Lee-shen(2007),密度函数 $f(x)$ 的核估计定义为

$$f_n(x) = \frac{1}{nh_n} \sum_{i=1}^n K\left(\frac{X_i - x}{h_n} \right) \mathrm{e}^{X_i - x}, \hfill(7.3.8)$$

其中 $\{h_n\}$ 为正数序列,且 $\lim\limits_{n \to \infty} h_n = 0$, $K(x)$ 是满足条件(C)的核函数.

利用 Liang(2005)的思想,则可定义 θ 的经验 Bayes 估计

$$\hat{\theta}_{EB} = \phi_n^*(x) \triangleq \left[0 \vee \left(\frac{\dfrac{\mathrm{e}^{-x}}{x} f_n(0) - \dfrac{1}{x} f_n(x)}{f_n(x)} \right) \right] \wedge A_n, \hfill(7.3.9)$$

其中 $\varphi_n(x) = x^{-1}\mathrm{e}^{-x} f_n(0)$ 为 $\varphi(x) = x^{-1}\mathrm{e}^{-x} f(0)$ 的估计,令 $\phi_n^*(x)$ 为 $\phi_B(x)$ 的估计,这里 $\{A_n\}$ 为正数序列,且 $\lim\limits_{n \to \infty} A_n = \infty$, $a \vee b = \max(a, b)$, $a \wedge b = \min(a, b)$.

记 E_* 表示对 $\left(X_1, \cdots, X_n, (X, \theta) \right)$ 的联合分布求均值, E_n 表示对 $X_1, X_2, \cdots, X_n$ 的联合分布求均值,在平方损失下, $\hat{\theta}_{EB}$ 的全面 Bayes 风险为

$$R_n = R_n\left(\hat{\theta}_{EB}, G \right) = E_*\left(\hat{\theta}_{EB} - \theta \right)^2. \hfill(7.3.10)$$

按定义,若 $\lim\limits_{n \to \infty} R_n = R(G)$,则称 $\hat{\theta}_{EB}$ 为渐近最优(a.o.)的 EB 估计, $R_n - R(G) = O(n^{-q})$, $q > 0$,则称 θ 的 EB 估计 $\hat{\theta}_{EB}$ 的收敛速度阶为 $O(n^{-q})$.

本文中令 $c, c_0, c_1, \cdots$ 表示与 n 无关的正常数,即使在同一表达式中它们也可取不同的值.

7.3.3　若干引理及主要结果

为了得到参数 θ 的 EB 估计的收敛速度,需要引入下述一些引理.

引理 7.3.1　令 X, Y 是 NA 变量,皆有有限方差,则对任何两个可微函数 g_1, g_2 有

$$\left|\mathrm{Cov}\big(g_1(X),g_2(Y)\big)\right|\le\sup_X\left|g_1^{'}(X)\right|\sup_Y\left|g_2^{'}(Y)\right|\big[-\mathrm{Cov}(X,Y)\big],\qquad(7.3.11)$$

当分别在有限或可列点集 E_0^1 和 E_0^2 上不可微时,有

$$\left|\mathrm{Cov}\big(g_1(X),g_2(Y)\big)\right|\le\sup_{X\in\mathbb{R}^1-E_0^1}\left|g_1^{'}(X)\right|\sup_{Y\in\mathbb{R}^1-E_0^2}\left|g_2^{'}(Y)\right|\big[-\mathrm{Cov}(X,Y)\big].\qquad(7.3.12)$$

证明 见 Pan(1997)引理 1.

引理 7.3.2 设 $f_n(x)$ 由(7.3.8)式定义,其中 $X_1,X_2,\cdots,X_n$ 为同分布弱平稳 NA 样本,$s>1$ 且为任意确定的自然数,若条件(C)和(D)成立,当取 $h_n=n^{-\frac{1}{4+2s}}$ 时,对 $0<r\le2$ 有

(1) $E_n\left|f_n(x)-f(x)\right|^r\le cn^{-\frac{rs}{2(s+2)}}$;(2) $E_n\left|f_n(0)-f(0)\right|^r\le c_1 n^{-\frac{rs}{2(s+2)}}$.

证明 由 C_r 不等式可知,对 $0<r\le2$

$$E_n\left|f_n(x)-f(x)\right|^r\le c_1\left|E_nf_n(x)-f(x)\right|^r+c_2\big[\mathrm{Var}\big(f_n(x)\big)\big]^{r/2}\triangleq c_1 I_1^r+c_2 I_2^{r/2}.\quad(7.3.13)$$

由(7.3.8)式和(C₁)条件可知

$$\begin{aligned}E_n\big[f_n(x)\big]&=E_n\left[\frac{1}{h_n}K\left(\frac{X_1-x}{h_n}\right)e^{X_1-x}\right]\\&=\int_{t=x}^{x+h_n}\frac{1}{h_n}K\left(\frac{t-x}{h_n}\right)e^{t-x}f(t)\mathrm{d}t\\&=\int_0^1 K(v)e^{-x}h(x+h_nv)\mathrm{d}v\\&=\int_0^1 K(v)e^{-x}\left[h(x)+\sum_{l=1}^{s-1}h^{(l)}(x)\frac{(h_nv)^l}{l!}+h^{(s)}(x^*)\frac{(h_nv)^s}{s!}\right]\mathrm{d}v\\&=f(x)+\frac{h_n^s e^{-x}}{s!}\int_0^1 h^{(s)}(x^*)K(v)v^s\mathrm{d}v.\end{aligned}\qquad(7.3.14)$$

这里 $x\le x^*\le x+h_n$,从而由(7.3.14)和(7.3.3)式及(C₂),对任何固定的 $x\in\chi$ 有

$$\begin{aligned}\left|E_nf_n(x)-f(x)\right|&\le\frac{h_n^s e^{-x}}{s!}\int_0^1\left|h^{(s)}(x^*)\right|\|K(v)\|v^s|\mathrm{d}v\\&\le\frac{ch_n^s e^{-x}}{s!}\int_0^1 s!\int_0^\infty\frac{k(\theta)\theta^s}{(1+\theta x)^{s+1}}\mathrm{d}G(\theta)v^s\mathrm{d}v\\&=\frac{ch_n^s e^{-x}}{s+1}\int_0^\infty\frac{k(\theta)\theta^s}{(1+\theta x)^{s+1}}\mathrm{d}G(\theta)\equiv\frac{ch_n^s e^{-x}}{s+1}q(x)\\&=O\big(h_n^s\big).\end{aligned}\qquad(7.3.15)$$

所以,当取 $h_n = n^{-1/(2s+4)}$ 时有

$$I_1^r = \left| E_n f_n(x) - f(x) \right|^r \leq c n^{-rs/2(s+2)}. \tag{7.3.16}$$

$$I_2 = \mathrm{Var}\left[\frac{1}{nh_n} \sum_{j=1}^n K\left(\frac{X_j - x}{h_n} \right) e^{x_j - x} \right]$$

$$= \frac{1}{nh_n^2} \mathrm{Var}\left[K\left(\frac{X_1 - x}{h_n} \right) e^{x_1 - x} \right]$$

$$+ \frac{2}{n^2 h_n^2} \sum\sum_{1 \leq j < l \leq n} \mathrm{Cov}\left(K\left(\frac{X_j - x}{h_n} \right) e^{x_j - x}, K\left(\frac{X_l - x}{h_n} \right) e^{x_l - x} \right)$$

$$\triangleq I_2^{(1)} + I_2^{(2)}. \tag{7.3.17}$$

由 $\left| K^2(v) \right| \leq c$,$0 \leq X_j - x \leq h_n$,$1 \leq e^{X_j - x} \leq e^{h_n} \leq c$ 及 $h(x)$ 为单调递减函数可知

$$I_2^{(1)} \leq \frac{1}{nh_n^2} E_n\left[K\left(\frac{X_1 - x}{h_n} \right) e^{x_1 - x} \right]^2 = \frac{1}{nh_n^2} \int_{t=x}^{x+h_n} K^2\left(\frac{t-x}{h_n} \right) e^{2(t-x)} e^{-t} h(t) \mathrm{d}t$$

$$\leq \frac{1}{nh_n^2} e^{-x} h(x) e^{h_n} \int_0^1 K^2(v) \mathrm{d}v \leq \frac{cf(x)}{nh_n} c = O\left((nh_n)^{-1} \right). \tag{7.3.18}$$

记 $\psi_n(x, y) = K\left(\frac{y-x}{h_n} \right) e^{y-x}$,由条件 (C_3) 及引理 7.3.1,有

$$\left| \mathrm{Cov}\left(K\left(\frac{X_j - x}{h_n} \right) e^{x_j - x}, K\left(\frac{X_l - x}{h_n} \right) e^{x_l - x} \right) \right| \leq \frac{1}{h_n^2} \left\{ \sup_y \left| \frac{\partial}{\partial y} \psi_n(x, y) \right| \right\}^2 \left[-\mathrm{Cov}(X_j, X_l) \right]$$

$$< \frac{c_1}{h_n^2} \left| \mathrm{Cov}(X_j, X_l) \right|.$$

故由条件 (D) 和 $\{X_n, n \geq 1\}$ 的弱平稳性可知

$$I_2^{(2)} \leq \frac{2}{n^2 h_n^2} \sum\sum_{1 \leq j < l \leq n} \frac{c_1}{h_n^2} \left| \mathrm{Cov}(X_j, X_l) \right| \leq \frac{c_2}{nh_n^4} \sum_{i=1}^\infty \left| \mathrm{Cov}(X_1, X_l) \right| \leq c\left(nh_n^4 \right)^{-1}, \tag{7.3.19}$$

所以,当 $h_n = n^{-1/(2s+4)}$ 时,将 (7.3.18) 和 (7.3.19) 式代入 (7.3.17) 式可得

$$I_2 \leq c_1(nh_n)^{-1} + c_2\left(nh_n^4 \right)^{-1} \leq c n^{-\frac{s}{(s+2)}}, \tag{7.3.20}$$

故有

$$I_2^{r/2} \leq c n^{-\frac{rs}{2(s+2)}}. \tag{7.3.21}$$

将 (7.3.16) 和 (7.3.21) 式代入 (7.3.13) 式可得引理 7.3.2(1) 结论.

在上述证明过程中令 $x = 0$,类似可以证明引理 7.3.2(2) 结论也成立.

贝叶斯统计分析

引理 7.3.3 若 $R_G < \infty$,则对任何 EB 估计 $\hat{\theta}_{EB}$ 的风险有

$$R_n - R_G = E_* \left(\hat{\theta}_{EB} - \hat{\theta}_{BE} \right)^2. \tag{7.3.22}$$

证明 见文献 Singh (1979) 引理 2.1.

引理 7.3.4 对随机变量 (Y, Z) 和实数 $y, z \neq 0$, $0 < L < \infty$ 且 $0 < \lambda \leq 2$,有

$$E \left[\left| \frac{Y}{Z} - \frac{y}{z} \right| \wedge L \right]^\lambda \leq \frac{2}{|z|^\lambda} \left\{ E \left[|Y - y|^\lambda \right] + \left(\left| \frac{y}{z} \right| + L \right)^\lambda E \left[|Z - z|^\lambda \right] \right\}.$$

证明 见文献 Sing 和 Wei (1992).

引理 7.3.5 如果对 $t \geq 1$, $E|\theta|^t < \infty$,则对 (7.3.5) 式定义的 $\hat{\hat{\theta}}_{BE}(X)$ 有 $E_* \left| \hat{\hat{\theta}}_{BE}(X) \right|^t < \infty$.

证明 由凸函数和 Jensen 不等式可知

$$E_* \left| \hat{\hat{\theta}}_{BE}(X) \right|^t = \int_0^{+\infty} \left| \hat{\hat{\theta}}_{BE}(x) \right|^t f(x) \mathrm{d}x = \int_0^{+\infty} \left| E_{(\theta|x)}(\theta) \right|^t f(x) \mathrm{d}x$$

$$\leq \int_0^{+\infty} \left(E_{(\theta|x)} |\theta|^t \right) f(x) \mathrm{d}x = \int_0^{+\infty} \int_0^{+\infty} |\theta|^t f(x|\theta) \mathrm{d}G(\theta) \mathrm{d}x$$

$$= \int_0^{+\infty} |\theta|^t \mathrm{d}G(\theta) = E|\theta|^t < \infty.$$

定理 7.3.1 设 R_G, R_n 分别由 (7.3.6) 和 (7.3.10) 式定义, $\hat{\hat{\theta}}_{EB}$ 由 (7.3.9) 式定义, $X_1, X_2, \cdots, X_n$ 为同分布弱平稳 NA 样本, $s > 2$ 为任意确定的自然数, $2/s < r < 1$,条件 (C) 和 (D) 成立,且

(1) $\int_0^{+\infty} \theta^{rs} \mathrm{d}G(\theta) < \infty$;(2) $\int_1^{+\infty} \left(f(x) \right)^{1-r} \mathrm{d}x < \infty$,

则当 $h_n = n^{-1/(2s+4)}$ 时,有 $R_n - R_G = O\left(n^{-\frac{rs-2}{2(s+2)}} \right)$.

证明 由引理 7.3.4 和条件 (1) 可知

$$R_G = E_{(X, \theta)} \left(\hat{\theta}_{BE} - \theta \right)^2 \leq 2 \left(E_* \left(\hat{\theta}_{BE}^2 \right) + E_* \left(\theta^2 \right) \right) < \infty,$$

故引理 7.3.3 的条件成立,因此有

$$R_n - R_G = E_* \left(\hat{\theta}_{EB} - \hat{\theta}_{BE} \right)^2 = \int_0^{+\infty} E_n \left[\phi_n^*(x) - \phi_B(x) \right]^2 f(x) \mathrm{d}x$$

$$\triangleq A(n) + B(n) + C(n), \tag{7.3.23}$$

其中

$$A(n) = \int_0^1 I_n(x) f(x) \mathrm{d}x, \ B(n) = \int_1^{+\infty} I_n(x) f(x) \mathrm{d}x, \ C(n) = \int_0^{+\infty} II_n(x) f(x) \mathrm{d}x,$$

$$I_n(x) = E_n\big[\phi_n^*(x) - \phi_B(x)\big]^2 I\big(A_n - \phi_B(x)\big),$$

$$II_n(x) = E_n\big[\phi_n^*(x) - \phi_B(x)\big]^2 I\big(\phi_B(x) - A_n\big).$$

由(7.3.5)、(7.3.9)式和引理 7.3.4 及引理 7.3.2 可得

$$I_n(x) \le E_n\left(\left|\frac{\dfrac{\mathrm{e}^{-x}}{x}f_n(0) - \dfrac{1}{x}f_n(x)}{f_n(x)} - \frac{\dfrac{\mathrm{e}^{-x}}{x}f(0) - \dfrac{1}{x}f(x)}{f(x)}\right| \wedge A_n\right)^2 I\big(A_n - \phi_B(x)\big)$$

$$\le A_n^{2-r} E_n\left\{\left(\left|\frac{\dfrac{\mathrm{e}^{-x}}{x}f_n(0) - \dfrac{1}{x}f_n(x)}{f_n(x)} - \frac{\dfrac{\mathrm{e}^{-x}}{x}f(0) - \dfrac{1}{x}f(x)}{f(x)}\right| \wedge A_n\right)\right\}^r I\big(A_n - \phi_B(x)\big)$$

$$\le \frac{2A_n^{2-r}}{f^r(x)}\left\{E_n\left|\frac{\mathrm{e}^{-x}}{x}\big(f_n(0) - f(0)\big) + \frac{1}{x}\big(f_n(x) - f(x)\big)\right|^r\right\} + \frac{2^{1+r}A_n^2}{f^r(x)}\left\{E_n\big|f_n(x) - f(x)\big|^r\right\}$$

$$\le \frac{2A_n^{2-r}}{f^r(x)}\left\{\left(\frac{\mathrm{e}^{-x}}{x}\right)^r E_n\big|f_n(0) - f(0)\big|^r + \left(\frac{1}{x}\right)^r E_n\big|f_n(x) - f(x)\big|^r\right\}$$

$$\quad + \frac{2^{1+r}A_n^2}{f^r(x)}\left\{E_n\big|f_n(x) - f(x)\big|^r\right\}$$

$$\le \frac{cA_n^{2-r}}{f^r(x)}\big(x^{-1}\mathrm{e}^{-x}\big)^r n^{-rs/2(s+2)} + \frac{c_1 A_n^{2-r}}{f^r(x)}\big(x^{-1}\big)^r n^{-rs/2(s+2)} + \frac{c_2 A_n^2}{f^r(x)} n^{-rs/2(s+2)}. \tag{7.3.24}$$

将(7.3.14)式代入 $A(n)$ 可得

$$A(n) \le c_1 A_n^{2-r} n^{-rs/2(s+2)} a_1 + c_2 A_n^{2-r} n^{-rs/2(s+2)} a_2 + c_3 A_n^2 n^{-rs/2(s+2)} a_3. \tag{7.3.25}$$

由 Jensen 不等式和 $\int_0^1 \big(x^{-1}\mathrm{e}^{-x}\big)^r \mathrm{d}x < \int_0^1 \big(x^{-1}\big)^r \mathrm{d}x < \infty$ $(0 < r < 1)$ 可知,(7.3.25)式中

$$a_1 = \int_0^1 \big(\mathrm{e}^{-x}x^{-1}\big)^r \big(f(x)\big)^{1-r} \mathrm{d}x \le \big(f(0)\big)^{1-r} \int_0^1 \big(\mathrm{e}^{-x}x^{-1}\big)^r \mathrm{d}x \le \big(f(0)\big)^{1-r} c_1 < \infty, \tag{7.3.26}$$

$$a_2 = \int_0^1 \big(x^{-1}\big)^r \big(f(x)\big)^{1-r} \mathrm{d}x \le \big(f(0)\big)^{1-r} \int_0^1 \big(x^{-1}\big)^r \mathrm{d}x \le \big(f(0)\big)^{1-r} c_2 < \infty, \tag{7.3.27}$$

$$a_3 = \int_0^1 \big(f(x)\big)^{1-r} \mathrm{d}x \le \left(\int_0^1 f(x)\mathrm{d}x\right)^{1-r} \le 1 \quad (0 < 1 - r < 1). \tag{7.3.28}$$

将(7.3.26)、(7.3.27)和(7.3.28)式代入(7.3.25)式可得

$$A(n) \le c_1 A_n^{2-r} n^{-rs/2(s+2)} + c_2 A_n^{2-r} n^{-rs/2(s+2)} + c_3 A_n^2 n^{-rs/2(s+2)} \le cA_n^2 n^{-rs/2(s+2)}. \tag{7.3.29}$$

将(7.3.24)式代入 $B(n)$ 和条件(2)及 $\int_1^\infty \big(\mathrm{e}^{-x}x^{-1}\big)^r \mathrm{d}x < \infty$ 可得

$$B(n) \le c_1 A_n^{2-r} n^{-rs/2(s+2)} b_1 + c_2 A_n^{2-r} n^{-rs/2(s+2)} b_2 + c_3 A_n^2 n^{-rs/2(s+2)} b_3.$$

其中

$$b_1 = \int_1^\infty \left(e^{-x}x^{-1}\right)' \left(f(x)\right)^{1-r} dx \leq \left(f(0)\right)^{1-r} \int_1^\infty \left(e^{-x}x^{-1}\right)' dx \leq \left(f(0)\right)^{1-r} c_1 < \infty,$$

$$b_2 = \int_1^\infty \left(x^{-1}\right)' \left(f(x)\right)^{1-r} dx < b_3 = \int_1^\infty \left(f(x)\right)^{1-r} dx < \infty.$$

将以上 b_1, b_2, b_3 代入 $B(n)$ 可得

$$B(n) \leq c_1 A_n^{2-r} n^{-rs/2(s+2)} + c_2 A_n^{2-r} n^{-rs/2(s+2)} + c_3 A_n^2 n^{-rs/2(s+2)} \leq c A_n^2 n^{-rs/2(s+2)}. \quad (7.3.30)$$

由于 $0 \leq \phi_n^*(x) \leq A_n$，当 $rs > 2$ 时，有

$$C(n) \leq \int_0^{+\infty} \phi_B^2(x) I(\phi_B(x) - A_n) f(x) dx \leq \frac{1}{A_n^{rs-2}} \int_0^{+\infty} \phi_B^{rs}(x) f(x) dx$$

$$= \frac{1}{A_n^{rs-2}} E\left[\phi_B^{rs}(x)\right] = \frac{1}{A_n^{rs-2}} E\left[E(\theta|x)\right]^{rs}$$

$$\leq \frac{1}{A_n^{rs-2}} E(\theta^{rs}) \leq c \frac{1}{A_n^{rs-2}}. \quad (7.3.31)$$

将(7.3.29)、(7.3.30)和(7.3.31)式代入(7.3.23)式可得

$$R_n - R_G = O\left(A_n^2 n^{-\frac{rs}{2(s+2)}}\right) + O\left(\frac{1}{A_n^{rs-2}}\right).$$

取 $A_n = n^{1/2(s+2)}$ 时，可得

$$R_n - R_G = O\left(n^{-\frac{rs-2}{2(s+2)}}\right).$$

注7.3.1   当 $r \to 1, s \to \infty$ 时可以得到本文的收敛速度阶近似为 $O(n^{-1/2})$.

7.3.4 例　子

下面举例说明适合文中定理条件的非指数分布族和先验分布是存在的. 在模型(7.3.1)式中，其中 $0 < k(\theta) < \infty$，$x \in \chi = (0, \infty)$，$\theta \in \Omega = (0, +\infty)$，设参数 θ 服从区间$(0,1)$上的均匀分布，即 $\theta \sim U(0,1)$，则有

$$f(x) = \int_0^1 f(x|\theta) g(\theta) d\theta = e^{-x} \int_0^1 \frac{k(\theta)}{1+\theta x} d\theta.$$

(1) $\int_\Omega \theta^{rs} dG(\theta) = \int_0^1 \theta^{rs} d\theta = \frac{1}{rs+1} < \infty$；

(2) $\int_1^{+\infty} \left(f(x)\right)^{1-r} dx = \int_1^{+\infty} \left[e^{-x} \int_0^1 \frac{k(\theta)}{1+\theta x} d\theta\right]^{1-r} dx$

$$= \int_1^{+\infty} e^{-x(1-r)} \left[\int_0^1 \frac{k(\theta)}{1+\theta x} d\theta\right]^{1-r} dx$$

$$\leqslant \int_{1}^{+\infty} e^{-x(1-r)} \left[\int_{0}^{1} k(\theta) \mathrm{d}\theta \right]^{1-r} \mathrm{d}x$$

$$\leqslant c \int_{1}^{+\infty} e^{-x(1-r)} \mathrm{d}x < \infty.$$

由(1)(2)可知,定理7.3.1的条件均满足.

§7.4　NA 样本下双指数分布族位置参数的 经验 Bayes 估计

7.4.1　引　言

Liang(2007)在独立同分布(iid)样本下讨论了双指数分布族位置参数的 EB 检验,丁晓等(2005)在 iid 样本下讨论了双指数分布族位置参数的经验 Bayes 估计问题,然而在可靠性理论、渗透理论和某些多元分析等实际问题中,遇到的样本多非独立而具有相关性,正相关(PA)和负相关(NA)就是常见的两种.因而,在样本相关的情形下研究 EB 估计问题是有意义的.本文在"平方损失"下,基于同分布弱平稳 NA 样本进一步研究了双指数分布族位置参数的经验 Bayes 估计问题,构造了渐进最优 EB 估计函数,在一定条件下,获得了 EB 估计渐进最优性且其收敛速度的阶为 $O\left(n^{-(rs-2)/2(s+2)}\right)$,其中 $s>1$ 为任意确定的自然数,$1/2<r<1-1/2s$ 且 $rs>2$,推广了现有文献中的相应结果.

首先给出 NA 样本随机变量(r.v.)序列的定义.

定义 7.4.1　随机变量 $X_1, X_2, \cdots, X_n$ 称为负相关(NA),如果对于集合 $\{1,2,\cdots,n\}$ 的任何两个不交的非空子集 A_1 与 A_2 都有

$$\mathrm{Cov}\left(f_1\left(X_i, i \in A_1\right), f_2\left(X_j, j \in A_2\right)\right) \leqslant 0, \qquad (7.4.1)$$

其中 f_1 和 f_2 是任意两个使得协方差存在且对每个变元均非降(或同时对每个变元均非升)的函数,称随机变量序列 $\{X_j, j \in \mathbf{N}\}$ 是负相关(NA),如果对任意自然数 $n>2$,$X_1, X_2, \cdots, X_n$ 都是负相关(NA).

考虑如下双指数分布,设随机变量 X 条件概率密度函数为

$$f\left(x|\theta\right) = \frac{1}{2} \exp\left(-|x-\theta|\right), \qquad (7.4.2)$$

此处 $x \in \chi = \left(-\infty, +\infty\right)$,$\theta \in \Omega = \left(-\infty, +\infty\right)$,$\Omega$ 为位置参数空间.

设 $G(q)$ 为参数 θ 的未知先验分布，r.v.X 的边缘分布密度为

$$f(x) = \int_\Omega f(x|\theta)\mathrm{d}G(\theta) = \int_{-\infty}^{+\infty}\frac{1}{2}\exp(-|x-\theta|)\mathrm{d}G(\theta)$$

$$= \int_{-\infty}^{x}\frac{1}{2}\exp(\theta-x)\mathrm{d}G(\theta) + \int_{x}^{+\infty}\frac{1}{2}\exp(x-\theta)\mathrm{d}G(\theta), \tag{7.4.3}$$

其边缘分布函数记为 $F(x)$，即

$$F(x) = \int_{-\infty}^{x}f(t)\mathrm{d}t. \tag{7.4.4}$$

取损失函数为

$$L(\theta, d) = (\theta-d)^2. \tag{7.4.5}$$

在通常的平方损失(7.4.5)下，θ 的 Bayes 估计为其后验均值，即

$$\hat{\theta}_{BE} = E(\theta|x) = \frac{\int_{-\infty}^{+\infty}\theta f(x|\theta)\mathrm{d}G(\theta)}{f(x)}$$

$$= \frac{\int_{-\infty}^{x}\frac{\theta}{2}\exp(\theta-x)\mathrm{d}G(\theta) + \int_{x}^{+\infty}\frac{\theta}{2}\exp(x-\theta)\mathrm{d}G(\theta)}{f(x)}. \tag{7.4.6}$$

对双指数分布模型(7.4.2)，在平方损失函数下 θ 的 Bayes 估计有下面引理给出．

引理 7.4.1　若 $f(x) > 0$，则 θ 的 Bayes 估计为 $\hat{\theta}_{BE} = x + \phi_B(x)$，其中

$$\phi_B(x) = \frac{\int_{x}^{+\infty}\mathrm{e}^{x-t}\mathrm{d}F(t) - \int_{-\infty}^{x}\mathrm{e}^{t-x}\mathrm{d}F(t)}{f(x)} \triangleq \frac{g(x)}{f(x)}, \tag{7.4.7}$$

$$g(x) = \int_{x}^{+\infty}\mathrm{e}^{x-t}\mathrm{d}F(t) - \int_{-\infty}^{x}\mathrm{e}^{t-x}\mathrm{d}F(t). \tag{7.4.8}$$

当 $f(x) = 0$ 时，约定 $\hat{\theta}_{BE} = 0$．

证明　从丁晓等(2005)引理1.2的证明过程中获得．

$\hat{\theta}_{BE}$ 的 Bayes 风险为

$$R(G) = R_G = R\left(\hat{\theta}_{BE}, G\right) = E_{(X, \theta)}\left(\hat{\theta}_{BE} - \theta\right)^2. \tag{7.4.9}$$

由于先验分布 $G(\theta)$ 未知，故 $\hat{\theta}_{BE}$ 不能确定，因此无使用价值，从而导致考虑该参数的经验 Bayes 估计．

7.4.2　经验 Bayes 估计

设 $X_1, X_2, \cdots, X_n$ 和 X 是同分布弱平稳 NA 样本，它们具有共同的边缘密度函

数如(7.4.3)式所示,通常称 $X_1, X_2, \cdots, X_n$ 为历史样本,称 X 为当前样本.令 $f(x)$ 为 X_1 的概率密度函数,本文假定

$$f(x) \in C_{s,\alpha}, x \in \mathbb{R}^1 , \tag{7.4.10}$$

此处 $C_{s,\alpha}$ 表示 $\mathbb{R}^1$ 中一族概率密度函数,其 s 阶导数存在,连续且绝对值不超过 α,$s > 1$ 且为正整数.我们用

$$F_n(x) = \frac{1}{n}\sum_{i=1}^{n} I_{[X_i \leq x]} , \tag{7.4.11}$$

作为 $F(x)$ 的估计量,其中 $I_{[A]}$ 表示事件 A 的示性函数. $g(x)$ 的估计量定义如下

$$g_n(x) = \int_x^{+\infty} e^{x-t} dF_n(t) - \int_{-\infty}^x e^{t-x} dF_n(t)$$

$$= \frac{1}{n}\sum_{i=1}^{n} e^{x-X_i} I_{[X_i > x]} - \frac{1}{n}\sum_{i=1}^{n} e^{X_i-x} I_{[X_i \leq x]}. \tag{7.4.12}$$

为了估计 $f(x)$,引入核函数.令 $K(x)(r = 0, 1, \cdots, s-1)$ 是 Borel 可测的有界函数,在区间 $(0,1)$ 之外为零,且满足下列条件(C):

(C$_1$) $\dfrac{1}{t!}\displaystyle\int_0^1 y^t K(y) dy = \begin{cases} 1, t = 0, \\ 0, t \neq 0, t = 1, 2, \cdots s-1. \end{cases}$

(C$_2$) $K(x)$ 在 $\mathbb{R}^1$ 上除有限点集 E_0 外是可微的,且 $\sup\limits_{x \in \mathbb{R}^1 - E_0} |K'(x)| \leq c < \infty$.

本文对 NA 序列的协方差结构作如下假定:

(D) $\displaystyle\sum_{j=1}^{\infty} |\text{Cov}(X_1, X_j)| \leq c < \infty.$

密度函数 $f(x)$ 的核估计定义为

$$f_n(x) = \frac{1}{nh_n}\sum_{i=1}^{n} K\left(\frac{x-X_i}{h_n}\right), \tag{7.4.13}$$

其中 $\{h_n\}$ 为正数序列,且 $\lim\limits_{n \to \infty} h_n = 0$,$K(x)$ 是满足条件(C)和(D)的核函数.

类似 Liang(2005),可定义 θ 的经验 Bayes 估计

$$\hat{\theta}_{EB} = \left[0 \vee \frac{g_n(x) + xf_n(x)}{f_n(x)}\right] \wedge A_n , \tag{7.4.14}$$

这里 $\{A_n\}$ 为正数序列,且 $\lim\limits_{n \to \infty} A_n = \infty$,$a \vee b = \max(a, b)$,$a \wedge b = \min(a, b)$.

记 E_* 表示对 $\left(X_1, X_2, \cdots, X_n, (X, \theta)\right)$ 的联合分布求均值,E_n 表示对 $X_1, X_2, \cdots, X_n$ 的联合分布求均值,在平方损失下,$\hat{\theta}_{EB}$ 的全面 Bayes 风险为

$$R_n^* = R_n\left(\hat{\theta}_{EB}, G\right) = E_*\left(\hat{\theta}_{EB} - \theta\right)^2. \tag{7.4.15}$$

按定义,若 $\lim_{n\to\infty} R_n^* = R(G)$,则称 $\hat{\theta}_{EB}$ 为渐近最优(a.o.)的 EB 估计, $R_n^* - R(G) = O\left(n^{-q}\right)$, $q > 0$,则称 $\hat{\theta}_{EB}$ 的 EB 估计的收敛速度阶为 $O\left(n^{-q}\right)$.

本文中令 $c, c_0, c_1, c_2, \cdots$ 表示正常数,即使在同一表达式中它们也可取不同的值.

7.4.3 若干引理及主要结果

为了得到参数 θ 的 EB 估计的收敛速度,需要引入下述一些引理.

引理 7.4.2 设 $f_n(x)$ 由 (7.4.13) 式定义,其中 $X_1, X_2, \cdots, X_n$ 为同分布弱平稳 NA 样本,若条件 (C) 和 (D) 成立且 $f(x) \in C_{s,\alpha}$,当取 $h_n = n^{-1/(4+2s)}$ 时,对 $0 < \lambda \leqslant 1$ 有

$$E_n\left|f_n(x) - f(x)\right|^{2\lambda} \leqslant cn^{-\frac{\lambda s}{s+2}}.$$

证明 见韦来生 (2000b) 定理 2.2.

引理 7.4.3 设 $g(x)$ 和 $g_n(x)$ 分别由 (7.4.8) 和 (7.4.12) 式定义,其中 $X_1, X_2, \cdots, X_n$ 为同分布弱平稳 NA 样本,则对 $0 < r \leqslant 2$ 有

$$E_n\left|g_n(x) - g(x)\right|^r \leqslant cn^{-\frac{r}{2}}. \tag{7.4.16}$$

证明 由定义 (7.4.12),记

$$g_n(x) = \int_x^{+\infty} e^{x-t} dF_n(t) - \int_{-\infty}^x e^{t-x} dF_n(t) \triangleq g_{n1}(x) - g_{n2}(x),$$

则

$$\begin{aligned}
g_n(x) &= \int_x^{+\infty} e^{x-t} dF_n(t) - \int_{-\infty}^x e^{t-x} dF_n(t) \\
&= \frac{1}{n}\sum_{i=1}^n e^{x-X_i} I_{[X_i > x]} - \frac{1}{n}\sum_{i=1}^n e^{X_i-x} I_{[X_i \leqslant x]} \\
&\triangleq \frac{1}{n}\sum_{i=1}^n Y_i,
\end{aligned}$$

其中 $Y_i = e^{x-X_i} I_{[X_i > x]} - e^{X_i-x} I_{[X_i \leqslant x]}$, $Y_1, Y_2, \cdots, Y_n$ 为同分布弱平稳 NA 样本,可知

$$E_n\left(g_n(x)\right) = E_n g_{n1}(x) - E_n g_{n2}(x) = E_n\left(\frac{1}{n}\sum_{i=1}^n Y_i\right) = E_n Y_1$$

$$= \int_x^{+\infty} e^{x-t} dF(t) - \int_{-\infty}^x e^{t-x} dF(t) = g(x) \triangleq g_1(x) - g_2(x). \tag{7.4.17}$$

所以 $g_{n1}(x), g_{n2}(x)$ 分别为 $g_1(x), g_2(x)$ 的无偏估计.由 C_r 不等式可得

$$E_n\big|g_n(x)-g(x)\big|^r = E_n\big|g_{n1}(x)-g_1(x)+g_{n2}(x)-g_2(x)\big|^r$$

$$\leqslant 2\Big[E_n\big|g_{n1}(x)-g_1(x)\big|^r + E_n\big|g_{n2}(x)-g_2(x)\big|^r\Big]. \qquad (7.4.18)$$

由 Jensen 不等式可知

$$E_n\big|g_{n1}(x)-g_1(x)\big|^r = E_n\big|\big(g_{n1}(x)-g_1(x)\big)^2\big|^{\frac{r}{2}} \leqslant \big[\mathrm{Var}(g_{n1}(x))\big]^{\frac{r}{2}}. \qquad (7.4.19)$$

其中

$$\mathrm{Var}(g_{n1}(x)) = E_n\left[\frac{1}{n}\sum_{i=1}^{n}\Big(\mathrm{e}^{x-X_i}I_{[X_i>x]}-g_1(x)\Big)\right]^2$$

$$= \frac{1}{n^2}\sum_{i=1}^{n}\mathrm{Var}\Big[\mathrm{e}^{x-X_i}I_{[X_i>x]}\Big] + \frac{2}{n^2}\sum\sum_{1\leqslant i<j\leqslant n}\mathrm{Cov}\Big(\mathrm{e}^{x-X_i}I_{[X_i>x]},\ \mathrm{e}^{x-X_j}I_{[X_j>x]}\Big)$$

$$\triangleq Q_1 + Q_2. \qquad (7.4.20)$$

记 $\varphi(X_i)=\mathrm{Var}\Big[\mathrm{e}^{x-X_i}I_{[X_i>x]}\Big]$，则

$$Q_1 = \frac{1}{n}\mathrm{Var}(\varphi(X_1)) \leqslant \frac{1}{n}E\big[\varphi(X_1)\big]^2$$

$$= \frac{1}{n}\int_x^{+\infty}\mathrm{e}^{2(x-t)}\mathrm{d}F(t) \leqslant \frac{1}{n}\int_{-\infty}^{+\infty}\mathrm{e}^{-2|x-t|}\mathrm{d}F(t) \leqslant \frac{1}{n}. \qquad (7.4.21)$$

记 $g(x,y)=\mathrm{e}^{x-y}I_{[y>x]}$，当 $x\neq y$ 时 $g(x,y)$ 关于 y 可求偏导数且

$$\left\{\frac{\partial}{\partial y}g(x,y)\right\}^2 = \Big(\mathrm{e}^{x-y}I_{[y>x]}\Big)^2 \leqslant 1.$$

则由引理 7.3.1 和条件(D)及 $\{X_n,n\geqslant 1\}$ 的弱平稳性可知

$$Q_2 \leqslant \frac{2}{n^2}\sum\sum_{1\leqslant i<j\leqslant n}\Big|\mathrm{Cov}\big(g(x,X_i),g(x,X_j)\big)\Big|$$

$$\leqslant \frac{2}{n^2}\sum\sum_{1\leqslant i<j\leqslant n}\left\{\frac{\partial}{\partial y}g(x,y)\right\}^2\big[-\mathrm{Cov}(X_i,X_j)\big]$$

$$\leqslant \frac{c}{n^2}n\sum_{i=1}^{\infty}\big|\mathrm{Cov}(X_i,X_j)\big| \leqslant \frac{c}{n}. \qquad (7.4.22)$$

将(7.4.21)和(7.4.22)式代入(7.4.20)式，再将(7.4.20)式代入(7.4.19)式
可得

$$E_n\big|g_{n1}(x)-g_1(x)\big|^r \leqslant cn^{-\frac{r}{2}}. \qquad (7.4.23)$$

同理可证

$$E_n\big|g_{n2}(x)-g_2(x)\big|^2 \leqslant c_1 n^{-\frac{r}{2}}. \qquad (7.4.24)$$

贝叶斯统计分析

将(7.4.23)和(7.4.24)式代入(7.4.18)式,引理得证.

定理7.4.1 设 R_G,R_n 分别由(7.4.9)和(7.4.15)式定义, $\hat{\theta}_{EB}$ 由(7.4.14)式定义, $X_1,X_2,\cdots,X_n$ 为同分布弱平稳 NA 样本, $s>1$ 为任意确定的自然数, $\frac{1}{2}<r<1-\frac{1}{2s}$ 且 $rs>2$,条件(C)和(D)成立,若

(1) $f(x)\in C_{s,\alpha}$;(2) $\int_{-\infty}^{+\infty}|\theta|^{rs}\mathrm{d}G(\theta)<\infty$;(3) $\int_{-\infty}^{+\infty}x^r\left(f(x)\right)^{1-r}\mathrm{d}x<\infty$,

则当 $h_n=n^{-\frac{1}{2s+4}}$, $A(n)=n^{1/2(s+2)}$ 时,有 $R_n-R_G=O\left(n^{-\frac{rs-2}{2(s+2)}}\right)$.

证明 由引理7.3.5和条件(2)可知

$$R_G=E_{(X,\theta)}\left(\hat{\theta}_{BE}-\theta\right)^2\leqslant2\left(E_*\left(\hat{\theta}_{BE}^2\right)+E_*\left(\theta^2\right)\right)<\infty,$$

故引理7.3.3的条件成立,因此有

$$R_n-R_G=E_*\left(\hat{\theta}_{EB}-\hat{\theta}_{BE}\right)^2$$
$$=\int_{-\infty}^{+\infty}E_n\left[\phi_n^*(x)-\phi_B(x)\right]^2f(x)\mathrm{d}x$$
$$\triangleq A(n)+B(n),\qquad(7.4.25)$$

其中

$$A(n)=\int_{-\infty}^{+\infty}I_n(x)f(x)\mathrm{d}x,B(n)=\int_{-\infty}^{+\infty}II_n(x)f(x)\mathrm{d}x,$$
$$I_n(x)=E_n\left[\phi_n^*(x)-\phi_B(x)\right]^2I(A_n-\phi_B(x)),$$
$$II_n(x)=E_n\left[\phi_n^*(x)-\phi_B(x)\right]^2I(\phi_B(x)-A_n).$$

这里 $I(x)$ 为示性函数,若 $x>0$, $I(x)=1$;否则 $I(x)=0$.

$$I_n(x)\leqslant E_n\left(\left|\frac{g_n(x)+xf_n(x)}{f_n(x)}-\frac{g(x)+xf(x)}{f(x)}\right|\wedge A_n\right)^2I(A_n-\phi_B(x))$$
$$\leqslant A_n^{2-r}E_n\left(\left|\frac{g_n(x)+xf_n(x)}{f_n(x)}-\frac{g(x)+xf(x)}{f(x)}\right|\wedge A_n\right)^rI(A_n-\phi_B(x))$$
$$\leqslant\frac{2A_n^{2-r}}{f^r(x)}\left[E_n\left|\left(g_n(x)-g(x)\right)+x\left(f_n(x)-f(x)\right)\right|^r\right]+\frac{2^{1+r}A_n^2}{f^r(x)}E_n\left|f_n(x)-f(x)\right|^r$$
$$\leqslant\frac{2A_n^{2-r}}{f^r(x)}\left[E_n\left|g_n(x)-g(x)\right|^r+x^rE_n\left|f_n(x)-f(x)\right|^r\right]+\frac{2^{1+r}A_n^2}{f^r(x)}E_n\left|f_n(x)-f(x)\right|^r$$

$$\leq c_1 \frac{A_n^{2-r}}{f^r(x)} n^{-\frac{r}{2}} + c_2 \frac{A_n^2}{f^r(x)} x^r n^{-\frac{rs}{2(s+2)}} + c_3 \frac{A_n^2}{f^r(x)} n^{-\frac{rs}{2(s+2)}}. \tag{7.4.26}$$

将(7.4.26)式代入 $A(n)$ 可得

$$A(n) \leq \left[c_1 A_n^{2-r} n^{-\frac{r}{2}} + c_3 A_n^2 n^{-\frac{rs}{2(s+2)}} \right] \int_{-\infty}^{+\infty} f^{1-r}(x) \mathrm{d}x + c_2 A_n^2 n^{-\frac{rs}{2(s+2)}} \int_{-\infty}^{+\infty} x^r f^{1-r}(x) \mathrm{d}x.$$

由条件(2)和(3)可得

$$A(n) \leq c_1 A_n^{2-r} n^{-\frac{r}{2}} + c_2 A_n^2 n^{-\frac{rs}{2(s+2)}} + c_3 A_n^2 n^{-\frac{rs}{2(s+2)}} \leq c A_n^2 n^{-\frac{rs}{2(s+2)}}. \tag{7.4.27}$$

由于 $0 \leq \phi_n^*(x) \leq A_n$，当 $rs > 2$ 时，有

$$B(n) \leq \int_{-\infty}^{+\infty} \phi_B^2(x) I(\phi_B(x) - A_n) f(x) \mathrm{d}x \leq \frac{1}{A_n^{rs-2}} \int_{-\infty}^{+\infty} \phi_B^{rs}(x) f(x) \mathrm{d}x$$

$$= \frac{1}{A_n^{rs-2}} E[\phi_B^{rs}(x)] = \frac{1}{A_n^{rs-2}} E[E(\theta|x)]^{rs}$$

$$\leq \frac{1}{A_n^{rs-2}} E(\theta^{rs}) \leq c \frac{1}{A_n^{rs-2}}. \tag{7.4.28}$$

将(7.4.27)和(7.4.28)式代入(7.4.25)式可得

$$R_n - R_G = O\left(A_n^2 n^{-\frac{rs}{2(s+2)}} \right) + O\left(\frac{1}{A_n^{rs-2}} \right).$$

取 $A_n = n^{1/2(s+2)}$ 时，可得

$$R_n - R_G = O\left(n^{-\frac{rs-2}{2(s+2)}} \right).$$

注 7.4.1　当 $r \to 1$，$s \to \infty$ 时，收敛速度阶近似为 $O(n^{-1/2})$．

参考文献

[1] Chen X R. 1983. Asymptotically optimal Empirical Bayes estimation for parameter of one-dimension discrete exponential famlilies[J]. Chin. Ann. of Math., 4B(1): 41-50.

[2] Johns M V, Jr Van Ryzin J. 1972. Convergence rates in Empirical Bayes two-action problems Ⅱ: continuous case [J]. The Annals of Mathematical Statistics, 42:937-947.

[3] Karunamuni R J. 1996. Optimal rates of convergence of Empirical Bayes tests for the continuous one-parameter exponential family[J]. Ann. Statist., 24:212-231.

[4] Lee-shen C. 2007. Empirical Bayes testing for a nonexponential family distribution [J]. Communication in Statistics-Theory and Methods, 36:2061-2074.

[5] Lehmann E L. 1966. Some concepts of dependence[J]. The Annals of Mathematical Statistics, 37(5):1137-1153.

[6] Lehmann E L. 1983. Theory of point estimation[M]. Wiley: New York.

[7] Liang T. 1988. On the convergence rates of Empirical Bayes rules for two-action problems: discrete case[J]. Ann. Statist., 16:1635-1642.

[8] Liang T. 1990. On convergence rates of a monotone Empirical Bayes test for uniform distribution[J]. J. of Statist. Plann. and Inference, 26:25-34.

[9] Liang T. 1999. Monotone empirical Bayes test for a discrete normal distribution [J]. Statist. Probab. Lett., 44: 241-249.

[10] Liang T. 2000. On Empirical Bayes tests in a positive exponential family [J]. Journal of Statistical Planning and Inference, 3: 169-181.

[11] Liang T. 2005. On an improved Empirical Bayes estimator for positive exponential

families [J]. Communication in Statistics–Theory and Methods, 17(7): 857–866.

[12] Liang T. 2007. Empirical Bayes testing for double exponential distributions [J]. Communication in Statistics–Theory and Methods, 36: 1543–1553.

[13] Li J, Gupta S S. 2001. Monotone Empirical Bayes tests with optimal rate of convergence for a truncation parameter [J]. Statist. Decis., 19: 223–237.

[14] Lin P E. 1975. Rates of convergence in Empirical Bayes estimation problem: continuous case [J]. Ann. Statist., 3: 155–164.

[15] Morris C N. 1983. Parametric Empirical Bayes inference: theory and application [J]. J. Amer. Statist. Assoc., 78: 47–65.

[16] Pan J M. 1997. On the convergence rates in the central limit theorem for negatively associated sequences [J]. Chinese Journal of Applied Probability and Statisties, 13 (2): 183–192.

[17] Prakasa R, Bhagavatula L S. 1983. Nonparametric function estimation [M]. New York: Academic Press.

[18] Robbins H. 1955. An Empirical Bayes approach to statistics [C]. Berkeley: Univ. of California Press.

[19] Singh R S. 1979. Empirical Bayes estimation in Lebesgue– exponential family with rates near best possible rate [J]. Ann. Statist., 7: 890–902.

[20] Singh R S, Wei L S. 1992. Empirical Bayes with rates and possible rate of convergence in $u(x)c(\theta)\exp(-\theta/x)q$ family: estimation case [J]. Ann. Inst. Statist. Math., 44: 435–449.

[21] Wei L S. 1985. Empirical Bayes estimation of location parameter with convergence rates in one–sided function distribution families [J]. Chin. Ann. of Math., 6A(2): 193–202.

[22] Wei L S. 1989. Asymptotically optimal Empirical Bayes estimation for parameters of two–sided truncation distribution families [J]. Chin. Ann. of Math., 10B(1): 94–104.

[23] Wei L S. 1990. Empirical Bayes test for regression coeflicient in a multiple linear regression roodel [J]. Acta Mathematieae Applicatae Sinica, 6(3): 251–262.

［24］Wei L S, Zhang S P. 1995. The convergence rates of Empirical Bayes estimation in a multiple linear regression model［J］. Ann. Inst. Statist. Math. ,47: 81–97.

［25］Wei L S. 1998. Convergence rates of Empirical Bayesian estimation in a class of linear models［J］. Statistica Sinica, (8):589–605.

［26］Wei L S. 1999. Empirical Bayes test problems for parameters in a class of linear model［J］. Chinese Journal of Contemporary Mathematies ,20:501–514.

［27］Van Houwelingen J C. 1976. Monotone Empirical Bayes test for the continuous one–parameter exponential family［J］. Ann. Statist. ,4: 981–989.

［28］Yang Y N, Wei L S. 1995. The convergence rates of Empirical Bayes estimation for the parameters of multiparameter discrete exponential family［J］. Chinese Journal of Applied Probability ,11:92–101.

［29］Zhang S P, Karunamuni R J. 1997a. Empirical Bayes Estimation for the continuous one–parameter exponential family with error invariables［J］. Statistics & Decision , 15:261–279.

［30］Zhang S P, Karunamuni R J. 1997b. Bayes and Empirical Bayes estimation with errors in variables［J］. Statistics & probability Letters ,33:23–34.

［31］陈家清,刘次华. 2008. 线性指数分布族参数的经验 Bayes 检验问题［J］. 系统科学与数学,28(5):616–626.

［32］陈玲,韦来生. 2009. 连续性单参数指数族参数的经验 Bayes 检验函数的收敛速度［J］. 系统科学与数学,29(8):1142–1152.

［33］陈玲,韦来生. 2012. 线性模型中回归系数和误差方差同时的经验 Bayes 估计及其优良性［J］. 应用概率统计,28(6):583–600.

［34］陈希孺,柴根象. 1993. 非参数统计教程［M］. 上海:华东师范大学出版社.

［35］陈希孺. 1996. 高等数理统计学［M］. 合肥:中国科技大学出版社.

［36］陈希孺. 1998. 数理统计引论［M］. 2 版. 北京:科学出版社.

［37］陈希孺,方兆本,李国英,等. 2012. 非参数统计［M］. 合肥:中国科技大学出版社.

［38］邓永录. 2005. 应用概率及其理论(第一版)［M］. 北京:清华大学出版社.

［39］丁晓,韦来生. 2005. 双指数分布位置参数的经验 Bayes 估计问题［J］. 数学杂志,25(4):413–420.

［40］樊家琨. 1992. 概率密度函数及其导数递归核估计的强相合性［J］. 河南大

学学报(自然科学版),22(2):67–71.

[41]方兆本,李金平,韦来生,张念范.1983.一类均匀分布族参数的经验Bayes估计的收敛速度[J].应用数学学报,(04):476–484.

[42]韩明.2015.贝叶斯统计学及其应用[M].上海:同济大学出版社.

[43]胡太忠,潘国华.1991a.两类单参数连续型指数族参数的连续函数的EB检验的渐近最优性[J].数理统计与应用概率,(4):505–512.

[44]胡太忠,潘国华.1991b.刻度参数指数族经验Bayes的检验收敛速度[J].数理统计与应用概率,(4):86–96.

[45]黄金超,凌能祥.2012a.非指数分布族参数的经验Bayes估计的收敛速度[J].数学研究,45(1):99–107.

[46]黄金超,凌能祥.2012b.威布尔分布族参数的经验Bayes检验[J].合肥工业大学报(自然科学版),35(6):860–864.

[47]黄金超,郭栋,许庆兵.2014a.两两NQD序列下威布尔分布族参数的经验Bayes检验[J].伊犁师范学院学报(自然科学版),29(1):9–14.

[48]黄金超,凌能祥.2014b.威布尔分布族刻度参数的经验Bayes检验的收敛速度[J].数学杂志,34(4):729–738.

[49]黄金超,杨颖颖,凌能祥.2015.威布尔分布族参数的经验Bayes双侧检验[J].东北师大学报(自然科学版).47(1):37–42.

[50]黄金超.2016a.NA样本非指数分布族参数的经验Bayes估计[J].数学杂志,34(4):135–143.

[51]黄金超,凌能祥.2016b.Lomax分布族形状参数的经验Bayes检验函数的收敛速度[J].数学进展,45(2):280–288.

[52]黄金超,凌能祥.2016c.一类改进的Cox模型参数的经验Bayes检验[J].应用数学学报,39(4):562–573.

[53]黄金超,杨颖颖,郭栋.2016d.Weibull分布族模型参数的经验Bayes检验[J].淮阴师范学院学报(自然科学版),15(3):199–207.

[54]茆诗松,王静龙.1990.数理统计[M].上海:华东师范大学出版社.

[55]茆诗松.1999.贝叶斯分析[M].北京:中国统计出版社.

[56]彭家龙,袁莹.2012.一类连续型单参数指数族参数的经验Bayes检验问题[J].高校应用数学学报,27(4):415–424.

[57]彭家龙,赵彦晖,袁莹.2014a.舍入数据下Cox模型参数的经验Bayes检验

问题[J].应用数学学报,37(2):311–321.

[58]彭家龙,赵彦晖,袁莹.2014b.舍入数据下 Lomax 分布形状参数的经验 Bayes 检验问题[J].数学杂志,34(4):703–716.

[59]孙荣恒.2006.应用概率论(第二版)[M].北京:科学出版社.

[60]王亮,师义民.2010.两两 NQD 序列下线性指数分布参数的经验 Bayes 检验[J].工程数学学报,27(4):599–604.

[61]王立春.2002.与刻度参数有关的 Bayes 和经验 Bayes 的统计推断问题[D].合肥:中国科学技术大学.

[62]王立春,韦来生.2002a.刻度指数族参数的渐近最优的经验 Bayes 估计[J].中国科学技术大学学报,32:62–69.

[63]王立春,韦来生.2002b.刻度指数族参数的经验 Bayes 估计的收敛速度[J].数学年刊 A 辑(中文版),23(05):555–564.

[64]王立春,韦来生.2005.双向分类随机效应模型中方差分量经验 Bayes 估计的收敛速度(英文)[J].中国科学院研究生院学报,27(5):545–553.

[65]韦来生.1983a.一类 Gamma 分布位置参数的经验 Bayes 估计的收敛速度[J].中国科学技术大学学报,2:143–152.

[66]韦来生.1983b.均匀分布族 $U(0,\theta)$ 参数的经验 Bayes 估计的收敛速度[J].应用数学学报,4:485–493

[67]韦来生.1984.非参数回归函数核估计 L_p 收敛的速度[J].中国科学技术大学学报,3:339–346.

[68]韦来生.1985a.连续型多参数指数族参数的渐近最优的经验 Bayes 估计[J].应用概率统计,1(2):127–133.

[69]韦来生.1985b.单边截断型分布族位置参数的经验 Bayes 估计的收敛速度[J].数学年刊 A 辑(中文版),6A(2):193–202.

[70]韦来生.1987.连续型多参数指数族参数的经验 Bayes 估计的收敛速度[J].数学学报,2:272–279.

[71]韦来生.1991.一类离散型单参数指数族参数的双侧的经验 Bayes 检验问题[J].应用概率统计,7(3):299–310.

[72]韦来生.1993.二项分布参数的经验 Bayes 检验问题[J].数学杂志.1:21–28.

[73]韦来生.1997a.方差分析模型中参数的经验 Bayes 估计及其优良性问题[J].高校应用数学学报 A 辑(中文版),12(A):163–174.

[74] 韦来生,杨亚宁.1997b.PC准则下回归系数的一类线性估计的优良性[J].应用概率统计,(3):225–234.

[75] 韦来生.1999.一类线性模型中参数的经验Bayes检验问题[J].数学年刊A辑(中文版),20A(5):617–628.

[76] 韦来生.2000a.错误先验假定下回归系数Bayes估计的小样本性质[J].应用概率统计,(1):71–80.

[77] 韦来生.2000b.刻度指数族参数的经验Bayes检验问题NA样本情形[J].应用数学学报,23:403–412.

[78] 韦来生.2001.NA样本概率密度函数核估计的相合性[J].系统科学与数学,(1):79–87.

[79] 韦来生,袁家成.2003.指数分布定数截尾情形失效率函数的经验Bayes检验问题[J].应用概率统计,(2):130–138.

[80] 韦来生,王立春.2004a.随机效应模型中方差分量渐近最优的经验Bayes估计[J].数学研究与评论,24(4):653–664.

[81] 韦来生,王立春.2004b.随机效应模型中方差分量的经验Bayes检验问题[J].高校应用数学学报A辑(中文版),19(1):97–108.

[82] 韦来生.2008.数理统计[M].北京:科学出版社.

[83] 韦来生.2015.贝叶斯分析[M].合肥:中国科学技术大学出版社.

[84] 韦程东.2015.贝叶斯统计分析及其应用[M].北京:科学出版社.

[85] 魏莉,韦来生.2004.刻度指数族参数的经验Bayes检验问题[J].中国科技大学学报,34(1):1–10.

[86] 魏莉,孔胜春,韦来生.2007.刻度指数族参数的经验Bayes检验的收敛速度[J].中国科学院研究生院学报,24(1):9–17.

[87] 吴群英.2002.两两NQD序列的收敛性质[J].数学学报,45(3):617–624.

[88] 薛留根.2015.现代非参数统计[M].北京:科学出版社.

[89] 许勇,师义明.2001.单边截断分布族参数的经验Bayes检验:NA样本情形[J].应用数学,14(4):98–102.

[90] 杨奉豪,冯珉.2013.正态总体误差方差的经验Bayes估计及其优良性[J].中国科学技术大学学报,43(2):162–168.

[91] 杨亚宁,韦来生.1995.多参数离散指数族参数渐近最优的经验Bayes估计的收敛速度[J].应用概率统计,(1):92–102.

[92]张平.1985.正态分布参数的渐近最优经验Bayes估计的收敛速度[J].系统科学与数学,5(3):185-191.

[93]张倩,韦来生.2013.刻度指数族参数的经验Bayes双边检验问题——加权损失函数情形[J].中国科学技术大学学报,(2):156-161.

[94]张尧庭,陈汉锋.1991.贝叶斯统计推断[M].北京:科学出版社.

[95]赵林城.1981.一类离散分布参数的经验Bayes估计的收敛速度[J].数学研究与评论,(1):59-69.